鍛鍊問題解決力！
演算法與
資料結構
應用全圖解

問題解決力を鍛える！
アルゴリズムとデータ構造

大槻兼資——著

秋葉拓哉——監修

陳韋利、馬毓晴——譯

中央大學資工系副教授 莊永裕——專業審訂

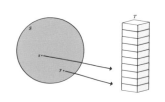

● 監修者的話

　　非常感謝您拿起這本書。起心動念想要學習演算法基礎知識的原因，我想每個人不盡相同，例如想要成為一名程式設計／軟體工程師，或是必須在大學課程獲取學分，或是想在程式設計競賽中獲勝。不管原因為何，首先對於想要學習演算法的心情，我由衷為各位加油。

　　資訊技術目前仍以令人目眩的進步速度在持續發展。另一方面，演算法在計算機科學史上絕非新穎的領域。而且，每天新聞都會提到「人工智能」、「量子電腦」等，這些字眼總是牽涉到改變世界的話題。相形之下，可能會覺得演算法比較樸素無趣也不一定。現在學習演算法還有什麼意義嗎？不是應該去學習更熱門的技術嗎？或許有些人會這麼想。

　　但是，我可以斷言，任何涉及軟體工程或電腦科學的技術人士，首先都應該在演算法方面打下扎實的基礎。說起來「演算法」這個關鍵詞本來就不應該跟「人工智能」、「量子電腦」並論。無論是要致力於人工智能還是量子電腦，都必須理解本書中學到的演算法和計算複雜度理論的基礎知識。而且，與日新月異變化快速的領域不同，演算法的基礎知識可謂「終身受用」，不管要從事什麼樣的領域，都能成為您的優勢與靠山。

　　此外，演算法的力量不僅止於單純的知識素養，它對平常的程式設計也有直接的幫助。如果能把演算法變成自己的工具，能自行選擇合適的演算法，自己設計需要的演算法的話，就可以讓解決問題的範圍大為擴展開來。此外，基本的演算法和資料結構，還能提供程式語言的功能和標準函式庫等。透過了解它們的機制原理，就更能掌握操作的特性及提高速度的要點，也能更好地應用它們。

　　話說回來，前面有提到演算法絕非新穎的領域。因此，已經有許多關於演算法的入門書存在了，有些書還被奉為圭臬或聖經。在這種情況下，還有什麼理由選擇本書呢？事實上，本書身為入門書，除了

能為您打下扎實的重要基礎外，還有非常獨特的結構。

　　其中一個特點在於，本書並不是介紹完著名的演算法就結束了，還把重點放在演算法的應用和設計上。傳統的演算法教科書的形式，幾乎都專注於介紹著名的演算法。如果心裡已經有底，知道「我想做這樣的處理，所以用○○演算法的話應該不錯」，那麼參考這類書籍是非常有幫助的。但另一方面，我們在現實世界中面臨的問題往往並不是那麼單純。有時候並不知道該用哪個演算法好、該怎麼使用才好，或必須自己來設計演算法，或是根本不知道到底能不能解決，像這類的狀況並不少見吧。本書的目標，就是讓您對於這種範圍更為廣泛的狀況，能夠利用演算法的力量找出方法、解決問題，故除了介紹著名的演算法外，本書還會詳細解說例如人稱「設計技法」的設計演算法的方法技巧。

　　本書還有一個特點是，非常重視傳達演算法的樂趣與美感。如何設計演算法來有效完成計算，這就像解謎一樣有趣，在理解的那一刻會忍不住感嘆吧。此外，一些演算法的背後有龐大的離散數學高深理論存在，而帶有優美的理論特性，也能為演算法彼此之間的關係帶來理論基礎。本書除了要讓初學者徹底理解演算法外，同時也想盡可能傳達這些樂趣與美感。

　　期盼透過本書學得的演算法能力能夠對各位有所助益。

　　二○二○年七月

秋葉拓哉

● 前言

本書是為了「想把演算法變成自己的工具」的人所撰寫的演算法入門書。各位聽到演算法這個詞時,會浮現什麼樣的畫面呢?如果您是一位資訊科系的學生,應該會覺得這是一種學校一定會教的東西吧。而沒有學過演算法的人可能也有聽說過,目前支援我們生活的各種服務,像是世界各地到處都在使用的搜尋引擎和導航系統等等,在它們的背後運行著經高度設計的演算法。事實上,演算法支撐著資訊技術的骨幹。電腦科學中有許多重要的領域,都跟演算法有絲絲縷縷的關係。對於學習電腦科學的人來說,可謂是無法避免的必經之路。

學習演算法,不僅是單純吸收知識,也正是增加了解決世上各式各樣問題的手段。說起來,演算法本來就是「用來解決問題的程序」。所以開始學習演算法可以說不僅能具體了解演算法的行為,也有助於解決實際問題。

近年來,在 AtCoder 等舉辦的程式設計競賽,作為使用演算法來解決問題的訓練場而備受關注。AtCoder 舉辦的競賽,是將「對所提出的解謎類問題,設計並實現演算法求解」作為競技項目。在本書中,我們也以 AtCoder 的考古題作為題材,並花費一番心思設計,好讓各位學習演算法的實用設計技法。在章末問題中,也採用了許多程式設計競賽的考古題。有關 AtCoder 的註冊方法、原始程式碼的提出方法等,都詳細記載於下述標題的文章中。

〈註冊 AtCoder 後,接著要作的事~解得出來戰鬥力就夠強!精選考古題 10 題~〉(AtCoder に登録したら次にやること~これだけ解けば十分闘える!過去問精選 10 問~)
https://qiita.com/drken/items/fd4e5e3630d0f5859067

這篇文章投稿在程式設計師的技術資訊共享服務 Qiita 上,請務必參考。另外,筆者除了上述文章外,至今已在 Qiita 投稿了許多篇解

說演算法類主題的文章。本書是將它們整合總結、擴充圖解說明並增加了一些主題後的成果。

　　筆者總覺得，在開始學習演算法後，自己在面對世上各種問題時的世界觀發生了革命性的變化。在學習演算法之前，對於所謂解決問題這個行為，總感覺比較像是提出高中數學的「公式」之類的東西。換句話說，我曾不自覺地認為，解決問題就是對該問題求出一個具體而明確的解答。但是，在學習了演算法之後，我的想法變成即使寫不出具體的解答，只要能給出一個求解的「程序」就行了，感覺解決問題的手段大為寬廣。強烈期盼能透過本書與您分享這份感受。如果透過這本書，能讓您體驗到設計與實現演算法的樂趣，那對筆者而言是再開心不過的事了。

　　二〇二〇年七月

大槻兼資

● 本書的結構

本書採取的結構如**圖 1**。

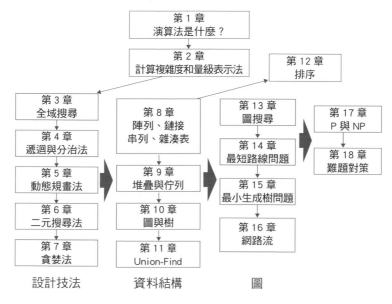

圖1 本書各章構成

　　首先，第 1 章和第 2 章概述演算法和計算複雜度。然後第 3～7 章就進入可說是本書主要內容的部分了，這邊會詳細解說演算法的設計技法。這些有關設計技法的主題，大部分的書籍都是放在最後簡單解說一下。然而，本書的目標是在鍛練實用的演算法設計技法，以解決現實世界的問題。所以，我們採取的編排，是在前半章詳細解說演算法設計技法，接著在後半章加以演示，盡情使用這些設計技法。

　　接下來第 8～11 章則解說資料結構，這在如何有效實行所設計的演算法上非常重要。藉由學習資料結構，可以改善演算法的計算複雜

度，還可以理解 C++、Python 等標準函式庫的架構機制並有效加以活用。

之後先在第 12 章討論排序演算法，就進入第 13～16 章有關圖演算法的解說了。圖（graph）是非常強大的數理科學工具。有許多問題透過公式化為圖相關問題，就能變得直觀而容易處理了。此外，在設計圖演算法時，隨處皆可活用到第 3～7 章學到的設計技法和第 8～11 章學到的資料結構。

最後，第 17 章會解說 P 與 NP 相關的主題，並讓各位看到世上還是有許多難題是「不太可能設計出能有效求解的演算法」。第 18 章總結了應對這些難題的方法論。在這部分，動態規畫法（第 5 章）和貪婪法（第 7 章）等設計技法會相當活躍。

綜觀全書，我們通篇採用的是重視演算法設計技法的結構。

● 本書的使用方式

以下彙整關於本書所探討的內容及使用方式的注意事項等。

■ 本書所探討的內容

本書不僅僅講解演算法的行為動作而已，最主要著重的觀點是「要怎麼做才能設計出好的演算法」。無論是第一次嘗試學習演算法的人，甚至是想學習實用的演算法設計技法以利各企業研發工作的人，我們希望大家都能從本書中獲得樂趣。

■ 閱讀本書所需的預備知識

本書撰寫時，預設的讀者是已經修畢高中數學並具有程式設計經驗的人。有些部分需要較高等的數學能力才能理解，這種對初學者來說較難的章節標題後方會加上（*）來標記。

另外，內文中的原始程式碼是用 C++ 編寫的。不過因為主要只用到基本的部分而已，所以只要有程式設計經驗就能輕鬆閱讀。使用到的 C++ 特有功能如下。

- std::vector 等 STL 容器
- std::sort() 等標準函式庫
- const 修飾詞
- 樣板
- 指標
- 傳參照呼叫
- 結構

如果您仍感到疑惑或是想更系統地學習 C++ 基礎知識的話，可以參考例如 AtCoder 上初步學習 C++ 的教材 APG4b（https://atcoder.jp/contests/APG4b）等。將該教材大略學習後，在演算法的實現上就有

足夠的基本能力了。

■ 使用的語言和操作環境

本書使用 C++ 來撰寫演算法。但有部分使用了 C++11 或更高版本的功能，如下所示。

- 以範圍為基礎的 for 陳述式
- 使用 auto 的型別推導（僅用於以範圍為基礎的 for 陳述式中）
- std::vector<int> v = { 1, 2, 3 }; 等 vector 型變數的初始化
- 使用 using 宣告型態別名
- 樣板的右尖括號可不需輸入空格
- 規格化確保 std::sort() 的計算複雜度為 $O(N \log N)$

請注意，本書大部分的原始程式碼只有在使用 C++11 或更高版本的 C++ 時才能編譯。本書記載的 C++ 原始程式碼全部在 Wandbox 上的 gcc 9.2.0 操作。另外，本書的原始程式碼公開於筆者的 GitHub 頁面：

https://github.com/drken1215/book_algorithm_solution

■ 練習問題

　我們準備了一些章末問題。從只是確認是否理解章節主題的簡單問題，到很難自行解出的困難問題，各種難易度的問題都有。難易度等級採用 5 級制評分，如**表 1** 所示。練習問題的答案張貼在筆者的 GitHub 頁面上。

https://github.com/drken1215/book_algorithm_solution
中文版：https://github.com/facespublications/book_algorithm_solution_tw

表 1　本書練習問題難易度的評分標準

難易度標記	難易度的評分標準
★☆☆☆☆	確認是否理解所解說主題的問題。
★★☆☆☆	用以對所解說主題加深理解程度的問題。
★★★☆☆	用以對所解說主題進一步探究的難題。
★★★★☆	對所解說的主題而言是非常困難的問題。自行解決可能有困難。不過藉由解決這種難易度的問題，能夠使理解更深入透徹。
★★★★★	這是公認不知道問題的解法下要自行解決極為困難的難易度。有興趣的人請務必針對相關主題試著研究看看。

■ AtCoder 的介紹

　最後來介紹一下近年來備受關注的 AtCoder，它是可讓您學習演算法倍感樂趣的服務。AtCoder 舉辦的競賽，是將「對所提出的解謎類問題，設計並實現演算法求解」作為競賽項目。並會根據競賽成績給出評分，這也可作為演算法技能的證明。

　而且，對於競賽時所提出的問題，您隨時都可以自由地求解。在運作上，當您設計了解決問題的演算法、實現它並提交原始程式碼後，可針對已準備好的幾個輸入例，進行是否輸出正確答案的評判測試。這樣的線上評判服務不僅能在理論上解出問題，還有能夠立即確認所設計的演算法是否恰當的優點。類似的線上評判服務，還有會津大學運營的 AOJ（Aizu Online Judge）。在本書中，我們將透過這些服務中所收錄的考古題，來鍛練實用的演算法設計技法。

● 目次

監修者的話 …………………………………………………… 003

前言 ……………………………………………………………… 005

本書的結構 …………………………………………………… 007

本書的使用方式 ……………………………………………… 009

第 1 章　演算法是什麼？ ………………………………… 017

1.1 何謂演算法 ……………………………………………… 017

1.2 演算法的例子（1）：深度優先搜尋和廣度優先搜尋 … 020

1.3 演算法的例子（2）：匹配 ……………………………… 024

1.4 演算法的編寫方法 ……………………………………… 024

1.5 學習演算法的意義 ……………………………………… 025

第 2 章 計算複雜度和量級表示法 ……………………… 027

2.1 計算複雜度是什麼？ …………………………………… 027

2.2 計算複雜度的量級表示法 ……………………………… 029

2.3 求解計算複雜度之例（1）：偶數的列舉 …………… 034

2.4 求解計算複雜度之例（2）：最接近點對問題 ……… 035

2.5 計算複雜度的使用方法 ………………………………… 037

2.6 關於計算複雜度的補充說明 …………………………… 040

2.7 朗道的大 O 表示法的詳細說明（*） ………………… 041

2.8 總結 ……………………………………………………… 043

第 3 章 設計技法（1）：全域搜尋 …………………… 045

3.1 學習全域搜尋的意義 …………………………………… 045

3.2 全域搜尋（1）：線性搜尋法 ………………………… 046

3.3 線性搜尋法的應用 ……………………………………… 048

3.4 全域搜尋（2）：數對的全域搜尋 …………………… 050

3.5 全域搜尋（3）：組合的全域搜尋（*） …………… 051

3.6 總結 ……………………………………………………… 055

第 4 章 設計技法（2）：遞迴與分治法 ……………… 058

4.1 遞迴是什麼？ …………………………………………… 058

4.2 遞迴例（1）：歐幾里得的輾轉相除法 ⋯⋯⋯⋯⋯⋯⋯⋯⋯⋯⋯⋯ 061

4.3 遞迴例（2）：費波那契數列 ⋯⋯⋯⋯⋯⋯⋯⋯⋯⋯⋯⋯⋯⋯⋯⋯ 063

4.4 記錄化並一窺動態規畫法 ⋯⋯⋯⋯⋯⋯⋯⋯⋯⋯⋯⋯⋯⋯⋯⋯⋯ 065

4.5 遞迴例（3）：使用遞迴函數的全域搜尋 ⋯⋯⋯⋯⋯⋯⋯⋯⋯⋯⋯ 068

4.6 分治法 ⋯⋯⋯⋯⋯⋯⋯⋯⋯⋯⋯⋯⋯⋯⋯⋯⋯⋯⋯⋯⋯⋯⋯⋯⋯ 073

4.7 總結 ⋯⋯⋯⋯⋯⋯⋯⋯⋯⋯⋯⋯⋯⋯⋯⋯⋯⋯⋯⋯⋯⋯⋯⋯⋯⋯ 074

第 5 章 設計技法（3）：動態規畫法 ⋯⋯⋯⋯⋯⋯⋯⋯⋯⋯ **076**

5.1 動態規畫法是什麼？ ⋯⋯⋯⋯⋯⋯⋯⋯⋯⋯⋯⋯⋯⋯⋯⋯⋯⋯⋯ 076

5.2 動態規畫法的例題 ⋯⋯⋯⋯⋯⋯⋯⋯⋯⋯⋯⋯⋯⋯⋯⋯⋯⋯⋯⋯ 077

5.3 與動態規畫法相關的各種概念 ⋯⋯⋯⋯⋯⋯⋯⋯⋯⋯⋯⋯⋯⋯⋯ 082

5.4 動態規畫法的例子（1）：背包問題 ⋯⋯⋯⋯⋯⋯⋯⋯⋯⋯⋯⋯⋯ 091

5.5 動態規畫法的例子（2）：編輯距離 ⋯⋯⋯⋯⋯⋯⋯⋯⋯⋯⋯⋯⋯ 095

5.6 動態規畫法的例子（3）：區間分割方式的最適化 ⋯⋯⋯⋯⋯⋯⋯ 100

5.7 總結 ⋯⋯⋯⋯⋯⋯⋯⋯⋯⋯⋯⋯⋯⋯⋯⋯⋯⋯⋯⋯⋯⋯⋯⋯⋯⋯ 104

第 6 章 設計技法（4）：二元搜尋法 ⋯⋯⋯⋯⋯⋯⋯⋯⋯⋯ **107**

6.1 陣列的二元搜尋 ⋯⋯⋯⋯⋯⋯⋯⋯⋯⋯⋯⋯⋯⋯⋯⋯⋯⋯⋯⋯⋯ 107

6.2 C++ 的 std::lower_bound() ⋯⋯⋯⋯⋯⋯⋯⋯⋯⋯⋯⋯⋯⋯⋯ 111

6.3 廣義化的二元搜尋法 ⋯⋯⋯⋯⋯⋯⋯⋯⋯⋯⋯⋯⋯⋯⋯⋯⋯⋯⋯ 112

6.4 更廣義化的二元搜尋法（*）⋯⋯⋯⋯⋯⋯⋯⋯⋯⋯⋯⋯⋯⋯⋯⋯ 114

6.5 應用例（1）：猜年齡遊戲 ⋯⋯⋯⋯⋯⋯⋯⋯⋯⋯⋯⋯⋯⋯⋯⋯⋯ 115

6.6 應用例（2）：std::lower_bound() 的活用例 ⋯⋯⋯⋯⋯⋯⋯⋯ 117

6.7 應用例（3）：將最適化問題變成判定性問題 ⋯⋯⋯⋯⋯⋯⋯⋯⋯ 119

6.8 應用例（4）：求中位數 ⋯⋯⋯⋯⋯⋯⋯⋯⋯⋯⋯⋯⋯⋯⋯⋯⋯⋯ 122

6.9 總結 ⋯⋯⋯⋯⋯⋯⋯⋯⋯⋯⋯⋯⋯⋯⋯⋯⋯⋯⋯⋯⋯⋯⋯⋯⋯⋯ 122

第 7 章 設計技法（5）：貪婪法 ⋯⋯⋯⋯⋯⋯⋯⋯⋯⋯⋯⋯ **125**

7.1 貪婪法是什麼？ ⋯⋯⋯⋯⋯⋯⋯⋯⋯⋯⋯⋯⋯⋯⋯⋯⋯⋯⋯⋯⋯ 125

7.2 貪婪法未必能推導出最佳解 ⋯⋯⋯⋯⋯⋯⋯⋯⋯⋯⋯⋯⋯⋯⋯⋯ 127

7.3 貪婪法模式（1）：更換也不變差 ⋯⋯⋯⋯⋯⋯⋯⋯⋯⋯⋯⋯⋯⋯ 128

7.4 貪婪法模式（2）：現在越好，未來就越好 ⋯⋯⋯⋯⋯⋯⋯⋯⋯⋯ 133

7.5 總結 ⋯⋯⋯⋯⋯⋯⋯⋯⋯⋯⋯⋯⋯⋯⋯⋯⋯⋯⋯⋯⋯⋯⋯⋯⋯⋯ 136

第 8 章 資料結構（1）：陣列、鏈接串列、雜湊表 ⋯⋯⋯⋯ **138**

8.1 學習資料結構的意義 ⋯⋯⋯⋯⋯⋯⋯⋯⋯⋯⋯⋯⋯⋯⋯⋯⋯⋯⋯ 138

8.2 陣列 ··· 139

8.3 鏈接串列 ··· 142

8.4 鏈接串列的插入操作與刪除操作 ··················· 143

8.5 陣列與鏈接串列的比較 ······························ 150

8.6 雜湊表 ··· 154

8.7 總結 ··· 158

第 9 章 資料結構（2）：堆疊與佇列 ··············· 161

9.1 堆疊與佇列的概念 ······································ 161

9.2 堆疊與佇列的動作及實現 ····························· 163

9.3 總結 ··· 169

第 10 章 資料結構（3）：圖與樹 ··················· 171

10.1 圖 ··· 171

10.2 使用圖的公式化實例 ··································· 176

10.3 圖的實現 ··· 179

10.4 加權圖的實現 ··· 182

10.5 樹 ·· 183

10.6 有序樹和二元樹 ·· 185

10.7 使用二元樹的資料結構例（1）：堆積 ··········· 188

10.8 使用二元樹的資料結構例（2）：二元搜尋樹 ··· 194

10.9 總結 ·· 195

第 11 章 資料結構（4）：Union-Find ············· 197

11.1 Union-Find 是什麼？ ·································· 197

11.2 Union-Find 的工作原理 ······························ 197

11.3 巧妙減少 Union-Find 的計算複雜度 ················ 199

11.4 Union-Find 的特殊設計之一：union by size ····· 200

11.5 Union-Find 的特殊設計之二：路徑壓縮 ··········· 201

11.6 Union-Find 的實現 ····································· 203

11.7 Union-Find 的應用：圖中連通成分的個數 ········ 204

11.8 總結 ·· 206

第 12 章 排序 ··· 208

12.1 排序是什麼？ ··· 208

12.2 排序演算法的良莠程度 ································ 210

12.3 排序（1）：插入排序 ·· 212

12.4 排序（2）：合併排序 ·· 214

12.5 排序（3）：快速排序 ·· 220

12.6 排序（4）：堆積排序 ·· 225

12.7 排序的計算複雜度下限 ·· 227

12.8 排序（5）：箱排序 ·· 229

12.9 總結 ·· 230

第 13 章 圖（1）：圖搜尋 ·· **232**

13.1 學習圖搜尋的意義 ·· 232

13.2 深度優先搜尋與廣度優先搜尋 ·· 233

13.3 使用遞迴函數的深度優先搜尋 ·· 236

13.4 「行進順序」和「回歸順序」 ·· 240

13.5 作為最短路線演算法的廣度優先搜尋 ·· 241

13.6 深度優先搜尋和廣度優先搜尋的計算複雜度 ·· 245

13.7 圖搜尋例（1）：求 s-t 路徑 ·· 246

13.8 圖搜尋例（2）：二部圖判定 ·· 248

13.9 圖搜尋例（3）：拓撲排序 ·· 250

13.10 圖搜尋例（4）：樹上的動態規畫法（＊） ·· 253

13.11 總結 ·· 257

第 14 章 圖（2）：最短路線問題 ·· **258**

14.1 最短路線問題是什麼？ ·· 258

14.2 最短路線問題的整理 ·· 260

14.3 鬆弛 ·· 261

14.4 DAG 上的最短路線問題：動態規畫法 ·· 264

14.5 單一起點最短路線問題：貝爾曼・福特法 ·· 265

14.6 單一起點最短路線問題：戴克斯特拉法 ·· 270

14.7 全點對間最短路線問題：弗洛伊德・瓦歇爾法 ·· 280

14.8 參考：勢能和差分約束系統（＊） ·· 283

14.9 總結 ·· 284

第 15 章 圖（3）：最小生成樹問題 ·· **287**

15.1 最小生成樹問題是什麼？ ·· 287

15.2 克魯斯卡法 ·· 288

15.3 克魯斯卡法的實現 ·· 290

15.4 生成樹的結構 ·· 291

15.5 克魯斯卡法的正確性（＊） ································· 294

15.6 總結 ··· 298

第 16 章 圖（4）：網路流 ······························· 299

16.1 學習網路流的意義 ·· 299

16.2 圖的連通度 ·· 300

16.3 最大流問題和最小切割問題 ······························· 306

16.4 福特・富爾克森法的實現 ··································· 313

16.5 應用例（1）：二部匹配 ····································· 317

16.6 應用例（2）：點連通度 ····································· 319

16.7 應用例（3）：項目選擇問題 ······························ 320

16.8 總結 ··· 323

第 17 章 P 與 NP ·· 326

17.1 衡量問題難度的方法 ··· 326

17.2 P 與 NP ·· 328

17.3 P ≠ NP 預測 ·· 331

17.4 NP 完全 ··· 332

17.5 多項式時間歸約的範例 ······································· 333

17.6 NP 困難 ··· 337

17.7 停機問題 ·· 338

17.8 總結 ··· 339

第 18 章 難題對策 ··· 341

18.1 與 NP 困難問題的對峙 ······································· 341

18.2 以特殊案例解決的情況 ······································· 341

18.3 貪婪法 ·· 346

18.4 局部搜尋和退火法 ··· 348

18.5 分支定界法 ·· 349

18.6 整數規畫問題的公式化 ······································· 350

18.7 近似演算法 ·· 352

18.8 總結 ··· 354

參考書目 ··· 355

後記 ·· 360

第 1 章

演算法是什麼？

1.1 ● 何謂演算法？

演算法（algorithm）是「用來解決問題的方法、步驟」。乍聽之下可能會覺得這是一種很難的概念，跟我們的生活沒什麼關係，但它實際上非常貼近我們的生活。舉個簡單的例子，讓我們來思考一下「猜年齡遊戲」。

猜年齡遊戲

　想像一下，您跟 A 小姐第一次見面，而您想猜對她的年齡。假設已知 A 小姐的年齡是超過 20 歲，而且不到 36 歲。

您最多可以問 A 小姐 4 個問題，但只能是「用 Yes/No 回答的問題」。問完問題後，就推測 A 小姐的年齡並作答。如果答案正確您就贏了，如果答案錯誤您就輸了。

您能贏得這個猜年齡遊戲嗎？

　如**圖 1.1** 所示，A 小姐的年齡可能是 20 歲、21 歲、……、35 歲等，有 16 個候選答案。最直接想到的方法是問「是 20 歲嗎？」、「是 21 歲嗎？」、「是 22 歲嗎？」、「是 23 歲嗎？」……這樣依序問下來，一直問到回答 Yes 為止。但是，這種方法最糟需要詢問 16 次。具體來說，如果 A 小姐是 35 歲，那就會在第 16 次的詢問「是 35 歲嗎？」才終於得到 Yes 的答案。由於詢問次數的上限是 4 次，所以這樣的話會輸掉遊戲。

我幾歲呢？答案是
20、21、22、23、24、
25、26、27、28、29、
30、31、32、33、34、
35其中之一。

圖 1.1　猜年齡遊戲

　　因此，來想想看效率比較好的方法吧。一開始先問「是不到 28 歲
嗎？」，根據 A 小姐的回答，我們可以像下面這樣思考（**圖 1.2**）。

● 若為 Yes：可知 A 小姐的年齡是超過 20 歲且不到 28 歲。
● 若為 No：可知 A 小姐的年齡是超過 28 歲且不到 36 歲。

　　無論是哪個答案，都可以將選項縮減一半。就這樣，在詢問前本
來有 16 個選項，在詢問後就變成 8 個選項了。

　　同樣地，第 2 次的詢問可以將這 8 個選項又縮減成 4 個。具體來
說，如果已確認是超過 20 歲且不到 28 歲，就問是不是不到 24 歲；
如果已確認是超過 28 歲且不到 36 歲，就問是不是不到 32 歲。接著
第 3 次的詢問可將選項縮減成 2 個，最後第 4 次詢問可縮減成 1 個。
以 A 小姐 31 歲為例，依照**表 1.1** 的流程就能夠猜出 A 小姐的年齡。

　　當然這是 A 小姐 31 歲的狀況，但就算是別的年齡，也一定能用同
樣的方法詢問 4 次就猜出年齡（章末問題 1.1）。換句話說，當 A 小
姐的年齡超過 20 歲且不到 36 歲時，無論是幾歲，都同樣能藉由「將

圖 1.2　將候選答案縮減一半的思考方式

表 1.1　猜出 A 小姐年齡的步驟（假如是 31 歲）

說話的人	台詞	備註
您	是不到 28 歲嗎？	
A 小姐	No	
您	是不到 32 歲嗎？	縮減成超過 28 歲且不到 36 歲（28、29、30、31、32、33、34、35），所以再從正中央對切。
A 小姐	Yes	
您	是不到 30 歲嗎？	縮減成超過 28 歲且不到 32 歲（28、29、30、31），所以再從正中央對切。
A 小姐	No	
您	是不到 31 歲嗎？	縮減成超過 30 歲且不到 32 歲（30、31），所以再從正中央對切。
A 小姐	No	
您	所以是 31 歲！	確定了！
A 小姐	正確答案	

候選年齡從正中央切開並縮減成其中一半」這樣的演算法（方法、步驟）來猜出年齡。

　　而這種「從正中央切開並縮減成其中一半」的方法，正相當於稱

為**二元搜尋法**（binary search method）的演算法。這次我是以猜年齡遊戲這種玩樂題材來介紹它，但實際上它在計算機科學中運用相當廣泛，是一種基本且重要的演算法。這麼重要的演算法，竟然不僅是在電腦上，連像猜年齡遊戲這樣的玩樂中也能發揮作用，真是很有意思。二元搜尋法會在第 6 章詳細探討。

還有，「是 20 歲嗎？」、「是 21 歲嗎？」、「是 22 歲嗎？」、「是 23 歲嗎？」⋯⋯這樣依序詢問的方法，雖然沒有效率，但仍然是一種優秀的演算法，這點還請留意。這種依序檢查選項的方法，正相當於稱為**線性搜尋法**（linear search method）的演算法。線性搜尋法會在第 3.2 節中解說。

話說回來，演算法所具有的優秀特性之一就是：針對某個特定的問題可設想到的各種狀況，都能「以相同的作法」來推導出答案。在前面的猜年齡遊戲中，無論 A 小姐是 20 歲、26 歲還是 31 歲，都同樣能用「將候選年齡從正中央切開並縮減成其中一半」的作法來猜出答案。我們的世界已經到處充滿了這樣的系統。使用導航的時候，無論現在身在何處，都能顯示如何到達目的地的路線；銀行帳戶中無論有多少存款金額或提款金額，都能正確地將錢領出來。這樣的系統正是借助演算法才得以運行。

1.2 ● 演算法的例子（1）：深度優先搜尋和廣度優先搜尋

接下來我們將在本書中思考許多問題，並研究解決這些問題的演算法。讓我們在本節先簡單接觸幾個演算法。首先是有關於「搜尋」，這也是所有演算法的基礎。

1.2.1　深度優先搜尋——以蟲食算謎題來學習

以**圖 1.3** 所示的蟲食算謎題為題材，來介紹**深度優先搜尋**（depth-first search, DFS）。蟲食算是一種數學謎題，要在□中填入 0 到 9 的數字，以符合整個算式[註1]。但是，每行開頭的□不能填 0。

在深度優先搜尋中，對於無數可能的選項，會暫且決定一個選項並往前推進，然後重複此步驟。如果無法繼續前進，就退回一步，並

註1　蟲食算通常會設計成只有一種答案。

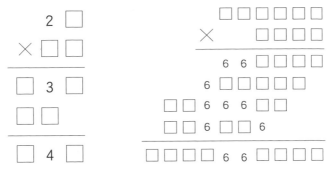

圖 1.3　蟲食算謎題

嘗試下一個選項。圖 1.3 左側的蟲食算，如果用深度優先搜尋求解，就會變成像**圖 1.4** 的樣子。首先，假設算式右上的框框是 1，再繼續推進。接著，假設它下面的框框是 1。但這樣會與圖 1.4 中藍色的「3」矛盾。遇到矛盾的話，就退回一步，嘗試下一個數字。反覆進行上述方式的搜尋。

　　就像這樣，深度優先搜尋是一種搜尋演算法，它反覆進行以下的步驟：重複「暫且往前推進」的動作，直到無法繼續前進；無法前進時就退回一步，嘗試下一個選項。基本上，它是一種靠蠻力進行的搜尋演算法，但是透過好好設計搜尋順序，就會有很顯著的性能差異，這一點相當具有吸引力。深度優先搜尋是很多演算法的基礎，因此應用在非常廣泛的範圍，如下所示。

- 可以用來求解數獨等謎題。
- 用在電腦將棋軟體等，作為遊戲搜尋的基礎。
- 可以實現拓撲排序，這是一種整理事物順序關係的方式（在第 13.9 節探討）。
- 如果逐次記下搜尋結果並同時執行，還會成為一種動態規畫法（在第 5 章探討）。
- 可作為網路流演算法的副程式（在第 16 章探討）。

　　此外，本節介紹的深度優先搜尋，若以圖上的搜尋來重新考量，則預估的狀況會變好很多。有關圖搜尋，會從第 13 章開始詳細解說。

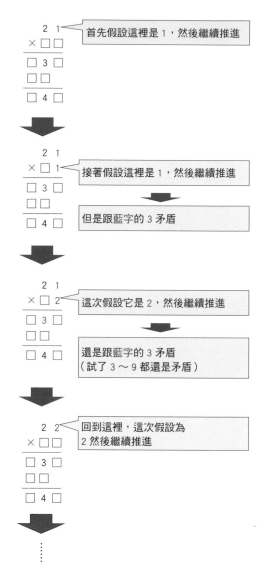

圖 1.4　深度優先搜尋（DFS）的概念圖

1.2.2　廣度優先搜尋——以迷宮來學習

接下來，以如**圖 1.5** 所示的迷宮為題材，來介紹**廣度優先搜尋**（breadth-first search, BFS）。假設您想從起點（S）走到終點（G）。1次的移動，可以從現在的方格移動到相鄰的上下左右方格。但是不能

圖 1.5　迷宮的最短路線問題

進入棕色的方格。從 S 方格到 G 方格，最少需要走幾步才能到達呢？

　　圖 **1.6** 顯示了對這個迷宮的廣度優先搜尋的移動。首先，如圖 1.6 左上所示，在從 S 方格起走一步就到達的方格中，寫入數值「1」。

　　接下來，如圖 1.6 右上所示，從「1」方格起走一步到達的方格寫

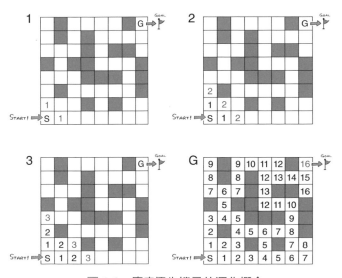

圖 1.6　廣度優先搜尋的運作概念

「2」。這也是從起點走 2 步才會到的方格。接下來，如圖 1.6 左下所示，從「2」方格起走一步到達的方格寫「3」，就這樣繼續進行，最後會如圖 1.6 右下所示，G 方格是「16」。這就表示從 S 到 G 最短路線的長度是 16。另請注意，這樣的搜尋方式，不只是 G 方格，從 S 方格起到任何一個方格的最短步數都會被求出。

就像這樣，廣度優先搜尋是一種「從離起點最近的地方開始依序搜尋」的搜尋演算法。首先從起點搜尋所有 1 步就能到達的地方，完成後再搜尋所有 2 步可到達的地方，完成後再搜尋所有 3 步可到達的地方，就這樣重複進行，直到已經沒有尚未搜尋的地方為止。廣度優先搜尋跟深度優先搜尋一樣，基本上都是一種靠蠻力的搜尋演算法，但它在「想知道達成某件事的最小步驟數」的時候非常有用。而且，跟深度優先搜尋一樣，廣度優先搜尋若以圖搜尋來重新考量的話，就會變得直觀而容易處理。這會在第 13 章開始詳細解說。

1.3 ● 演算法的例子（2）：匹配

在現代社會，現在隨處都能聽到**匹配**（matching）這個用語。在這裡，讓我們思考以下以匹配為主題的問題。如**圖 1.7** 所示，假設有幾位男生和女生，其中可配對的 2 人之間有劃線相連。在配對成功數越多越好的情況下，最多可以產生多少對呢？答案是 4 對，如圖 1.7 右側所示。

這種考慮兩個類別之間的連結的問題，有網路廣告分發、推薦系統、匹配應用程序、輪班調度等各式各樣的應用，在現實世界中是隨處可見的重要問題。解決這個問題的演算法會在第 16 章詳細解說。

1.4 ● 演算法的編寫方法

要將設計好的演算法編寫成可傳達給他人的形式時，您會想用什麼樣的方式呢？本書到目前為止，已經用毫無文藻的簡單文字說明了下列演算法。

● 針對猜年齡遊戲的線性搜尋法和二元搜尋法

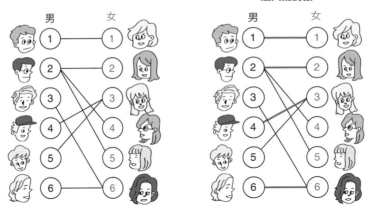

圖 1.7　配對問題

- 針對蟲食算謎題的深度優先搜尋
- 針對迷宮的廣度優先搜尋

　　不過，以文字敘述來說明，雖然有助於粗略地表達出演算法想做什麼，但在解說複雜行為時，細節往往並不清楚。因此，想正確地向別人傳達演算法時要下一番工夫，例如使用實際的程式語言來編寫等。

　　附帶一提，目前有很多書在描述演算法時，採用了所謂**虛擬碼**的方式，也就是「一種將 if 陳述句、for 陳述句、while 陳述句等程序的描述抽象化，並結合文字說明的方式」。但在本書中，我們從「想要活用所學到的演算法，來實踐如何解決問題」這樣的觀點出發，決定將演算法編寫為實際在電腦上運行的程式。具體上，是用 C++ 程式語言來編寫演算法，也有部分提到了使用 Python 時的實行方法。而所記載的原始程式碼全都是在電腦上可直接執行並操作的。有關操作環境等，請參閱開頭的「本書的使用方式」。

1.5 ● 學習演算法的意義

　　這個世界充滿了各式各樣的問題。本書詳細講解了全域搜尋（第 3

章）、動態規畫法（第 5 章）、二元搜尋法（第 6 章）、貪婪法（第 7 章）等演算法設計技法。若能夠根據問題來設計有效的演算法，便會加深對該問題本身的理解，而對於解決問題這個行為本身的視野也會拓展開來。

　　筆者在學習演算法之前，對於所謂解決問題這個行為的印象，也是比較像提供高中數學的「公式」之類的東西。但是，在學習了演算法之後，我的想法變成即使寫不出對問題的具體解答，但只要能給出一個求解的「程序」就行了，這讓解決問題的範圍大為寬廣。衷心希望您能透過本書，習得各種演算法設計技法。

● ● ● ● ● ● ● 　章末問題　 ● ● ● ● ● ●

1.1　在猜年齡遊戲中，若 A 小姐的年齡為超過 20 歲且不到 36 歲，請就每個年齡，求出利用二元搜尋法猜出年齡的流程。　（難易度★☆☆☆☆）

1.2　在猜年齡遊戲中，請思考當 A 小姐的候選年齡是「超過 0 歲且不到 100 歲」，亦即有 100 種可能性的情況。並且要透過反覆使用「用 Yes/No 回答的問題」來猜出答案。有可能詢問 6 次就一定猜得出來嗎？或是有可能詢問 7 次就一定猜得出來？　（難易度★★☆☆☆）

1.3　求圖 1.3 左側蟲食算的解。　（難易度★☆☆☆☆）

1.4　求圖 1.3 右側蟲食算的解。　（難易度★★★★☆）

1.5　請討論在圖 1.6 的迷宮中，在已知右下圖數值資料的情況下，要如何實際還原出從 S 方格到 G 方格的最短路線。　（難易度★★★☆☆）

1.6　請選擇一種您喜歡的演算法，並調查它使用在現實世界中的應用例。

第 **2** 章

計算複雜度和量級表示法

　　本章將解說計算複雜度。計算複雜度是衡量演算法優劣的重要指標。一開始可能會覺得很困難，但是一旦熟悉了就會覺得非常好用。就算沒有在電腦上實現所設計的演算法，也能夠預先粗估計算時間。另外，在考慮要使用哪種演算法而做比較研究時也很有用。

2.1 ● 計算複雜度是什麼？

　　一般來說，能夠解決同一個問題的演算法可有多種。因此，需要有衡量標準來評判哪種演算法比較好。在這類標準中，尤為重要的是本節將介紹的**計算複雜度**（computational complexity）的概念。若能對計算複雜度很熟練，就會有下述優點。

> **學習計算複雜度的優點**
> 　　在要實現的演算法還沒有實際編寫成程式之前，就能夠預先粗估出在電腦執行時所需要的時間。

　　首先，讓我們就具體的問題，來看看根據所使用演算法的不同，在計算時間上會有多大的差距。在上一章開頭討論了「猜年齡遊戲」，其中有 2 種不同的解法。

猜年齡遊戲

　　想像一下，您跟 A 小姐第一次見面，並想猜中她的年齡。假設已知 A 小姐的年齡是超過 20 歲，而且不到 36 歲。

　　您最多可以問 A 小姐 4 個問題，但只能是「用 Yes/No 回答的問題」。問完問題後，就推測 A 小姐的年齡並作答。如果答案正確您就贏了，如果答案錯誤您就輸了。

　　您能贏得這個猜年齡遊戲嗎？

　　有一種方法是詢問「是 20 歲嗎？」、「是 21 歲嗎？」、「是 22 歲嗎？」……這樣依序問下來，反覆進行直到猜出年齡為止。還有另一種方法是「從正中央對切並縮減成其中一半」。前者的方法稱為**線性搜尋法**（linear search method），後者的方法稱為**二元搜尋法**（binary search method）。前者的方法最差時需要詢問 16 次，而後者的方法只要詢問 4 次就能猜出年齡。現在要要對它們作進一步探討。在這個猜年齡遊戲中，A 小姐年齡的候選答案數有 16 個，但如果我們將範圍擴大，變成超過 0 歲且小於 65536 歲會怎麼樣呢？[註1] 此時，A 小姐年齡的候選答案數會變成 65536 個。這樣的話，使用線性搜尋法和二元搜尋法來猜出 A 小姐年齡時，所需要的詢問次數是：

- 線性搜尋法：65536 次（最差情況）
- 二元搜尋法：16 次

　　兩者有非常大的差距。請想一想為什麼二元搜尋法是詢問 16 次就能猜中[註2]。

　　當然，就猜年齡遊戲而言，實際上應該不太會處理到 65536 這麼龐大的數量。然而，在這個每天都要收集大量數據的時代，我們面臨的問題常常規模相當龐大。許多人日常生活要使用到的資料庫，其資料量的大小往往超過了 10^5，而 Google 官方部落格在 2008 年 7 月 25 日也曾報導，索引頁數已經超過 10^{12}。在處理各種問題時，隨著處理

註1　雖然 65535 歲的設定在現實中是不可能的，但在這裡是作為一種假想條件。
註2　提示：2^{16}=65536。

的資料量越來越多，我們會更需要讓所設計出來的演算法對計算時間的影響越小。另外，如果可能的話，也希望在實現所設計的演算法之前，就能粗估出所需的計算時間。本章解說的「計算複雜度」的概念，就像是一把「量尺」，它可以在不用實際實現演算法的情況下，就大略測出計算時間。

2.2 ● 計算複雜度的量級表示法

在上一節中，我們提到了「演算法的計算時間如何隨著資料量的增加而增加」這一觀點的重要性。我們將深入探討這個觀點。

2.2.1 計算複雜度的量級表示法的概念

首先，舉個簡單的例子，以下面的程式碼 2.1 和 2.2 為例[註3]。將 N 值作各種變化，測量 for 陳述句的迴圈所需要的計算時間。將 for 陳述句分別設成一層迴圈、兩層迴圈。結果如**表 2.1** 所示。耗時超過 1 小時的話就終止處理並記載為「>3600」[註4]。

程式碼 2.1　一層迴圈的 for 陳述式（ $O(N)$ ）

```
1   #include <iostream>
2   using namespace std;
3
4   int main() {
5       int N;
6       cin >> N;
7
8       int count = 0;
9       for (int i = 0; i < N;  ++i) {
10          ++count;
11      }
12  }
```

註3　上一節中的線性搜尋法和二元搜尋法是解決「猜年齡遊戲」這個「相同問題」的不同演算法，但程式碼 2.1 和 2.2 並沒有這樣的關聯性。

註4　用於計算的電腦是 MacBook Air（13 英寸，二〇一五年初），處理器為 1.6 GHz Intel Core i5，記憶體為 8GB。

程式碼 2.2　兩層迴圈的 for 陳述式（$O(N^2)$）

```
1   #include <iostream>
2   using namespace std;
3
4   int main() {
5       int N;
6       cin >> N;
7
8       int count = 0;
9       for (int i = 0; i < N; ++i) {
10          for (int j = 0; j < N;  ++j) {
11              ++count;
12          }
13      }
14  }
```

表 2.1　隨著 N 值增加，計算時間的增幅狀況（單位：秒）

N	程式碼 2.1	程式碼 2.2
1,000	0.0000031	0.0029
10,000	0.000030	0.30
100,000	0.00034	28
1,000,000	0.0034	2900
10,000,000	0.030	> 3600
100,000,000	0.29	> 3600
1,000,000,000	2.9	> 3600

　　整理成表 2.1 後可看出，隨著演算法的不同，N 增加時的計算時間增幅狀況有很大的不同。程式碼 2.1 的 for 陳述句是一層迴圈，可以看出它的計算時間大致與 N 成正比。也就是當 N 變成 10、100、1000 倍時，計算時間也大致會分別變成 10、100、1000 倍。另一方面，程式碼 2.2 的 for 陳述句是兩層迴圈，可以看出它的計算時間大致與 N^2 成正比。也就是當 N 變成 10、100、1000 倍時，計算時間大約分別變成 100、10000、1000000 倍。此時可以用下述方式來表示：

- 程式碼 2.1 的計算複雜度是 $O(N)$
- 程式碼 2.2 的計算複雜度是 $O(N^2)$

這種表示法就稱為朗道（Landau）的大 O 表示法[註5]。有時簡稱為量級表示法。朗道的大 O 表示法會在第 2.7 節中有明確的定義，但現在有下述這樣的粗略理解就可以了。

計算複雜度與大 O 表示法

「演算法 A 的計算時間 $T(N)$ 大致與 $P(N)$ 成正比」可表示成 $T(N) = O(P(N))$，而演算法 A 的計算複雜度就是 $O(P(N))$。

接下來我們來想想程式碼 2.1 和 2.2 的計算時間為什麼分別與 N、N^2 成正比。但請注意，這不是嚴謹的論證，只是先讓人有初步概觀而已。

2.2.2 程式碼 2.1 的計算複雜度

首先想想看，為什麼執行程式碼 2.1 所需的計算時間會大致與 N 成正比。讓我們來算一下 ++count 執行的次數，也就是 for 陳述句中的變數 count 遞增[註6]的次數。若列出注標 i 可取的值，則有：

$$i = 0, 1, \ldots, N-1$$

以上共計 N 個。因此，++count 應該執行了 N 次，且最後 count=N。由上可知，程式碼 2.1 的計算時間會大致與 N 成正比。

另外，事實上，將注標 i 的起始設為 i=0、判斷是否 i<N、進行 ++i 的遞增等，這些部分也都需要計算時間。這些處理程序的執行次數如下：

- 設定起始為 i=0：1 次
- 判斷 i<N：N+1 次（要注意，最後 $i = N$ 時也要作判斷）
- ++i：N 次

註5　O 是量級 (order) 的字首。
註6　所謂將變數遞增，是指變數的數值加 1。另外，變數的數值減 1 稱為遞減。

跟變數 count 的遞增處理合計，總處理次數是 $3N + 2$ 次[註7]。結果可看出它還是與 N 大致成正比。您可能會在意「+2」這一項，不過當 N 趨近無限大時，「+2」的部分幾乎可以忽略不計。高中數學教過極限計算，有印象的人請見下式：

$$\lim_{N \to \infty} \frac{3N + 2}{N} = 3$$

有喚醒記憶的話，應該就會覺得這部分沒問題了。

2.2.3　程式碼 2.2 的計算複雜度

接下來想想看，為什麼執行程式碼 2.2 所需的時間會大致與 N^2 成正比。和前面一樣，讓我們來計算變數 count 遞增的次數。也就是要計算 for 陳述句的注標 i、j 的組合會有多少個。**圖 2.1** 顯示了 $N=5$ 時的狀況。對於 $i = 0, 1, 2, ..., N-1$ 中的每一項，都會進行一遍 $j = 0, 1, 2, ..., N-1$ 的處理程序，所以 ++count 執行了 N^2 次。由上可知，程式碼 2.2 的計算複雜度為 $O(N^2)$。

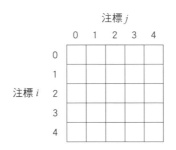

圖 2.1　兩層迴圈之 for 陳述句的模樣

2.2.4　計算複雜度的實用求解法

若有一個演算法的計算時間 $T(N)$ 可表示為：

$$T(N) = 3N^2 + 5N + 100$$

註7　實際上，處理「判斷 i<N」和「++i」所需的時間並不一定相同，也會隨電腦環境和所用編譯器而不同。不過這裡為了簡單起見，當作是固定的時間。

那麼它的計算複雜度該如何表示呢？可能有一種表示方式是具體說出：「這個演算法在輸入量為 N 時，需要 $3N^2 + 5N + 100$ 的計算時間」。然而，這樣的具體說法，會因為電腦環境和程式設計語言而不同，也會因為編譯器而改變。為了能夠免除這個有點棘手的問題，在討論演算法的計算時間時，會希望能不受常數倍數和低次項的影響。因此，朗道的大 O 表示法很方便。

$$\lim_{N \to \infty} \frac{3N^2 + 5N + 100}{N^2} = 3$$

若仔細觀察以上式子，應可知 $T(N)$ 大致與 N^2 成正比。這可表示成 $T(N) = O(N^2)$。也可以說這個演算法的計算複雜度是 $O(N^2)$。在實作上，可以用下述步驟來求出計算複雜度：

1. 針對 $3N^2 + 5N + 100$，除了最高次項以外把其他項都去除，留下 $3N^2$

2. 忽略 $3N^2$ 的係數，只取 N^2

2.2.5　為何要用量級表示法來表現計算複雜度

用大 O 表示法來表現計算複雜度，是一種不受常數倍數和低次項影響的方式，這不僅免除了上一節說的有點棘手的問題，而且在實際評估演算法的計算時間上，它也是一種很好的衡量標準。舉 $T(N) = 3N^2 + 5N + 100$ 為例，說明如下。

首先，除了最高次項以外，其他項可以去除的原因，在 N 越大的時候越明顯。隨著 N 的增加，N^2 變得壓倒性地遠大於 N（**圖 2.2**）。具體上可代入 $N = 100000$ 試試看就很容易了解。

$$3N^2 + 5N + 100 = 30000500100$$
$$3N^2 = 30000000000$$

接下來說明為何將 $3N^2$ 的係數去除，只取 N^2。當然，在不斷追求高速化到了極限時，係數的差異變得很重要。但在到那樣的地步之前，係數的差異幾乎可以忽略不計。例如，假設相對於需要 N^3 個計算步驟的演算法，另有個演算法計算步驟是 $10N^2$ 個，也就是係數是

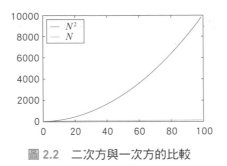

圖 2.2　二次方與一次方的比較

前者的 10 倍但量級比較小。此時，如果設定 $N = 100000$，則：

$$N^3 = 1000000000000000 \tag{2.1}$$

$$10N^2 = 100000000000 \tag{2.2}$$

　　因此，就算係數是 10 倍，也能達到 10000 倍的高速化。由此可知，想縮短演算法的計算時間，重要的是先把計算複雜度變小。

2.3 ● 求解計算複雜度之例（1）：偶數的列舉

　　現在，讓我們就具體的演算法，來看幾個求解計算複雜度的例子吧。第一個例子是思考一個演算法，它接收正整數 N，然後輸出 N 以下所有正偶數。這可以用程式碼 2.3 實現。

程式碼 2.3　偶數的列舉

```cpp
#include <iostream>
using namespace std;

int main() {
    int N;
    cin >> N;

    for (int i = 2; i <= N; i += 2) {
        cout << i << endl;
    }
}
```

現在來估算這個演算法的計算複雜度。for 陳述句的重複次數是 $N/2$ 次（小數點以下捨去）。因此可想見，計算時間會與 N 大致成正比，所以計算複雜度可以表示為 $O(N)$。

2.4 • 求解計算複雜度之例（2）：最接近點對問題

接下來要著手解決「在二維平面上的 N 個點中找出最接近的點對，求 2 點間距離」的問題，在這個例子中，計算時間是稍微比較複雜的多項式。讓我們來思考這個問題的全域搜尋演算法吧。

最接近點對問題

給定一個正整數 N 和 N 個座標值 (x_i, y_i) $(i = 0, 1, ..., N-1)$。請求解最接近的 2 點之間的距離。

讓我們把解法定為「算出所有的點對距離，然後輸出其中的最小值」，試試看如何解出這個問題吧。這個解法可以用程式碼 2.4 實現。

首先，第 21 行的 for 陳述句所示的處理，是依序將各點設為點對中的第 1 個點（注標為 i），共進行 N 次。接下來第 22 行的 for 陳述句所示的處理，是依序測試第 2 個點（注標為 j）。此時要搜尋的注標 i 和 j 的範圍，可用**圖 2.3** 來表示。

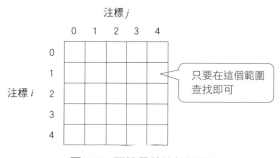

圖 2.3　要搜尋的注標範圍

請特別注意，注標 j 的變動範圍並不是「從 0 到 $N-1$」，而是「從 $i+1$ 到 $N-1$」。當然，用「從 0 到 $N-1$」也可以獲得正確答案，但這樣做的話，例如下述兩者其實是相同的：

- $i=2$、$j=5$ 時：(x_2, y_2) 與 (x_5, y_5) 之距離
- $i=5$、$j=2$ 時：(x_5, y_5) 與 (x_2, y_2) 之距離

所以會白白多做了一次不必要的計算。因此，在做搜尋時，i 和 j 採用滿足 $i < j$ 的範圍就足夠了。

程式碼 2.4 最接近點對問題的全域搜尋

```cpp
#include <iostream>
#include <vector>
#include <cmath>
using namespace std;

// 求出兩個點(x1, y1)與(x2, y2)之距離的函數
double calc_dist(double x1, double y1, double x2, double y2) {
    return sqrt((x1 - x2) * (x1 - x2) + (y1 - y2) * (y1 - y2));
}

int main() {
    // 接收輸入數據
    int N; cin >> N;
    vector<double> x(N), y(N);
    for (int i = 0; i < N; ++i) cin >> x[i] >> y[i];

    // 以足夠大的值來初始化所求之值
    double minimum_dist = 100000000.0;

    // 開始搜尋
    for (int i = 0; i < N; ++i) {
        for (int j = i + 1; j < N; ++j) {
            // (x[i], y[i])與(x[j], y[j])的距離
            double dist_i_j = calc_dist(x[i], y[i], x[j], y[j]);

            // 將暫定最小值minimum_dist與dist_i_j相比
            if (dist_i_j < minimum_dist) {
                minimum_dist = dist_i_j;
            }
        }
    }

    // 輸出答案
    cout << minimum_dist << endl;
}
```

現在讓我們求出這個演算法的計算複雜度吧。先來計算 for 陳述句的重複次數。在第一個 for 陳述句中，注標 $i = 0, 1, ..., N-1$，若想想在每個注標下第二個 for 陳述句的重複次數有幾次，就可得出：

- 當 $i = 0$ 時，為 $N-1$ 次 $(j = 1, 2, ..., N-1)$
- 當 $i = 1$ 時，為 $N-2$ 次 $(j = 2, ..., N-1)$
- ⋮
- 當 $i = N-2$ 時，為 1 次 $(j = N-1)$
- 當 $i = N-1$ 時，為 0 次

因此，for 陳述句的重複次數 $T(N)$ 是[註8]：

$$T(N) = (N-1) + (N-2) + \cdots + 1 + 0 = \frac{1}{2}N^2 - \frac{1}{2}N$$

如果將 $T(N)$ 中最高次項以外的項忽略掉，再將最高次項的係數也忽略掉，那就會變成 N^2，所以這算法的計算複雜度可以表示成 $O(N^2)$。

另外，針對最接近點對問題，還有一種基於**分治法**（divide-and-conquer method）的演算法有越來越多人討論，它的計算複雜度是 $O(N \log N)$。這部分本書並不作詳細說明，有興趣的話請參閱如參考書目 [5] 中有關「分治法」的章節。分治法本身將在第 4.6 節和第 12.4 節中簡要解說。

2.5 ● 計算複雜度的使用方法

本節要說明的是，在為實際問題設計演算法時，該如何應用計算複雜度的概念。雖然本節內容「強烈依賴執行計算的環境，不具有通用性」，但抓到整體輪廓並有概括性的理解是非常重要的。在設計演算法時，必須要確認：

- 執行計算的時間限制有多長？
- 要解決的問題，數量規模有多大？

知道這些的話，就可以反推要達成的計算複雜度有多少了。現在

註 8　從 N 個中任取 2 個的組合數也可用 $_N C_2 = \frac{1}{2}N(N-1)$ 來求出。

假設執行計算的時間限制是 1 秒[註9]。如果所使用的電腦是一般家用個人電腦，那麼可參考以下基準[註10]。

---

1 秒內可處理之計算步驟數的基準

1 秒內可處理的計算步驟數約為 $10^9 = 1,000,000,000$。

實際上從表 2.1 來看，for 陳述句重複 N 次所需要的計算時間，在 $N = 1,000,000,000$ 時是 2.9 秒。

接著在**表 2.2** 中，顯示了計算複雜度的量級各不相同的幾個演算法，在輸入量 N 改變時，計算步驟數會如何變化（忽略常數倍數的差異）。超過 10^9 以上的數字會以「-」表示。

表 2.2　輸入量 N 與計算步驟次數的關係

N	$\log N$	$N \log N$	N^2	N^3	2^N	$N!$
5	2	12	25	125	32	120
10	3	33	100	1,000	1,024	3,628,800
15	4	59	225	3,375	32,768	-
20	4	86	400	8,000	1,048,576	-
25	5	116	625	15,625	33,554,432	-
30	5	147	900	27,000	-	-
100	7	664	10,000	1,000,000	-	-
300	8	2,463	90,000	27,000,000	-	-
1,000	10	9,966	1,000,000	-	-	-
10,000	13	132,877	100,000,000	-	-	-
100,000	17	1,600,964	-	-	-	-
1,000,000	20	19,931,568	-	-	-	-
10,000,000	23	232,534,967	-	-	-	-
100,000,000	27	-	-	-	-	-
1,000,000,000 (-)	30	-	-	-	-	-

另外也出現了 $O(\log N)$ 或 $O(N \log N)$ 這種計算複雜度，在本書中除非另有指明，否則對數 log 的底是 2。然而，對於 $a > 1$ 的實數 a 來說，由於下列換底公式成立，所以就算改變底數也只會在常數倍數有差異而已。

註9　此處雖假定執行計算的時間限制是 1 秒，但也有像搜尋檢索這種希望在 0.1 秒內完成的情況，也有像大規模模擬計算等可耗時 1 個月的情況。
註10　雖然只是憑感覺來說，但想到 CPU 時脈的單位常使用 GHz 來表示，就覺得滿有道理的。

$$\log_a N = \frac{\log_2 N}{\log_2 a}$$

因此，在計算複雜度的量級表示法中，可以不用管底數的差異。

首先要注意的是，光是讀取所有的輸入數據就需要 $O(N)$ 的計算複雜度（及記憶體容量）。因此，在處理數量超過 10^9 這種規模超大的問題時，通常使用的方式是先讀取必要的資料再開始處理，並不會讀取全部的資料。

此外，從表 2.2 可以看出，$O(\log N)$ 的演算法速度非常快。無論 N 增加多少，都沒什麼太大的變化。另一方面，$O(N!)$ 在非常早期就超過了 10^9。$O(2^N)$ 也在很早期就超過 10^9。這種計算複雜度是 $O(N!)$ 或 $O(2^N)$ 的演算法，稱為**指數時間**（exponential time）。另一方面，當常數 $d>0$、且計算複雜度不超過 N^d 的常數倍時，就稱為**多項式時間**（polynomial time）。請注意，$N \log N$ 和 $N \sqrt{N}$ 不是多項式，但是 $O(N \log N)$ 和 $O(N \sqrt{N})$ 這種計算複雜度是多項式時間。這是因為 $N \log N$ 和 $N \sqrt{N}$ 都不會超過多項式 N^2，也就是 $N \log N \leq N^2$、$N \sqrt{N} \leq N^2$。

另外，指數時間演算法有一個特點，就是計算時間會隨著 N 的增加而驟然攀升。例如，計算複雜度是 $O(2^N)$ 的演算法，在 $N = 100$ 而已計算步驟數就變得非常龐大：

$$2^N = 1267650600228229401496703205376 \simeq 10^{30}$$

假設 1 秒處理 10^9 步，那麼由於 1 年大約是 3×10^7 秒，所以需要的時間是大約 3×10^{13} 年，也就是 30 兆年。想到從宇宙誕生至今據說大約是 138 億年，這可真是個大到荒唐的數字。

相較於 $O(2^N)$ 這類指數時間演算法，$O(N^2)$ 就算是在 N 值較大的情況下，計算時間也不會大到脫離現實，但如果大到 $N \geq 10^5$ 這種程度的話，在處理上還是需要龐大的時間。另一方面，$O(N \log N)$ 就算在 N 非常大的情況下，計算時間仍然在可行的範圍內。在現實生活各式各樣的問題上，$O(N \log N)$ 與 $O(N^2)$ 的差異常常有決定性的影響。舉例來說，對於 10^6 的資料量，當計算複雜度是 $O(N^2)$ 時，使用一般標準的電腦大約需要30 分鐘的計算時間，但當計算複雜度是 $O(N \log N)$ 時，就只需要 3 毫秒左右就計算完成了。$O(N^2)$ 的演算法是有可能改

善成 $O(N \log N)$ 的，這部分的例子會在第 12 章講解排序時作解說。

之後也會出現如 $O(1)$ 的計算複雜度。這意味著問題可在常數時間以內處理完成，不受數量規模的影響。這種計算複雜度就稱為**常數時間**（constant time）。另外，計算複雜度 $O(1)$ 的處理，理論上速度應該很快，但也滿常看到因為資料類型使用不當，導致變成 $O(N)$，結果比預期慢很多。舉例來說，若在 Python 下使用一個資料量在 $10^5 \sim 10^7$ 左右的 list 型[註11] 變數 S 時，常看到用下列方式實現的狀況：

```
1   if v in S:
2       （處理）
```

此時，判斷 v 是否包含在 S 中，需要耗費 $O(N)$ 的時間（這會在第 8 章詳述）。要避免這個問題，有一種有效的方法是使用第 8 章所說的**雜湊表**（hash table）。在 Python 中，可使用 set 型或 dict 型，來代替 list 型。例如設 S 為 set 型的變數，然後以下述方式實現：

```
1   if v in S:
2       （處理）
```

那麼判斷 v 是否包含在 S 中所需的計算複雜度（平均而言）為 $O(1)$。S 的量越大，選擇 list 型還是 set 型造成的效率差異也就越大。上述資料類型會另外在第 8 章詳細介紹。

最後，$O(2^N)$ 這種指數時間演算法雖然常被看不起，但在適當的情況下，例如已確定 $N \leq 20$ 等資料量並不大的情形時，它也是很有效的方法。對於此類問題，沒有必要無謂追求高速的演算法。總而言之，重點在根據欲解決問題的資料量，來決定要實現的計算複雜度的量級。

2.6 ● 關於計算複雜度的補充說明

現在說明幾個跟計算複雜度有關的注意事項。

註 11　在第 8 章有解說，Python 的 list 型並不是鏈結串列，而是可變長度陣列，這點要特別留意。

2.6.1 時間複雜度與空間複雜度

到目前為止討論的計算複雜度，全都跟演算法的計算時間有關。在想要強調它的特質時，會特別稱為**時間複雜度**（time complexity）。相對地，也有**空間複雜度**（space complexity）的概念，它表示的是執行演算法時的記憶體用量，同樣常被用作一種評估演算法優劣程度的衡量標準。在本書中提到計算複雜度時，是指時間複雜度。

2.6.2 最差時間複雜度和平均時間複雜度

演算法的執行時間視所輸入數據的取向而定，有時可以很快就計算完畢，有時則需時甚久。在最差情況下的時間複雜度稱為**最差時間複雜度** (worst case time complexity)，在平均情況下的時間複雜度則稱為**平均時間複雜度**（average time complexity）。這裡的平均時間複雜度，精確來說是指：當輸入數據的分布為假定情形時，時間複雜度的期望值。有的演算法的平均速度很快，但最差情況時就非常低速，例如第 12.5 節解說的**快速排序**（quick sort）。在本書中提到計算複雜度時，是指最差時間複雜度。

2.7 • 朗道的大 O 表示法的詳細說明（*）

在本章的最後，我們要說明朗道的大 O 表示法的數學定義，以及相關的 Ω 表示法、Θ 表示法[註12]。

2.7.1 朗道的大 O 表示法

朗道的大 O 表示法

假設 $T(N)$ 與 $P(N)$ 皆為以大於等於 0 之整數構成的集合來定義的函數。此時，$T(N) = O(P(N))$ 此式是指，當正實數 c 和 0 以上的整數 N_0 存在時 ，對於 N_0 以上的任意整數 N 有下式成立：

$$\left| \frac{T(N)}{P(N)} \right| \le c$$

註 12　Ω 讀作 omega，而 Θ 讀作 theta。

讓我們根據這個定義，實際上來確認一下吧。若有一個演算法的計算時間是表示為 $T(N) = 3N^2 + 5N + 100$，那它會具有 $O(N^2)$ 量級的計算複雜度。首先，將它們代入而成為：

$$\frac{3N^2 + 5N + 100}{N^2} = 3 + \frac{5}{N} + \frac{100}{N^2}$$

當整數 N 很大時，$\frac{5}{N} + \frac{100}{N^2} \leq 1$，所以下式成立：

$$\frac{3N^2 + 5N + 100}{N^2} \leq 4$$

由此可知 $T(N) = O(N^2)$。

另外要注意的是，對於 $T(N) = 3N^2 + 5N + 100$，其實 $T(N) = O(N^3)$ 或是 $T(N) = O(N^{100})$ 也都成立。不過，若要忠實表達 $T(N) = 3N^2 + 8N + 100$ 的值隨 N 增加的速度，那麼最佳的函數是 N^2，所以通常還是寫成 $T(N) = O(N^2)$。

2.7.2　Ω 表示法

大 O 表示法背後的概念是「以計算時間有上極限的方式進行評估」。所以例如 $O(N^2)$ 演算法也是 $O(N^3)$ 演算法。相反地，本節介紹的 Ω 表示法，概念則是「以計算時間有下極限的方式進行評估」。

Ω 表示法

　　假設 $T(N)$ 與 $P(N)$ 這兩個函數都以大於等於 0 之整數所構成的集合來定義。此時，$T(N) = \Omega(P(N))$ 此式是指，當正實數 c 和 0 以上的整數 N_0 存在時，對於 N_0 以上的任意整數 N 有下式成立：

$$\left| \frac{\mathrm{T}(N)}{\mathrm{P}(N)} \right| \geq c$$

　　Ω 表示法的使用時機，是在評估演算法計算複雜度的下限時。例如，在第 12.7 節中進行比較時，排序演算法的計算複雜度的下限是以 $\Omega(N \log N)$ 來表示。

2.7.3　Θ 表示法

若 $T(N) = O(P(N))$ 且同時 $T(N) = \Omega(P(N))$，則可寫為 $T(N) = \Theta(P(N))$。這表示演算法的計算時間 $T(N)$ 的「上極限和下極限都是 $P(N)$ 的常數倍」，所以做的是漸進緊密（asymptotic tight bound）的評估。

例如，第 2.3 節「偶數的列舉」及第 2.4 節「最接近點對問題」中，演算法的計算複雜度分別是寫為 $O(N)$ 及 $O(N^2)$，但其實同時也分別是 $\Theta(N)$ 及 $\Theta(N^2)$。只是習慣上，就算計算複雜度能夠寫成 Θ 表示法，多半還是使用大 O 表示法。同樣在本書中也是以大 O 表示法為主，除非想要強調計算複雜度是「同時有上極限也有下極限」。

2.8 ● 總結

本章說明了計算複雜度，它是評估演算法性能的重要指標。實際上，多虧它有「常數倍數和低次項的影響無關緊要」的特性，所以可以藉由評估 for 陳述句重複次數等很粗糙的方式來求出計算複雜度。此外，這種方式求出的計算複雜度，是實際評估演算法計算時間的一種很好的衡量標準。

一開始可能會覺得計算複雜度是一種有點虛無飄渺的概念，不過之後每一章都會分析演算法的計算複雜度，就藉此越來越熟悉吧。

● ● ● ● ● ● ● ● 　章末問題　● ● ● ● ● ● ● ●

2.1　請用朗道的大 O 表示法來表示下列計算時間（輸入量為 N）。

（難易度★☆☆☆☆）

$$T_1(N) = 1000\,N$$
$$T_2(N) = 5\,N^2 + 10\,N + 7$$
$$T_3(N) = 4\,N^2 + 3\,N\,\sqrt{N}$$
$$T_4(N) = N\,\sqrt{N} + 5\,N \log N$$
$$T_5(N) = 2^N + N^{2019}$$

2.2 求出下列程式的計算複雜度，並寫成朗道的大 O 表示法。這個程式會列舉從 N 個中選 3 個的所有方法。（難易度★★☆☆☆）

```
1   for (int i = 0; i < N;  ++i) {
2       for (int j = i + 1; j < N; ++j) {
3           for (int k = j + 1; k < N;  ++k) {
4
5           }
6       }
7   }
```

2.3 求出下列程式的計算複雜度，並寫成朗道的大 O 表示法。這個函數會判斷正整數 N 是不是質數。（難易度★★★☆☆）

```
1   bool is_prime(int N) {
2       if (N <= 1) return false;
3       for (int p = 2; p * p <= N; ++p) {
4           if (n % p == 0) return false;
5       }
6       return true;
7   }
```

2.4 在猜年齡遊戲中，若 A 小姐的年齡是落在超過 0 歲且不到 2^k 歲的範圍中，請確認用二元搜尋法是否可在第 k 次猜中。（難易度★★☆☆☆）

2.5 在猜年齡遊戲中，若 A 小姐的年齡是落在超過 0 歲且不到 N 歲的範圍中，請證明可用二元搜尋法在第 $O(\log N)$ 次猜中。（難易度★★★☆☆）

2.6 請證明 $1 + \frac{1}{2} + \cdots + \frac{1}{N} = O(\log N)$ 成立。（難易度★★★☆☆）

第 **3** 章

設計技法（1）：
全域搜尋

　　本章起到第 7 章將解說設計演算法的技法。熟悉這些設計技法正是本書的主要目標。第 8 章起的討論也是在各處活用這些設計技法。

　　首先，本章要介紹的是全域搜尋，這是設計任何演算法的重要基礎。**全域搜尋**是一種遍查所有想得到的可能性以解決問題的方法。就算想設計出高速的演算法，也可以先從靠蠻力的全域搜尋開始思考，往往有所幫助。

3.1 ● 學習全域搜尋的意義

　　世界上的許多問題，原則上可以透過調查所有可能狀況來解決。例如，如果要解決的問題是求解從當前位置到達目的地的最快路徑，那麼原則上透過調查從當前位置到目的地的所有路徑，就可以解決這個問題[註1]。而如果是求解象棋或圍棋的必勝法，那透過調查所有可能的棋面和棋局變化就能夠解決這個問題[註2]。

　　像這樣，針對要解決的問題來設計演算法時，先研究「如何才能透徹思考所有的可能情況」是非常有幫助的。如第 2.5 節末所述，就算是需要指數時間的問題，在資料量並不大時進行全域搜尋仍是很有效的方法。因為有 2^N 種可能的情況，所以需要指數時間的計算複雜度 $O(N2^N)$，但如果 $N \leq 20$，那也只要在 1 秒以內就能處理完畢。

註 1　事實上由於路徑數會隨交叉點的數量而指數性攀升，所以很難全部列舉出來，實際使用的是更有效的方法（參閱第 14 章）。

註 2　事實上，象棋和圍棋的棋面數比地球上存在的原子數還多，所以如果採用單純的全域搜尋法，那用目前的電腦是不可能在有生之年解出來的。此外，目前還沒有其他有效的分析方法。

再者，針對要解決的問題考量全域搜尋演算法後，往往會對整個問題架構有了深入的理解，有時候就因此能設計出高速的演算法。本章要講解的就是這樣的全域搜尋法。

3.2 ● 全域搜尋（1）：線性搜尋法

首先，我們將處理所有搜尋問題中最簡單、最常見的「從大量資料中找到特定資料」的問題。在資料庫中搜尋特定資料的問題可說是司空見慣，在日常生活中，像是在字典查找英文單字的行為就是一例。現在將這類的問題定義如下。

基本搜尋問題

給定 N 個整數 $a_0, a_1, ..., a_{N-1}$ 及整數值 v。請判斷是否有 $a_i = v$ 的資料存在。

有一種很樸素的方法可解決這個問題，就是接下來要解說的**線性搜尋法**（linear search method）[註3]。線性搜尋法是一種「照順序一個接一個檢查下去」的搜尋法。像**圖 3.1**所示的例子，就是使用線性搜尋法來判斷數列 $a = (4, 3, 12, 7, 11)$ 中是否包含數值 $v = 7$ 的歷程。線性搜尋法就是這麼單純，但它可是一切的基礎，是很重要的演算法，所以希望各位可以徹底地學好它，包括如何實現這個演算法。

檢查是否有 $a_i = v$ 的資料存在的線性搜尋法的程序，可用如程式碼 3.1 的方式來實現。使用 for 陳述句來依序檢查數列 a 的每個元素。此時，令變數 exist 保留「到目前為止有查到 v 嗎」的情報。一開始初始化為 false，找到 v 的話就設為 true。像這樣「因應預定事件切換開關的變數」就稱為**旗標**（flag）。

註3　對這樣的問題，許多書籍會採取的結構是「用線性搜尋法來表現低效率的例子，再介紹二元搜尋法或雜湊法作為效率較高的方法」。本書也會在第 6.1 節解說使用二元搜尋法的搜尋法，並在第 8.6 節解說使用雜湊法的搜尋法。不過在本書中，並不把二元搜尋法和雜湊法當作只是和「陣列搜尋」相關的方法，而是作為應用範圍更廣的設計方法來解說，這樣的方針跟那些書籍的結構並不相同。

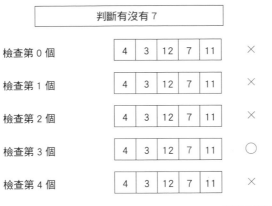

圖 3.1　線性搜尋法的概念圖

程式碼 3.1　線性搜尋法

```
1   #include <iostream>
2   #include <vector>
3   using namespace std;
4
5   int main() {
6       // 接收輸入
7       int N, v;
8       cin >> N >> v;
9       vector<int> a(N);
10      for (int i = 0; i < N; ++i) cin >> a[i];
11
12      // 線性搜尋
13      bool exist = false; // 初始值設false
14      for (int i = 0; i < N; ++i) {
15          if (a[i] == v) {
16              exist = true; // 找到的話豎起旗標
17          }
18      }
19
20      // 輸出結果
21      if (exist) cout << "Yes" << endl;
22      else cout << "No" << endl;
23  }
```

而這個演算法的計算複雜度是在於依序查 N 個值，所以會是 O(N)。
另外，在程式碼 3.1 中，可以考慮加上「如果在搜尋過程中找到 v

就中止搜尋而 break」。這樣做的好處是，如果早點發現符合條件的元素，就可以早點結束計算。不過，就算加上這樣的設計，演算法在計算複雜度量級上的優劣程度仍不會改變。因為正如第 2.6 節提到的，計算複雜度通常考量最差情況。而當數列中沒有滿足條件的元素存在時，就會整個序列都搜尋完，所以最差時間複雜度仍然是 $O(N)$。

3.3 • 線性搜尋法的應用

在前面線性搜尋法的解說中曾出現旗標變數，現在要解說幾個跟它有關的概念。這些將是未來實現各種演算法的重要基礎。

3.3.1　知道符合條件者位於何處

除了判斷數列中是否有符合條件者以外，知道它的位置在實用上也是非常重要的。也就是說，不僅要判斷是否有滿足 $a_i = v$ 的資料存在，很多時候還會想要具體找出滿足 $a_i = v$ 時的注標 i 是多少。這只需稍微修改程式就能夠實現了，請見程式碼 3.2。如果找到滿足條件的注標 i，就把它存放在名為 found_id 的變數中。其中第 13 行有 found_id = -1;，這是將變數 found_id 的初始值先設為一個不可能的數值註4。因此，變數 found_id 本身也能發揮旗標變數的功能，指示「是否有符合條件者」。如果在線性搜尋結束時仍然是 found_id == -1，就表示數列中並沒有滿足條件者存在。

程式碼 3.2　**取得有特定元素存在的「注標」**

```
1    #include <iostream>
2    #include <vector>
3    using namespace std;
4
5    int main() {
6        // 接收輸入
7        int N, v;
8        cin >> N >> v;
```

註4　「-1」這個數字因為是幻數（magic number），可能有的人會覺得不是很想用它。這樣的話也可改成宣告常數，只要效果一樣就可以了。

```
9        vector<int> a(N);
10       for (int i = 0; i < N;  ++i) cin >> a[i];
11
12       // 線性搜尋
13       int found_id = -1; // 初始值設為-1等不可能的值
14       for (int i = 0; i < N;  ++i) {
15           if (a[i] == v) {
16               found_id = i; //  找到的話就記錄注標
17               break; //  脫離迴圈
18           }
19       }
20
21       // 輸出結果（為-1時就代表沒找到）
22       cout << found_id << endl;
23   }
```

3.3.2　求最小值

接下來要來看的是求解數列最小值的問題。這也可以透過程式碼 3.3 來實現。在 for 陳述句重複進行的期間，令「到目前為止最小的值」保留在變數 min_value 中。如果來了一個比 min_value 更小的值 a[i]，就更新 min_value 的值。設 min_value 的初始值為代表無限大的常數 INF，並設定它的數值，要使用對該問題而言等同於無限大的適當數字[註5]。具體上，設定的數值要比所有可能的 a[i] 值中的最大值還要更高。程式碼 3.3 的寫法是基於 a[i] 的數值絕對會低於 20000000。

程式碼 3.3　求最小值

```
1    #include <iostream>
2    #include <vector>
3    using namespace std;
4    const int INF = 20000000; //  設足夠大的值
5
6    int main() {
7        // 接收輸入
8        int N;
9        cin >> N;
```

註5　針對目前這個問題，其實可以透過將初始值設成 min_value = a[0]; ，就不用去煩惱 INF 要設多少了，不過在實用上，考量可能出現的數值並估計最大值是很重要的。另外，在這次的問題中，應該也可以設定成 INF = INT_MAX，但因為有時候會將數值加到 INF 中，這時候若使用 INT_MAX 就可能會有發生溢位的情形。

```
10        vector<int> a(N);
11        for (int i = 0; i < N; ++i) cin >> a[i];
12
13        // 線性搜尋
14        int min_value = INF;
15        for (int i = 0; i < N; ++i) {
16            if (a[i] < min_value) min_value = a[i];
17        }
18
19        // 輸出結果
20        cout << min_value << endl;
21    }
```

3.4 ● 全域搜尋（2）：數對的全域搜尋

上一節處理的問題是「在給定資料中找出特定目標」這種最基本的搜尋問題。讓我們再稍微往前一步，思考下列這樣的問題。

- 在給定資料中搜尋最佳數對的問題
- 從給定的 2 組資料中各自提取元素之方法如何最適化的問題

這樣的問題可以透過使用兩層迴圈的 for 陳述句來解決。在第 2.7 節登場的最接近點對問題，就是前者的一個例子。而現在針對後者的例子，讓我們來思考下述的問題。

大於等於 K 之數對和（pair sum）中的最小值

給定 N 個整數 $a_0, a_1, ..., a_{N-1}$，以及 N 個整數 $b_0, b_1, ..., b_{N-1}$。從這兩個整數數列中各取 1 個整數相加求和。請在該和的所有可能值中，求出在大於等於 K 的範圍中的最小值。但假設存在至少 1 組以上滿足 $a_i + b_j \geq K$ 的 (i, j)。

例如如果 $N = 3$、$K = 10$、$a = (8, 5, 4)$、$b = (4, 1, 9)$，那麼從 a 選 8、從 b 選 4 的和 $8 + 4 = 12$ 就是符合條件的最小值。可以用下列方式搜尋所有組合方法來解這個問題：

- 從 $a_0, ..., a_{N-1}$ 選擇 a_i $(i = 0, ..., N-1)$

- 從 $b_0, ..., b_{N-1}$ 選擇 b_j $(j = 0, ..., N-1)$

這可用程式碼 3.4 的方式實現。由於所有可能的狀況數是 N^2 種，所以計算複雜度是 $O(N^2)$。

另外，其實這個問題若是二元搜尋法的話，用 $O(N \log N)$ 就可以解出來了。這部分會在第 6.6 節中解說。

程式碼 3.4　求數對和之最小值（K 以上的範圍）

```cpp
#include <iostream>
#include <vector>
using namespace std;
const int INF = 20000000; //  設足夠大的值

int main() {
    // 接收輸入
    int N, K;
    cin >> N >> K;
    vector<int> a(N), b(N);
    for (int i = 0; i < N;  ++i) cin >> a[i];
    for (int i = 0; i < N;  ++i) cin >> b[i];

    // 線性搜尋
    int min_value = INF;
    for (int i = 0; i < N;  ++i) {
        for (int j = 0; j < N; ++j) {
            // 和小於 K 時捨去
            if (a[i] + b[j] < K) continue;

            // 更新最小值
            if (a[i] + b[j] < min_value) {
                min_value = a[i] + b[j];
            }
        }
    }

    // 輸出結果
    cout << min_value << endl;
}
```

3.5 ● 全域搜尋（3）：組合的全域搜尋（*）

現在讓我們進入更正規的搜尋問題吧。請試著思考下述問題。

> **子集合加總問題**
>
> 　給定 N 個正整數 $a_0, a_1, ..., a_{N-1}$ 及正整數 W。請判斷是否能從 $a_0, a_1, ..., a_{N-1}$ 中選擇幾個整數相加，而使總和為 W。

　例如，若 $N = 5$、$W = 10$、$a = \{1, 2, 4, 5, 11\}$，那麼由於 $a_0 + a_2 + a_3 = 1 + 4 + 5 = 10$，所以答案是「Yes」。若 $N = 4$、$W = 10$、$a = \{1, 5, 8, 11\}$，則由於無論從 a 如何提取數值都無法使總和為 10，所以答案是「No」。

　N 個整數所構成之集合會有 2^N 個子集合。例如當 $N = 3$ 時，$\{a_0, a_1, a_2\}$ 的子集合有 Ø、$\{a_0\}$、$\{a_1\}$、$\{a_2\}$、$\{a_0, a_1\}$、$\{a_1, a_2\}$、$\{a_0, a_2\}$、$\{a_0, a_1, a_2\}$ 共 8 個。讓我們用全域搜尋的方式來思考這個問題。接著要介紹使用了整數二進制表示法及位元運算[註6]的方法。還有一種更通用的全域搜尋法，是使用**遞迴函數**（recursive function）的方法，這會在第 4.5 節再介紹。使用遞迴函數的全域搜尋法，與第 5 章解說的動態規畫法相關，所以非常重要[註7]。

　現在說明整數的二進制表示法。由 N 個元素構成之集合 $\{a_0, a_1, ..., a_{N-1}\}$ 的子集合，可利用整數的二進制表示法，對應映射到二進制 N 位以下的數字。舉例來說，如果 $N = 8$，則 $\{a_0, a_1, a_2, a_3, a_4, a_5, a_6, a_7\}$ 的一個子集合 $\{a_0, a_2, a_3, a_6\}$，可以對應到二進制表示法的整數值 01001101（第 0 位、第 2 位、第 3 位、第 6 位為 1）。另外，以二進制表示的 N 位以下整數，若以一般十進制表示就會是 0 以上且小於 2^N 的值。當 $N = 3$ 時，會如**表 3.1** 所示。

　現在回到子集合加總問題。$\{a_0, a_1, ..., a_{N-1}\}$ 之所有可能的子集合數有 2^N 個，可藉由將它們全部檢查完來解決子集合加總問題。這些子集合可對應到 0 以上且小於 2^N 的整數值。因此，在 C++ 中，可以用 int 型或 unsigned int 型，來表示 0 以上且小於 2^N 的整數值[註8]。

註6　整數之間的位元運算是指，將整數用二進制表示，並對每位數逐一進行位元運算。舉例來說，45 和 25 用二進制表示時，分別是 00101101 和 00011001。對每位數逐一進行 AND 運算後，結果是 00001001，故可知 45 AND 25 = 9。而在 C++ 中，這樣的 AND 運算是用運算子 & 來表現。

註7　第 5.4 節會討論對於背包問題（knapsack problem）的動態規畫法。背包問題本質上包括子集合加總問題。

註8　亦可考慮使用 std::bitset 或 std::vector<bool>。

表 3.1　將子集合對應於整數的二進制表示法

子集合	二進制的值	十進制的值
∅	000	0
$\{a_0\}$	001	1
$\{a_1\}$	010	2
$\{a_0, a_1\}$	011	3
$\{a_2\}$	100	4
$\{a_0, a_2\}$	101	5
$\{a_1, a_2\}$	110	6
$\{a_0, a_1, a_2\}$	110	7

　　接著要思考的是，在給定一個 0 以上且小於 2^N 的整數值 bit 時，該如何復原與它對應的子集合。策略是針對各個 $i = 0, 1, ..., N-1$，判斷整數 bit 表示的子集合中，是否包含第 i 個元素 a_i。因此，要在整數 bit 以二進制表示時，判斷 bit 的第 i 位是否為 1。這可用程式碼 3.5 的方式來作判斷[註9]。

程式碼 3.5　判斷整數 bit 表示的子集合中是否包含第 i 個元素

```
1   // 整數 bit 表示的子集合中包含第 i 個元素
2   if (bit & (1 << i)) {
3
4   }
5   // 不包含時
6   else {
7
8   }
```

　　例如 $N = 8$ 時，子集合 $\{a_0, a_2, a_3, a_6\}$ 所對應的整數 bit ＝ 01001101（二進制）。此時，針對 $i = 0, 1, ..., N-1$ 求出 bit ＆ (1 << i) 的值，如**表 3.2** 所示。從中可看出「利用程式碼 3.5 能夠判斷整數 bit 表示的子集合中是否包含第 i 個元素」[註10]。

註9　1 << i 表示的值，以二進制表示時是只有從右邊算起第 i 位（最右邊是第 0 位）為 1 的值。例如，
　　　1 << 4 表示的值以二進制表示時為 10000，以十進制表示則為 16。

註10　請注意在 C++ 中，0 以外的整數值都會顯示 true，0 則顯示 false。

表 3.2　判斷子集合 $\{a_0, a_2, a_3, a_6\}$ 中是否包含第 i 個元素

i	$1 << i$	bit & $(1 << i)$
0	00000001	01001101 $ 00000001 = 00000001（true）
1	00000010	01001101 $ 00000001 = 00000010（false）
2	00000100	01001101 $ 00000001 = 00000100（true）
3	00001000	01001101 $ 00000001 = 00001000（true）
4	00010000	01001101 $ 00000001 = 00010000（false）
5	00100000	01001101 $ 00000001 = 00100000（false）
6	01000000	01001101 $ 00000001 = 0100000（true）
7	10000000	01001101 $ 00000001 = 00000000（false）

綜上所述，子集合加總問題的全域搜尋解法，可用如程式碼 3.6 的方式來實現。首先，第 14 行的 (1 << N) 表示整數值 2^N。故可知，第 14 行的 for 陳述句是在將整數變數 bit 為大於等於 0 且小於 2^N 的整數值依序掃描一遍。這意味著針對大小為 N 的集合 $\{a_0, a_1, ..., a_{N-1}\}$ 檢查所有的子集合。接著藉由第 19 行的 bit & (1 << i)，判斷「第 i 個元素 a_i 是否包含在整數 bit 表示的集合中」。因此，第 16 行所定義的變數 sum 中，會儲存「整數 bit 表示的集合中所含數值的總和」。總而言之，程式碼 3.6 是在對大小為 N 之集合 $\{a_0, a_1, ..., a_{N-1}\}$ 的所有子集合，逐一檢查其元素總和是否會跟 W 一致。

最後要來評估程式碼 3.6 的計算複雜度。這個演算法是在有 2^N 種情況下，讓注標 i 在 $i = 0, 1, ..., N-1$ 的範圍變動（第 17 行），所以計算複雜度是 $O(N2^N)$。這是指數時間，所以絕非有效率的方式。

如果是用第 5 章解說的動態規畫法，可將計算複雜度變成 $O(NW)$。雖 W 的大小也有影響，但對 N 是線性時間，而可達到非常顯著的加速效果。

程式碼 3.6　針對子集合加總問題之使用位元的全域搜尋解法

```
1    #include <iostream>
2    #include <vector>
3    using namespace std;
4
5    int main() {
6        // 接收輸入
7        int N, W;
8        cin >> N >> W;
9        vector<int> a(N);
10       for (int i = 0; i < N; ++i) cin >> a[i];
```

```
11
12          // bit 操作 2^N 個子集合整體
13          bool exist = false;
14          for (int bit = 0; bit < (1 << N); ++bit)
15          {
16              int sum = 0; // 子集合所含元素總和
17              for (int i = 0; i < N; ++i) {
18                  // 第 i 個元素 a[i] 是否包含在子集合中
19                  if (bit & (1 << i)) {
20                      sum += a[i];
21                  }
22              }
23
24              // sum 與 W 是否一致
25              if (sum == W) exist = true;
26          }
27
28          if (exist) cout << "Yes" << endl;
29          else cout << "No" << endl;
30      }
```

3.6 • 總結

本章解說的全域搜尋法，是針對欲解決的問題，遍查所有想得到的可能性以解決問題的方法。它相當重要，是接下來所有一切的基礎。不過，要搜尋更複雜的對象，就需要更高超的搜尋技法。首先，在學會第 4 章解說的**遞迴**（recursion）後，就算是複雜的對象也能夠寫出清楚明快的搜尋演算法了。對於第 3.5 節討論的子集合加總問題，也會重新解說使用遞迴函數的解法。

再來會在第 10 章解說所謂**圖**（graph）的概念。這裡所謂的圖，是

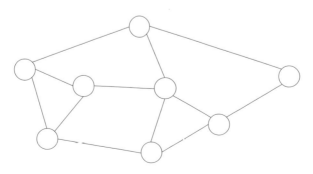

圖 3.2　圖的概念圖

像**圖 3.2** 那樣，以**頂點**（vertex）與**邊**（edge）來表現事物的關聯性。舉例來說，一群人的友誼關係，若以人為頂點、並以友誼關係為邊，就能將其視為圖來思考。

以圖來表現事物的好處是，各種問題都可以當作圖上的搜尋問題來處理，這樣就會變得非常直觀易懂。這部分會在第 13 章起詳細解說。

● ● ● ● ● ● ● **章末問題** ● ● ● ● ● ● ●

3.1 請研讀下列程式碼，它是在從 N 個整數 $a_0, ..., a_{N-1}$ 中搜尋滿足整數值 $a_i = v$ 的 i。這是程式碼 3.2 中省略了 break 處理後的樣子。如果有多個 i 滿足條件，請確保變數 found_id 中儲存的是這些 i 值中的最大值。（難易度★☆☆☆☆）

```
1   int found_id = -1; // 初始值設為 -1 等不可能的值
2   for (int i = 0; i < N;  ++i) {
3       if (a[i] == v) {
4           found_id = i; //  找到的話記錄注標
5       }
6   }
```

3.2 請設計一個 $O(N)$ 的演算法，求出在 N 個整數 $a_0, a_1, ..., a_{N-1}$ 當中有幾個整數值 v。（難易度★☆☆☆☆）

3.3 給定 N（≥ 2）個相異的整數 $a_0, a_1, ..., a_{N-1}$。請設計一個 $O(N)$ 的演算法，求出其中第二小的值。（難易度★★☆☆☆）

3.4 給定 N 個整數 $a_0, a_1, ..., a_{N-1}$。從中選兩個取差值。請設計一個 $O(N)$ 的演算法，求出最大的差值。（難易度★★☆☆☆）

3.5 給定 N 個正整數 $a_0, a_1, ..., a_{N-1}$。對它們進行「如果 N 個整數全都是偶數的話，就將每個數置換成除以 2 之後的商數」的操作，並重複進行直到無法操作為止。請設計一個演算法，求出能夠進行多少次操作。（出處：AtCoder Beginner Contest 081 B - Shift Only，難易度★★☆☆☆）

3.6 給定 2 個正整數 K, N。在滿足 $0 \leqq X, Y, Z \leqq K$ 的整數組 (X, Y, Z) 中，滿足 $X + Y + Z = N$ 者有多少個？請設計一個 $O(N^2)$ 的演算法求解。

（出處：AtCoder Beginner Contest 051 B - Sum of Three Integers，難易度★★☆☆☆）

3.7 給定一個長度為 N 的字串 S，它看起來是一個整數，並且每位數的值都是 1 以上且 9 以下的數字。可以在該字串中的任何字與字之間插入「＋」。也可以 1 個都不插入，另外「＋」不能連續。請設計一個 $O(2^N)$ 的演算法，將所有可能的字串化為數值，並計算其總和。舉例來說，若 $S = $ "125"，就取 125、1 ＋ 25（＝ 26）、12 ＋ 5（＝ 17）、1 ＋ 2 ＋ 5（＝ 8）的總和而為 176。

（出處：AtCoder Beginner Contest 045 C - Many Formulas，難易度★★★☆☆）

第 **4** 章

設計技法（2）：
遞迴與分治法

在程序中自己呼叫自己，就稱為遞迴呼叫。遞迴在之後的每一章幾乎都會用到，相當重要。藉由使用遞迴，可對各種問題寫出簡潔明瞭的演算法。本章的目標是透過遞迴呼叫的實例，來熟悉它的概念。進一步也會解說分治法的概念，它是一種活用遞迴的演算法設計技法。

4.1 ● 遞迴是什麼？

在程序中呼叫自己本身，就稱為**遞迴呼叫**（recursive call）。執行遞迴呼叫的函數稱為**遞迴函數**（recursive function）。不過一開始對於「呼叫自己本身」這樣的抽象描述可能還沒辦法掌握它的概念。所以，讓我們先來看一個遞迴函數的簡單例子，以掌握什麼是遞迴。請研讀下列程式碼 4.1。可以看到它在函數 func 內部呼叫 func。這個函數是在計算從 1 到 N 的總和 $1 + 2 + \cdots + N$。

程式碼 4.1　**計算從 1 到 N 之總和的遞迴函數**

```
1   int func(int N) {
2       if (N == 0) return 0;
3       return N + func(N - 1);
4   }
```

針對這個遞迴函數 func，讓我們來仔細觀察具體上呼叫 func(5) 時的行為。它的狀況如圖 **4.1** 所示。首先，在呼叫 func(5) 時，由於不滿足程式碼 4.1 第 2 行的 if 陳述句條件「N == 0」，所以跳到第 3

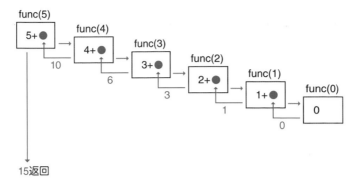

圖 4.1　遞迴函數的概念圖

行。第 3 行計算 5 + func(4)，並執行將它返回的處理。也就是會變成 func(5) = 5 + func(4)。

此時遞迴呼叫了 func(4)，所以接下來要再考慮 func(4)。由於 func(4) 也不滿足第 2 行的 if 陳述句條件，所以跳到第 3 行計算 4 + func(3)，並執行將它返回的處理。也就是會變成 func(4) = 4 + func(3)。以此類推，接下來依序遞迴呼叫 func(3)、func(2)、func(1)，並成立 func(3) = 3 + func(2)、func(2) = 2 + func(1)、func(1) = 1 + func(0) 的關係。最後呼叫 func(0) 時，總算滿足第 2 行的 if 陳述句條件「N == 0」，所以 func(0) 返回 0。將上述彙整如下：

func(0) 返回 0，
func(1) 返回 1 + func(0) = 1，
func(2) 返回 2 + func(1) = 2 + 1 = 3，
func(3) 返回 3 + func(2) = 3 + 2 + 1 = 6，
func(4) 返回 4 + func(3) = 4 + 3 + 2 + 1 = 10，
func(5) 返回 5 + func(4) = 5 + 4 + 3 + 2 + 1 = 15。

請注意，最先呼叫的是 func(5)，但最先返回數值的是 func(0)。func(0) 返回數值後，func(1) 用它返回數值，func(2) 再用它返回數值 ... 以此類推，最終 func(5) 返回最後的數值。

讓我們執行程式碼 4.2，來查看上述的行為。在程式碼 4.2 中，為

了將遞迴函數中間的行為輸出，所以將 N + func(N - 1) 的值暫時儲存在變數 result 中，然後將它輸出。

程式碼 4.2　計算從 1 到 N 之總和的遞迴函數

```
1   #include <iostream>
2   using namespace std;
3
4   int func(int N) {
5       // 回報呼叫了遞迴函數
6       cout << "呼叫了func(" << N << ")" << endl;
7
8       if (N == 0) return 0;
9
10      // 遞迴求解並輸出
11      int result  = N + func(N - 1);
12      cout << " 到" N << "為止的和 = " << result << endl;
13
14      return result;
15  }
16
17  int main() {
18      func(5);
19  }
```

執行結果如下。

```
呼叫了 func(5)
呼叫了 func(4)
呼叫了 func(3)
呼叫了 func(2)
呼叫了 func(1)
呼叫了 func(0)
到 1 為止的和 = 1
到 2 為止的和 = 3
到 3 為止的和 = 6
到 4 為止的和 = 10
到 5 為止的和 = 15
```

現在讓我們梳理一下遞迴函數的構成要素。遞迴函數通常具有下述的形式。這裡的基本情況（base case）是指在遞迴函數中沒有進行遞迴呼叫就 return 的情況。

```
遞迴函數的模板
  ( 返回值的型別 ) func ( 引數 ) {
    if ( 基本情況 ) {
        return 針對基本情況的值 ;
    }
    // 進行遞迴呼叫
    func( 下個引數 );
    返回答案 ;
  }
```

　　像先前的「計算 $1 + \cdots + N$ 的遞迴函數」，$N = 0$ 時的情況就是基本情況。當 $N = 0$ 時不進行遞迴呼叫，直接返回 0。這種「針對基本情況的處理」非常重要。如果沒有進行基本情況的處理，那遞迴呼叫將會無限循環[註1]。

　　另一個重點是，要使進行遞迴呼叫後的引數靠近基本情況。舉例來說，請看程式碼 4.3 中類似的函數。呼叫 func(5) 後，遞迴呼叫時的引數會變成 6,7,8,.... 一路增加下去。

程式碼 4.3　遞迴呼叫停不下來的遞迴函數

```
1 │ int func(int N) {
2 │     if (N == 0) return 0;
3 │     return N + func(N + 1);
4 │ }
```

4.2 ● 遞迴例（1）：歐幾里得的輾轉相除法

　　使用遞迴函數可讓演算法的寫法清楚明快，讓我們用**歐幾里得**（Euclid）的**輾轉相除法**作為一個例子。歐幾里得輾轉相除法，是一種求出 2 個整數 m、n 之最大公約數（以 GCD (m, n) 表示）的演算

註1　實際上，遞迴函數的引數等是存放在一個稱為「堆疊」的地方，所以每次的遞迴呼叫，會逐漸把堆疊塞爆而消耗記憶體。因此，如果呼叫次數一直累積，則在資源有限的情況下，遲早會發生堆疊溢位。

法。它利用下述特性：

最大公約數的特性

  設 m 除以 n 的餘數為 r，則下式成立：
$$GCD(m, n) = GCD(n, r)$$

故可知，可利用這個特性而藉由下述程序，求出 2 個整數 m、n 的最大公約數。此程序稱為歐幾里得輾轉相除法。

1. 設 m 除以 n 的餘數為 r

2. 若 $r = 0$，則此時的 n 為所求之最大公約數，將它輸出並結束程序

3. 當 $r \neq 0$ 時，將 $m \leftarrow n$ 且 $n \leftarrow r$，回到第 1 步

舉例來說，$m = 51$ 且 $n = 15$ 的最大公約數，可藉由以下流程求出。

- 由於 $51 = 15 \times 3 + 6$，故將 (51, 15) 替換成 (15, 6)
- 由於 $15 = 6 \times 2 + 3$，故將 (15, 6) 替換成 (6, 3)
- 由於 $6 = 3 \times 2$ 整除，所以最大公約數為 3

讓我們使用遞迴函數來實現上述程序。將前面「最大公約數的特性」中的公式，很直接地實現出來，寫成程式碼 4.4。此外，歐幾里得輾轉相除法在 $m \geq n > 0$ 下，計算複雜度為 $O(\log n)$。這是對數量級，故可知速度非常快。對數量級的證明在此略過不表，有興趣的人請參閱參考書目 [9] 中的「整數論演算法」一章。

程式碼 4.4　利用歐幾里得輾轉相除法求最大公約數

```
1   #include <iostream>
2   using namespace std;
3
4   int GCD(int m, int n) {
5       // 基本情況
6       if (n == 0) return m;
7
```

```
 8        // 遞迴呼叫
 9        return GCD(n, m % n);
10    }
11
12    int main() {
13        cout << GCD(51, 15) << endl; // 輸出 3
14        cout << GCD(15, 51) << endl; // 輸出 3
15    }
```

4.3 ● 遞迴例（2）：費波那契數列

目前為止的遞迴函數範例，在遞迴函數中都只有作 1 次遞迴呼叫。現在要來看一個在遞迴函數內進行多次遞迴呼叫的例子。讓我們來想想，如何用遞迴函數求解**費波那契**（Fibonacci）**數列**。費波那契數列是一種可用下式來定義的數列：

- $F_0 = 0$
- $F_1 = 1$
- $F_N = F_{N-1} + F_{N-2}$ $(N = 2, 3, ...)$

具體上為 0, 1, 1, 2, 3, 5, 8, 13, 21, 34, 55, ... 以此類推。計算費波那契數列第 N 項 F_N 的遞迴函數，可參考上方的遞迴關係式而寫成程式碼 4.5（其中遞迴函數的函數名稱為 fibo）。

程式碼 4.5　**求解費波那契數列的遞迴函數**

```
 1    int fibo(int N) {
 2        // 基本情況
 3        if (N == 0) return 0;
 4        else if (N == 1) return 1;
 5
 6        // 遞迴呼叫
 7        return fibo(N - 1) + fibo(N - 2);
 8    }
```

這次的遞迴呼叫流程比較複雜，因為在遞迴函數中有 2 次遞迴呼叫。**圖 4.2** 顯示了呼叫 fibo(6) 時函數 fibo 的引數變遷。為了確認遞迴呼叫流程真的這麼複雜，讓我們執行程式碼 4.6 看看。它會在剛進行遞迴呼叫後的瞬間、及遞迴函數正要返回數值的瞬間進行輸出。

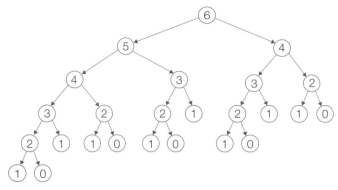

圖 4.2　求解費波那契數列的遞迴呼叫

程式碼 4.6　求解費波那契數列之遞迴函數的遞迴呼叫狀況

```cpp
#include <iostream>
using namespace std;

int fibo(int N) {
    // 回報呼叫了遞迴函數
    cout << "呼叫了 fibo(" << N << ")" << endl;

    // 基本情況
    if (N == 0) return 0;
    else if (N == 1) return 1;

    // 遞迴求解並輸出
    int result = fibo(N - 1) + fibo(N - 2);
    cout << "第" << N << "項目 = " << result << endl;

    return result;
}

int main() {
    fibo(6);
}
```

執行結果如下。

```
呼叫了 fibo(6)
呼叫了 fibo(5)
呼叫了 fibo(4)
```

```
呼叫了 fibo(3)
呼叫了 fibo(2)
呼叫了 fibo(1)
呼叫了 fibo(0)
第 2 項 = 1
呼叫了 fibo(1)
第 3 項 = 2
呼叫了 fibo(2)
呼叫了 fibo(1)
呼叫了 fibo(0)
第 2 項 = 1
第 4 項 = 3
呼叫了 fibo(3)
呼叫了 fibo(2)
呼叫了 fibo(1)
呼叫了 fibo(0)
第 2 項 = 1
呼叫了 fibo(1)
第 3 項 = 2
第 5 項 = 5
呼叫了 fibo(4)
呼叫了 fibo(3)
呼叫了 fibo(2)
呼叫了 fibo(1)
呼叫了 fibo(0)
第 2 項 = 1
呼叫了 fibo(1)
第 3 項 = 2
呼叫了 fibo(2)
呼叫了 fibo(1)
呼叫了 fibo(0)
第 2 項 = 1
第 4 項 = 3
第 6 項 = 8
```

4.4 ● 記錄化並一窺動態規畫法

上一節介紹的求解費波那契數列第 N 項的遞迴函數，其實有個問題，就是「多次執行同一個計算而效率非常差」。

從圖 4.2 可看出，光是計算 fibo(6) 就呼叫了函數 25 次。而 25 次已經算是不錯的，如果是 fibo(50) 那計算複雜度就爆了，求出答案所需要的時間大到不可能實行。計算 fibo(N) 所需的計算複雜度是 $O((\frac{1+\sqrt{5}}{2})^N)$，這部分的詳細分析就留到章末問題 4.3、4.4。總之可看出，計算時間會隨 N 而指數性攀升。但另一方面，費波那契數列的

計算其實可以像程式碼 4.7 那樣簡單計算出來，程式是從 $F_0 = 0$、$F_1 = 1$ 開始，然後再「將前兩項相加並照順序進行下去」。

程式碼 4.7　使用 for 陳述句疊代求解費波那契數列

```cpp
1  #include <iostream>
2  #include <vector>
3  using namespace std;
4
5  int main() {
6      vector<long long> F(50);
7      F[0] = 0, F[1] = 1;
8      for (int N = 2; N < 50; ++N) {
9          F[N] = F[N - 1] + F[N - 2];
10         cout << "第" << N << "項: " << F[N] << endl;
11     }
12 }
```

就這樣使用 for 迴圈的疊代法，結果一直算到費波那契數列第 N 項，也只要做 $N-1$ 次的加法處理就夠了。也就是說，使用遞迴函數的方法需要指數時間 $O((\frac{1+\sqrt{5}}{2})^N)$，但使用 for 迴圈的疊代法的話，計算複雜度就變成 $O(N)$。

為什麼使用遞迴函數來計算費波那契數列時，計算複雜度會爆掉呢？這是因為浪費了太多不必要的時間，如圖 **4.3** 所示。

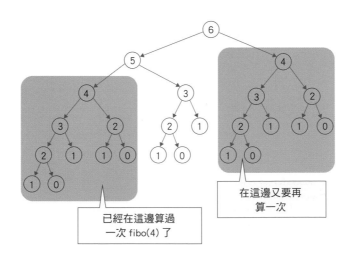

圖 4.3　求解費波那契數列之遞迴函數的無端浪費

fibo(4) 姑且不論，光是 fibo(3) 的計算就做了 3 次。為了避免這種不必要的浪費，一個有效的方法就是「**記錄**同一個引數的答案」。具體上來說是使用下述陣列：

> **避免遞迴函數浪費時間做相同計算的記錄法**
>
> memo[v] ← fibo(v) 的答案存放進去（未計算時存放 −1）

這樣的話已經在遞迴函數中計算過的就不再做遞迴呼叫，直接返回已記錄的值。這也就是所謂**快取**的概念，可以使速度大幅增加。藉由記錄化，計算複雜度變為 $O(N)$。這樣的計算複雜度與使用 for 迴圈的方法相同。具體上它可用如程式碼 4.8 的方式實現[註2]。

程式碼 4.8　將求解費波那契數列的遞迴函數記錄化

```cpp
#include <iostream>
#include <vector>
using namespace std;

// 將 fibo(N) 的答案記錄化的陣列
vector<long long> memo;

long long fibo(int N) {
    // 基本情況
    if (N == 0) return 0;
    else if (N == 1) return 1;

    // 檢查紀錄（全部計算完的話就返回答案）
    if (memo[N] != -1) return memo[N];

    // 記錄答案同時一邊進行遞迴呼叫
    return memo[N] = fibo(N - 1) + fibo(N - 2);
}

int main() {
    // 將記錄化陣列以 -1 初始化
    memo.assign(50, -1);

    // 呼叫 fibo(49)
```

註2　這裡為了簡單起見，將陣列 memo 設為全域變數，但實際上濫用全域變數並不可取。有一個對策是可考慮改成將陣列 memo 設為遞迴函數的參考引數等。

```
25        fibo(49);
26
27        // 在 memo[0], ..., memo[49] 中存放答案
28        for (int N = 2; N < 50; ++N) {
29            cout << "第" << N << " 項目 : " << memo[N] << endl;
30        }
31    }
```

上述的記錄化，可以視為使用遞迴函數來實現所謂**動態規畫法**（dynamic programming）的框架。動態規畫法是一種泛用且功能強大的演算法。這會在第 5 章詳細解說。

4.5 ● 遞迴例（3）：使用遞迴函數的全域搜尋

第 3 章強調了全域搜尋作為所有演算法基礎的重要性。透過使用遞迴函數，即使是複雜的對象，也可以編寫出清楚明快的搜尋演算法。作為此類問題的一個例子，我們將再次討論第 3.5 節曾解決的子集合加總問題。

4.5.1　子集合加總問題

將子集合加總問題重述如下。

子集合加總問題

　　給定 N 個正整數 a_0, a_1, ..., a_{N-1} 及正整數 W。請判斷是否能從 a_0, a_1, ..., a_{N-1} 中選擇幾個整數相加，而使總和為 W。

第 3.5 節設計了一個使用「整數二進制表示法及位元運算」的全域搜尋演算法。本節就讓我們來設計一個使用遞迴函數的全域搜尋演算法吧。

對於解決子集合加總問題的遞迴演算法，要先有個初步概觀。首先請分成以下兩種狀況來思考[註3]。

註3　這裡的想法是分成選擇與未選擇 a_{N-1} 的情況，但可能有些人會覺得分成選擇與未選擇 a_0 的情況較為自然。無論哪種方式都可以解出這個問題，但在這裡因為關係到第 5 章要學的動態規畫法，所以才用 a_{N-1}。

- 未選擇 a_{N-1} 時
- 選擇 a_{N-1} 時

先就前者來看，此時問題會歸約為一個子問題，變成在問：從 a_0, a_1, ..., a_{N-1} 去除 a_{N-1} 後剩下的 $N-1$ 個整數中，要選誰才能使總和為 W。同樣地，後者也歸約為一個子問題，但詢問的是：從 a_0, a_1, ..., a_{N-1} 去除 a_{N-1} 後剩下的 $N-1$ 個整數中，要選誰才能使總和為 $W-a_{N-1}$。將上述彙整，就會如**圖 4.4**所示，變成在思考以下兩個子問題：

- 是否能從 $N-1$ 個整數 $a_0, a_1, ..., a_{N-2}$ 湊出 W？
- 是否能從 $N-1$ 個整數 $a_0, a_1, ..., a_{N-2}$ 湊出 $W-a_{N-1}$？

如果這兩個子問題中至少有一個是 "Yes"，那原問題的答案也是 "Yes"；如果兩者皆為 "No"，那原問題的答案也是 "No"。

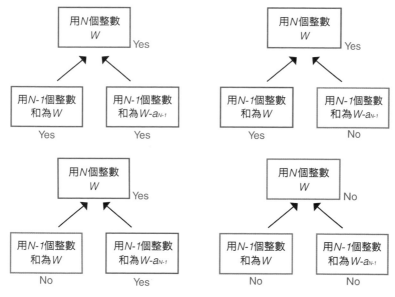

圖 4.4　遞迴求解子集合加總問題

就這樣，原本是有關 N 個整數 a_0, a_1, ..., a_{N-1} 的問題，現在歸約為有關 $N-1$ 個整數 a_0, a_1, ..., a_{N-2} 的兩個問題了。後續以同樣的方式，將 $N-1$ 個整數的問題歸約為 $N-2$ 個整數的問題，然後再歸約為 $N-3$ 個整數的問題⋯⋯就這樣反覆遞迴。

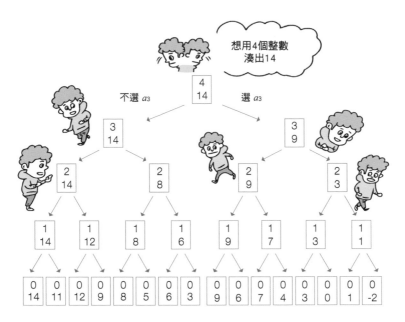

圖 4.5　遞迴求解子集合加總問題的狀況。在圖中各節點內，上方數值表示「關於多少個整數的問題」，下面數值表示「想湊出的數字」。圖中顯示原始問題為「想用 4 個整數湊出 14」，而且它可被分解成「想用 3 個整數湊出 14」的子問題和「想用 3 個整數湊出 9」的子問題。

　　舉例來說，若輸入數據是 $N = 4$、$a = (3, 2, 6, 5)$、$W = 14$，那麼就能夠以**圖 4.5** 的方式進行遞迴解析。原本的問題是「想用 4 個整數湊出 14」，被歸約為「想要 3 個整數湊出 14 或 9」的問題。然後又再歸約為「想要 2 個整數湊出 14、8、9、3 中任一個數字」的問題。最後一路走到「想要 0 個整數湊出 14、11、12、9、8、5、6、3、9、6、7、4、3、0、1、-2 中任一個數字」的問題。由於 0 個整數的總和始終為 0，因此這 16 個整數中如果包含 0 則為 "Yes"，如果不包含 0 則為 "No"。由於這次有包含 0，所以原問題的答案也是 "Yes"（**圖 4.6**）。

　　現在就讓我們來著手實現解決子集合加總問題的遞迴演算法吧。遞迴函數定義如下。

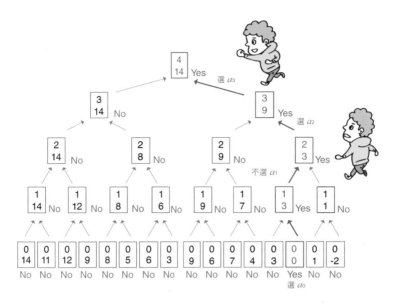

圖 4.6 從子集合加總問題之基本情況將答案往上推的狀況。可以看到具體上是透過「選 a_3」、「選 a_2」、「不選 a_1」、「選 a_0」這樣的選擇，讓選中之整數的總和為 W。

解決子集合加總問題的遞迴函數

`bool func(int i, int w)` ← $a_0, a_1, ..., a_{N-1}$ 之中，是否能由前 i 個 $(a_0, a_1, ..., a_{i-1})$ 選出幾個而使總和為 w？對這個問題，此函數會以布林值返回答案。

此處 func(N, W) 就是最終答案。當 func($i-1$, w) 與 func($i-1$, $w-a_{i-1}$) 至少其中一個的值是 true 時，通常 func(i, w) 的值就是 true。最後，將呼叫了 func(0, w) 的狀態作為基本情況。它代表「是否能用 0 個整數湊出 w」的問題。由於 0 個整數的總和始終為 0，因此如果 $w = 0$ 則返回 true，否則返回 false 。另外也可看出，基本情況的呼叫次數最差是 2^N 次。這些基本情況是對應於 N 個整數 $a_0, a_1, ..., a_{N-1}$ 各重複進行「選擇」、「未選擇」兩個選項的方法。由於這個方法會有 2^N 個，所以基本情況最差也是有 2^N 個。

將上述彙整後，可用如程式碼 4.9 的方式實現。在遞迴函數 func 的引數中，多給定一輸入陣列 a。有一個要注意的地方，就是在 func(i, w) 的處理中，如果 func($i - 1, w$) 的值是 true，那麼就算不查找 func($i - 1, w - a_{i-1}$) 的值，func(i, w) 一定也是 true，所以此時可以直接返回 true（第 13 行）。另外，這個遞迴演算法的計算複雜度是 $O(2^N)$。這部分會在下一節詳細解說。

程式碼 4.9　以使用遞迴函數之全域搜尋，求解子集合加總問題

```
1   #include <iostream>
2   #include <vector>
3   using namespace std;
4
5   bool func(int i, int w, const vector<int> &a) {
6       // 基本情況
7       if (i == 0) {
8           if (w == 0) return true;
9           else return false;
10      }
11
12      // 不選 a[i - 1] 的情形
13      if (func(i - 1, w, a)) return true;
14
15      // 選 a[i - 1] 的情形
16      if (func(i - 1, w - a[i - 1], a)) return true;
17
18      //  皆為 false 時返回 false
19      return false;
20  }
21
22  int main() {
23      // 輸入
24      int N, W;
25      cin >> N >> W;
26      vector<int> a(N);
27      for (int i = 0; i < N; ++i) cin >> a[i];
28
29      // 遞迴求解
30      if (func(N, W, a)) cout << "Yes" << endl;
31      else cout << "No" << endl;
32  }
```

4.5.2　針對子集合加總問題之遞迴全域搜尋的計算複雜度（＊）

現在來分析程式碼 4.9 的計算複雜度。讓我們思考最差情況，也就

是當最終答案為 "No" 時，所有 2^N 個選項都會被確認過。此時遞迴呼叫的狀況會像圖 4.5 的樣子，所以函數 func 被呼叫的次數為：

$$1 + 2 + 2^2 + \cdots + 2^N = 2^{N+1} - 1 = O(2^N)$$

另外，如果仔細觀察函數 func(i, w) 的處理，會發現除了進行遞迴呼叫的部分之外，其餘部分的計算複雜度可視為常數。因此，整體的計算複雜度是 $O(2^N)$。

4.5.3　對子集合加總問題的記錄化（*）

由上可知，解決子集合加總問題的遞迴全域搜尋演算法，需要 $O(2^N)$ 的計算複雜度。這是指數時間，所以絕非有效率的方式。不過，其實它可以透過進行如第 4.4 節的記錄化，將計算複雜度改善成 $O(NW)$。這已列為章末問題 4.6，請務必思考看看。這也可以看作是使用遞迴函數，來實現稱為動態規畫法的方法。另外，第 5.4 節中，針對背包問題示範了基於動態規畫法的演算法，其計算複雜度是 $O(NW)$，而背包問題本質上包含子集合加總問題。

4.6 • 分治法

最後要解說分治法的概念，它是一種利用遞迴的演算法設計技法。先回顧一下第 4.5 節中對子集合加總問題使用了遞迴的解法。那時我們把關於 N 個整數 $a_0, a_1, ..., a_{N-1}$ 的問題，分解成關於 $N-1$ 個整數 $a_0, a_1, ..., a_{N-2}$ 的兩個子問題。並以同樣的方式，將 $N-1$ 個整數的問題歸約為 $N-2$ 個整數的子問題，然後再歸約為 $N-3$ 個整數的子問題……就這樣反覆遞迴。像這樣，把給定問題分解成幾個子問題，遞迴求解每個子問題，再組合子問題的解，以構成原本問題的解，這種演算法技法就統稱為**分治法**（divide-and-conquer method）。

分治法是非常基本的概念，很多時候是無意識地使用到它。前面提到的「針對子集合加總問題使用了遞迴並需要 $O(2^N)$ 計算複雜度的演算法」，也是分治法的一種應用例。另一方面，分治法發揮它真正價值的地方，是在於有意識地使用分治法，來為已有多項式時間演算

法的問題設計更快的演算法時。舉個例子，在第 12.4 節中，我們將針對計算複雜度為 $O(N^2)$ 之單純的排序演算法，另基於分治法設計更快速的合併排序演算法（計算複雜度為 $O(N \log N)$）。

另外，在分析基於分治法之演算法的計算複雜度時，通常會考慮與輸入量 N 相關的計算時間 $T(N)$ 的遞迴關係式。這種分析計算複雜度的方法論，會在第 12.4.3 節中解說。

4.7 ● 總結

遞迴相當重要，在之後的每一章幾乎都會出現。故請務必熟悉它。

在第 4.4 節中，對於求解費波那契數列第 N 項的遞迴演算法，是藉由記錄化而提升速度。這個作法其實可看作是**動態規畫法**的一種。動態規畫法將在第 5 章詳述。

此外，使用遞迴函數的初衷是「將問題分成較小的問題來解決」的想法，我們已根據這樣的想法作為框架，介紹了**分治法**的概念。有效應用分治法的一個例子，是第 12 章介紹的合併排序演算法，之後會解說並分析它的計算複雜度。

● ● ● ● ● ● ●　　**章末問題**　　● ● ● ● ● ● ●

4.1　泰波那契數列（Tribonacci series）是由下式定義的數列：

- $T_0 = 0$
- $T_1 = 0$
- $T_2 = 1$
- $T_N = T_{N-1} + T_{N-2} + T_{N-3}(N = 3, 4, ...)$

具體上為 0, 0, 1, 1, 2, 4, 7, 13, 24, 44, ... 以此類推。請設計一個遞迴函數，以求出泰波那契數列第 N 項的值。（難易度★☆☆☆☆）

4.2　請藉由記錄化，使問題 4.1 所設計的遞迴函數提高效率。並請評估實施記錄化後的計算複雜度。（難易度★★☆☆☆）

4.3　請 證 明 費 波 那 契 數 列 的 一 般 項 可 用 表 示 $F_N = \frac{1}{\sqrt{5}}((\frac{1+\sqrt{5}}{2})^N - (\frac{1-\sqrt{5}}{2})^N)$。（難易度★★★☆☆）

4.4 請證明程式碼 4.5 所示演算法的計算複雜度給定為$O((\frac{1+\sqrt{5}}{2})^N)$。
（難易度★★★☆☆）

4.5 「753 數」是一種以十進位表示的整數，其中每位數的值都是7、5、3 之一，且 7、5、3 都必須至少出現一次。若給定一個正整數 K，那麼 K 以下的 753 數有多少個？請設計一個演算法求解。條件是只容許計算複雜度約為 $O(3^d)$，其中 d 為 K 的位數。

（出處：AtCoder Beginner Contest 114 C - 755，難易度★★★☆☆）

4.6 針對子集合加總問題使用了遞迴函數的程式碼 4.9，計算複雜度是 $O(2^N)$，請進行記錄化使它以 $O(NW)$ 的計算複雜度運作。（難易度★★★☆☆，本問題與第 5 章解說的動態規畫法有關。）

第 **5** 章

設計技法（3）：
動態規畫法

我們終於要進入動態規畫法了，這可以說是本書前半部分的主角。動態規畫法是一種泛用性非常高的方法，應用範圍很廣，從計算機科學上重要的問題到世界各個領域的最適化問題都可以看得到它。動態規畫法的解法模式很多，並有許多特殊技巧廣為人知。但是，如果將結構一個一個拆開來，就會發現它令人驚訝地是由幾種定型模式所組成。在本章中，讓我們本著「熟能生巧」的精神走進動態規畫法的世界吧。

5.1 ● 動態規畫法是什麼？

第 4.4 節和第 4.5.3 節示範了可藉由記錄化，來讓使用遞迴函數的演算法更有效率。它們可以視為是在使用遞迴函數實現**動態規畫法**（dynamic programming，DP）。然而，除了使用遞迴函數的方法之外，還有各種實現動態規畫法的方法。

而動態規畫法以不同角度來看會有很多不同的面貌，所以講到「什麼是動態規畫法」就很難一言以蔽之。若抽象描述的話，它的手法可說是把一個給定的問題完善地分解成一系列的子問題，並記錄每個子問題的解，而且是從比較小的子問題朝比較大的子問題依序求解下去。此時，關鍵在於如何將所有想得到的無數可能狀態好好統整歸納，以構成子問題。

舉例來說，請回想第 4.5 節處理過的子集合加總問題。在第 4.5 節中，我們把關於 N 個整數 $a_0, a_1, ..., a_{N-1}$ 的問題，轉變成關於前 i 個

整數 $a_0, a_1, ..., a_{i-1}$ 的子問題。然後，定義一個遞迴函數 func(i, w) ($w = 0, 1, ..., W$) 求解子問題，將該解以 func($i-1$, w) ($w = 0, 1, ..., W$) 表示。於是狀態就變成可依 $i = 0, 1, ..., N$ 的順序來構成最終解了 [1]。上面這一連串的步驟，正是動態規畫法的概念，只是對於要如何應用到其他問題上你可能還是沒有頭緒。本章會透過許多實例，將有關動態規畫的各種概念有條有理地緊密聯繫起來。

另外，可以使用動態規畫法有效解決的問題很多，如下所示。可以跨領域應用是它的一大特點。本書的目標是「鍛練實用的演算法設計技能以解決實際問題」，所以它可說是負有核心骨幹的重任。

- 背包問題
- 排程問題
- 發電規畫問題
- 編輯距離（diff 命令）
- 語音辨識模式匹配問題
- 文句的分詞
- 隱馬可夫模型（Hidden Markov Model）

雖然可解決範圍廣泛的問題，但若反過來說，就是應用方式變化多端而不易學習。不過，若著眼於動態規畫法中「如何分解成一系列子問題」的部分，那麼需要了解的模式並沒有那麼多。只要累積了足夠的練習，就能夠僅憑對幾個模式的認識，而解決掉許多問題。

5.2. ● 動態規畫法的例題

首先用一個簡單的例題，梳理一下動態規畫法中的各種概念。出處是 AtCoder Educational DP Contest 的 A 問題（Frog 1）。

AtCoder Educational DP Contest A - Frog 1

如圖 **5.1** 所示，有 N 個踏台，並給定第 i 個（$= 0, 1, ..., N-1$）踏台的高度為 h_i。一開始第 0 個踏台上有一隻青蛙，牠重複以

註 1　可能很多人會回想起高中數學的「遞迴關係式」或「數學歸納法」。

下動作之一，目標是到第 $N-1$ 個踏台。

- 從踏台 i 移動到踏台 $i+1$（成本為 $|h_i - h_{i+1}|$）
- 從踏台 i 移動到踏台 $i+2$（成本為 $|h_i - h_{i+2}|$）

請求出該青蛙一路通往第 $N-1$ 個踏台為止所需總成本的最小值。

圖 5.1　A 問題（Frog 1）

青蛙在每一步都有兩個選項：「去隔壁的踏台」或「飛越一個踏台」。

舉個具體的例子，請考慮 $N=7$ 且高度為 $h = (2, 9, 4, 5, 1, 6, 10)$ 的情形。現在，讓我們將「在踏台上移動」的問題特有的事物抽象化，變成一個純粹的數學問題來思考。如圖 **5.2** 所示，將踏台用「圓圈」表示，踏台之間的移動則用「箭號」表示。並在「箭號」旁，以「權重」表示在踏台之間移動所需的成本。例如，當 $N=7$, $h = (2, 9, 4, 5, 1, 6, 10)$ 時，從踏台 0 移動到踏台 1 的成本為 $|2-9| = 7$；而從踏台 0 移動到踏台 2 的成本為 $|2-4| = 2$。

另外，像這樣把對象物的關聯性用「圓圈」和「箭號」來表示的方式，就稱為圖。而「圓圈」稱為**頂點**，「箭號」稱為**邊**。圖將在第

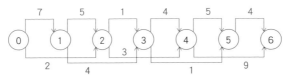

圖 5.2　表示 Frog 問題的圖

10 章及第 13 章起詳細解說。現在，就用圖的語言，將 $N = 7$ 且 $h =$ (2, 9, 4, 5, 1, 6, 10) 時的 Frog 問題改寫如下。

將 Frog 問題改寫成圖問題

請針對圖 5.2 的圖，在從頂點 0 沿著邊一路走到頂點 6 的各種路線中，求出路線各邊權重總和的最小值。

像這樣，把要解決的問題重新表述為圖問題而公式化，就變得直觀而容易處理。現在，讓我們依照頂點 0, 1, 2, 3, ..., 6 的順序，求出青蛙到達各頂點的最小成本。雖然最終想求出的是一路走到頂點 6 的最低成本，但一下子也搞不清楚通往頂點 6 的方法有哪些。因此，要先照順序思考到頂點 0, 1, 2, ... 的最小成本。然後把它們記錄在如**圖 5.3** 的陣列 dp 中。首先，由於頂點 0 是起點，所以成本為 0。因此，dp[0] = 0。

圖 5.3　DP 初始條件

接下來思考走到頂點 1 的最小成本。走到頂點 1 的唯一方法是「從頂點 0 過去」，如**圖 5.4** 所示。成本是 0 + 7 = 7。因此，dp[1] = 7。

接下來思考一路走到頂點 2 的最小成本。如果把即將到達頂點 2 之前的狀態分類，那麼可以看到有以下兩種模式。

- 從頂點 1 移動到右側的頂點 2 的方法

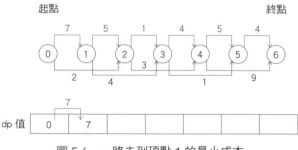

圖 5.4　一路走到頂點 1 的最小成本

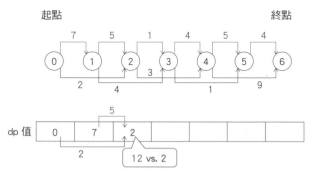

圖 5.5　一路走到頂點 2 的最小成本

- 從頂點 0 飛越一個頂點到頂點 2 的方法

使用前一種方法，最小成本是 dp[1] ＋ 5 ＝ 12。使用後一種方法，最小成本是 dp[0] ＋ 2 ＝ 2。其中，後者較小，因此 dp[2] ＝ 2（**圖 5.5**）。

接下來思考一路走到頂點 3 的最小成本。還是用即將到達前的狀態來分類，則有以下兩種模式。

- 從頂點 2 移動到右側的頂點 3 的方法
- 從頂點 1 飛越一個頂點到頂點 3 的方法

前者的最小成本是 dp[2] ＋ 1 ＝ 3，後者的最小成本是 dp[1] ＋ 4 ＝ 11。其中，前者較小，因此 dp[3] ＝ 3。

就這樣進行下去，依序對頂點 4、5、6 執行同樣的過程，結果可得 dp[4] ＝ 5、dp[5] ＝ 4，且最後 dp[6] ＝ 8（**圖 5.6**）。上述處理可

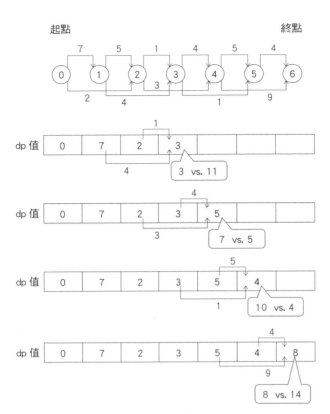

圖 5.5　一路走到頂點 2 的最小成本

用如程式碼 5.1 的方式實現。由於對每個頂點進行常數時間的處理，所以計算複雜度是 $O(N)$。

程式碼 5.1　以動態規畫法求解 Frog 問題

```
1   #include <iostream>
2   #include <vector>
3   using namespace std;
4   const long long INF = 1LL << 60; // 設足夠大的值（在此為 2^60）
5
6   int main() {
7       // 輸入
8       int N;
9       cin >> N;
10      vector<long long> h(N);
11      for (int i = 0; i < N;  ++i) cin >> h[i];
12
```

```
13          //  定義陣列 dp（將陣列全體初始化為代表無限大的值）
14          vector<long long> dp(N, INF);
15
16          //  初始條件
17          dp[0] = 0;
18
19          //  迴圈
20          for (int i = 1; i < N; ++i) {
21              if (i == 1) dp[i] = abs(h[i] - h[i - 1]);
22              else dp[i] = min(dp[i - 1] + abs(h[i] - h[i - 1]),
23                               dp[i - 2] + abs(h[i] - h[i - 2]));
24          }
25
26          //  答案
27          cout << dp[N - 1] << endl;
28      }
```

　　將以上流程作重點整理。這次是把「求出到達頂點 i 的最小成本」這個「大的」問題，分解成以下兩個「小的」子問題。

- 求出到達頂點 $i-1$ 的最小成本（從頂點 $i-1$ 移動到 i 的情形）
- 求出到達頂點 $i-2$ 的最小成本（從頂點 $i-2$ 移動到 i 的情形）

　　前者求最小成本的過程會收束在數值 $dp[i-1]$，後者求最小成本的過程會收束在數值 $dp[i-2]$。在此以前者為例，它的重點在於「一路走到頂點 $i-1$ 的方法有無數種，但只考慮其中成本最小的即可」。也就是說，如果通往頂點 i 的方式中有一條成本最小的路徑 P，而且路徑 P 在到達前的那一步是「從頂點 $i-1$ 移動到頂點 i」，那麼路徑 P 中一路走到頂點 $i-1$ 為止的部分，也必須是最小成本。像這樣「在考慮原問題的最佳解時，要求較小的子問題也是最佳解」的結構，就稱為**最佳子結構**（optimal substructure）。利用這樣的結構來依序決定各個子問題的最佳解的作法，就稱為**動態規畫法**（dynamic programming，DP）。最佳子結構代表動態規畫法中「將可彙整的處理進行彙整，使得相同的計算不用重複進行而加快速度」的概念。

5.3 ● 與動態規畫法相關的各種概念

　　接下來，將整理與動態規畫相關的各種概念。

5.3.1 鬆弛

首先，要介紹的是**鬆弛**（relaxation）的概念，這也是動態規畫法的核心概念。「鬆弛」的含義將在第 14 章另外詳細解說，本章只要有「數列 dp 的每個值逐漸更新為較小的值」這樣的概略印象就夠了，如下所述。

在之前實現動態規畫法的程式碼 5.1 中，頂點 3 相關的 dp 值之更新狀況如果詳細分解的話，會是像下面的樣子（**圖 5.7**）。

- 首先，將 dp[3] 的值初始化為 INF（代表∞的量）。
- 考慮「從頂點 2 移動過來」的成本是 dp[2] + 1(= 3)，將它與 dp[3](=∞) 相較。由於 dp[2] + 1(= 3) 較小，因此 dp [3] 的值從∞更新為 3。
- 考慮「從頂點 1 移動過來」的成本是 dp[1] + 4(= 11)，將它與 dp[3](= 3) 相較。由於 dp[3](= 3) 較小，因此 dp [3] 的值不作更新，仍保持 3。

這很像是 dp[3] 具有一個叫做「目前看到的最小值」的「冠軍」，並且和 dp[2] + 1 或 dp[1] + 4 這些「挑戰者」對戰。如果挑戰者的值小於冠軍，那 dp[3] 的值將更新為挑戰者的值。要實現這樣的處

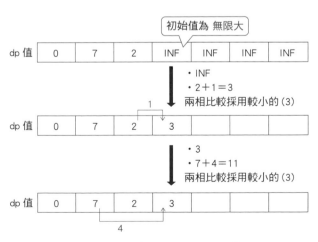

圖 5.7 分解說明頂點 3 的更新狀況

理，使用程式碼 5.2 中的函數 chmin 會比較簡單方便[註2]。函數的第一個參數 a 代表前面比喻中的冠軍，第二個引數 b 則代表挑戰者。另外，考慮到 a 和 b 可以採用整數型和浮點型等各種類型，因此將它們設為**模板函數**。

程式碼 5.2　用以實現鬆弛處理的函數 chmin

```
1  template<class T> void chmin(T& a, T b) {
2      if (a > b) {
3          a = b;
4      }
5  }
```

若使用這個函數 chmin，那麼像前面在更新 dp[3] 值的處理就能簡潔地寫成：

- dp[3] ←初始化為∞
- chmin(dp[3], dp[2] + 1)
- chmin(dp[3], dp[1] + 4)

通常，若圖上有一條邊是從頂點 u 往頂點 v 轉移，且該轉移的成本以 c 表示，那麼下式的處理，可說是關於這條邊的**鬆弛**（relaxation）。

$$\text{chmin}(dp[v], dp[u] + c)$$

另請注意，函數 chmin 的第一個參數是設為**參照類型**。所以，當 chmin(dp[v], dp[u] + c) 執行後，在作更新時 dp[v] 的值會被改寫[註3]。

現在，讓我們在意識到「鬆弛」的概念下，實現針對 Frog 問題的動態規畫法。這可用如程式碼 5.3 的方式來實現[註4]。由於會對每個頂點進行常數時間的處理，所以計算複雜度是 $O(N)$。

註2　chmin 是 choose minimum 的縮寫。

註3　可能有些人還沒有聽說過參照。這樣的話，請參閱例如 AtCoder 上學習 C++ 的教材 APG4b 中有關「參照」的項目。

註4　第 29 行 if(i >1) 的檢查，是要確保數列 dp 不會發生數列外的參照，所以才加進去的。請注意當 i =1 時，dp[i-2] 之注標的數值是 -1。

程式碼 5.3　在意識到「鬆弛」下，以動態規畫法求解 Frog 問題

```cpp
1   #include <iostream>
2   #include <vector>
3   using namespace std;
4
5   template<class T> void chmin(T& a, T b) {
6       if (a > b) {
7           a = b;
8       }
9   }
10
11  const long long INF = 1LL << 60; // 設足夠大的值（在此為 2^60 ）
12
13  int main() {
14      // 輸入
15      int N;
16      cin >> N;
17      vector<long long> h(N);
18      for (int i = 0; i < N;  ++i) cin >> h[i];
19
20      // 初始化（最小化問題故初始化為 INF）
21      vector<long long> dp(N, INF);
22
23      // 初始條件
24      dp[0] = 0;
25
26      // 迴圈
27      for (int i = 1; i < N;  ++i) {
28          chmin(dp[i], dp[i - 1] + abs(h[i] - h[i - 1]));
29          if (i > 1) {
30              chmin(dp[i], dp[i - 2] + abs(h[i] - h[i - 2]));
31          }
32      }
33
34      // 答案
35      cout << dp[N - 1] << endl;
36  }
```

5.3.2　接收轉移形式與分發轉移形式

現在讓我們來實現另一種解法，它在動態規畫法的鬆弛方式上稍有不同。到目前為止的鬆弛處理都是像**圖 5.8** 左側所示，想法是「考量來到頂點 i 的轉移有哪些」（英文是 pull-based，本書稱為**接收轉移形式**）。另一方面，也有像圖 5.8 右側所示的想法，就是「考量從頂點 i 延伸出去的轉移有哪些」（英文為 push-based，本書稱為**分發轉**

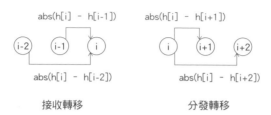

$$\text{abs(h[i] - h[i-1])} \qquad \text{abs(h[i] - h[i+1])}$$

接收轉移 分發轉移

圖 5.8 接收轉移形式與分發轉移形式

移形式）。接收轉移形式的概念是在 dp[$i-2$] 或 dp[$i-1$] 的值已確定時，將 dp[i] 更新；而分發轉移形式的概念則在 dp[i] 值確定時，用該值來更新 dp[$i+1$] 或 dp[$i+2$] 的值。如果用分發轉移形式來實現動態規畫法，可寫成如程式碼 5.4 的方式。計算複雜度跟以接收轉移形式來編寫時一樣，都是 $O(N)$。

程式碼 5.4 以「分發轉移形式」求解 Frog 問題

```
1   #include <iostream>
2   #include <vector>
3   using namespace std;
4
5   template<class T> void chmin(T& a, T b) {
6       if (a > b) {
7           a = b;
8       }
9   }
10
11  const long long INF = 1LL << 60; // 設足夠大的值（在此為 2^60）
12
13  int main() {
14      // 輸入
15      int N;
16      cin >> N;
17      vector<long long> h(N);
18      for (int i = 0; i < N; ++i) cin >> h[i];
19
20      // 初始化（最小化問題故初始化為 INF）
21      vector<long long> dp(N, INF);
22
23      // 初始條件
24      dp[0] = 0;
25
26      // 迴圈
27      for (int i = 0; i < N; ++i) {
```

```
28        if (i + 1 < N) {
29            chmin(dp[i + 1], dp[i] + abs(h[i] - h[i + 1]));
30        }
31        if (i + 2 < N) {
32            chmin(dp[i + 2], dp[i] + abs(h[i] - h[i + 2]));
33        }
34    }
35
36    // 答案
37    cout << dp[N - 1] << endl;
38 }
```

5.3.3　接收轉移形式與分發轉移形式的比較

　　現在接收轉移形式與分發轉移形式這兩種我們都看過了。不管是哪一種,對於像前述圖 5.2 的圖,所有的邊都會各進行 1 次鬆弛處理。接收轉移形式與分發轉移形式,僅在要鬆弛的邊的順序上有所不同。而這兩種形式有下述重點。

鬆弛處理順序的重點

　　與從頂點 u 轉移到頂點 v 的邊相關的鬆弛處理若要成立,則 $dp[u]$ 的值必須先確定下來。

　　第 14 章將處理較常見的圖相關問題——最短路線問題。到時候會解說貝爾曼‧福特法及戴克斯特拉法,它們的重點是如何才能處於滿足該前提條件的狀態。

5.3.4　全域搜尋記錄化的動態規畫法

　　關於前面已經研究過的 Frog 問題,其實還有另一種思考方式,現解說如下。有的問題若設計成單純的全域搜尋演算法的話,會變成指數時間,而對於這類的問題,動態規畫法往往是能導出多項式時間演算法的強大工具。實際上在 Frog 問題方面,於前述圖 5.2 所示的圖中,從頂點 0 通往頂點 $N-1$ 的可能路徑數是指數的量級[註5]。現在,

---

註5　如果粗略分析的話,由於每一步都有兩個選項,所以應該總共有大約 2^N 條路徑。如果作更精確一
　　點的分析,就會變成求解費波那契數列之一般項的問題,那麼已知是 $O((\frac{1+\sqrt{5}}{2})^N)$ 條。

讓我們對這些路徑以進行全域搜尋的策略來解 Frog 問題。可使用第 4 章解說的遞迴函數,而以程式碼 5.5 的方式實現[註6]。

程式碼 5.5　針對 Frog 問題之使用遞迴函數的單純全域搜尋

```
1    // rec(i):從踏台 0 一路到踏台 i 為止的最小成本
2    long long rec(int i) {
3        // 踏台 0 的成本為 0
4        if (i == 0) return 0;
5
6        // 存放答案的變數初始化為 INF
7        long long res = INF;
8
9        // 從頂點 i - 1 過來的情形
10       chmin(res, rec(i - 1) + abs(h[i] - h[i - 1]));
11
12       // 從頂點 i - 2 過來的情形
13       if (i > 1) chmin(res, rec(i - 2) + abs(h[i] - h[i - 2]));
14
15       // 返回答案
16       return res;
17   }
```

可藉由使用該遞迴函數呼叫 rec(N - 1) 來求出最小成本。但只是這樣作的話,會是一種指數時間演算法,需要大量的計算時間。會變成這樣的原因,與 4.4 節(**圖 5.9**)中「求解費波那契數列的遞迴函數,因多次執行同一個計算而浪費時間」的狀況完全相同。這個問題的對策也已在第 4.4 節記載。實施下述記錄化的方法是有效的。

> **遞迴函數的記錄化**
> 　一旦呼叫 rec(i) 而知道答案了,就在該時間點把答案記錄下來。

這種實施了記錄化的遞迴,有時就稱為**記錄化遞迴**。使用記錄化遞迴的話,就可用如程式碼 5.6 的方式來解 Frog 問題。其中用於進行記錄化的陣列名稱設為 dp。而計算複雜度方面,接收轉移形式與分發轉移形式都一樣是 $O(N)$。

註6　遞迴函數名稱所用的 rec 是 recursive function 的縮寫。

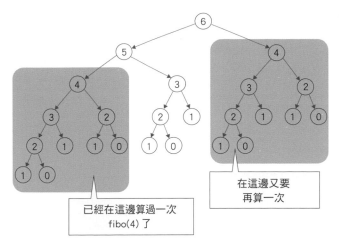

已經在這邊算過一次
fibo(4) 了

在這邊又要
再算一次

圖 5.9　求解費波那契數列之遞迴函數的無端浪費

程式碼 5.6　以「記錄化遞迴」求解 Frog 問題

```
1   #include <iostream>
2   #include <vector>
3   using namespace std;
4
5   template<class T> void chmin(T& a, T b) {
6       if (a > b) {
7           a = b;
8       }
9   }
10
11  const long long INF = 1LL << 60; // 設為足夠大的值（在此為 2^60）
12
13  // 輸入數據與記錄用 DP 表格
14  int N;
15  vector<long long> h;
16  vector<long long> dp;
17
18  long long rec(int i) {
19      // DP 值更新的話就直接返回
20      if (dp[i] < INF) return dp[i];
21
22      // 基本情況：踏台 0 的成本為 0
23      if (i == 0) return 0;
24
25      // 將表示答案的變數初始化為 INF
26      long long res = INF;
27
28      // 從頂點 i - 1 過來的情形
```

```
29        chmin(res, rec(i - 1) + abs(h[i] - h[i - 1]));
30
31        // 從頂點 i - 2 過來的情形
32        if (i > 1) chmin(res, rec(i - 2) + abs(h[i] - h[i - 2]));
33
34        // 記錄答案並同時返回
35        return dp[i] = res;
36   }
37
38   int main() {
39        // 接收輸入
40        cin >> N;
41        h.resize(N);
42        for (int i = 0; i < N; ++i) cin >> h[i];
43
44        // 初始化（最小化問題故初始化為 INF）
45        dp.assign(N, INF);
46
47        // 答案
48        cout << rec(N - 1) << endl;
49   }
```

現在針對程式碼 5.6，將遞迴函數 rec 中進行遞迴呼叫的部分截取如下。

- chmin(res, rec(i - 1) + abs(h[i] - h[i - 1]));
- chmin(res, rec(i - 2) + abs(h[i] - h[i - 2]));

之前在程式碼 5.3 中，也有動態規畫法（接收轉移形式之版本）的鬆弛處理，讓我們比較兩者看看。您會發現若將變數 res 換成 dp[i]，並將 rec(i - 1)、rec(i - 2) 分別換成 dp[i - 1]、dp[i - 2]，就是在執行完全相同的鬆弛處理。由上可知，記錄化遞迴可以看作是使用遞迴函數來實現動態規畫法。

現在讓我們回顧一下，記錄化遞迴中記錄化陣列 dp 代表的意義。陣列 dp 會記錄「利用遞迴函數進行全域搜尋所獲得的結果」。故可知，從踏台 0 到踏台 i 的搜尋結果都集中彙整在 dp[i] 的值中。用這樣的方式，實現了「將搜尋過程中可彙整的部分進行彙整，使得相同的計算不用重複進行」的訣竅，而達成顯著的高速化效果。像這樣「將搜尋過程彙整」的想法，正是所謂的動態規畫法。

5.4 ● 動態規畫法的例子（1）：背包問題

本節終於要來看**背包問題**了，這可說是動態規畫法入門時一定會登場的經典題。需要注意的是，實際上要解決背包問題時，其實除了動態規畫法之外還有其他各種解決方案可選擇，這點請謹記在心。例如在第 18 章中，針對背包問題就考量了基於分支界限法的解法，還有基於貪婪法的近似解法。

附帶一提，背包問題與在第 3.5 節（組合的全域搜尋）、第 4.5 節（使用遞迴函數的全域搜尋及其記錄化）中一再解說的子集合加總問題很像。

背包問題

設有 N 個物品，且給定第 $i(= 0, 1, ..., N-1)$ 個物品的重量為 $weight_i$、價值為 $value_i$。

從這 N 個物品中選出數個，但重量總和不能超過 W。請求出所選物品之總價值中有可能的最大值（惟 W 或 $weight_i$ 是大於等於 0 的整數）。

在動態規畫法可以解決的問題中，有相當多問題得以解決是在意識到下述模式的情況下，一邊組織子問題，並考量子問題彼此間的轉移關係。在第 4.5 節解說的「使用遞迴函數的全域搜尋」中也意識到這樣的模式。

動態規畫法之子問題製作法的基本模式

針對有關 N 個對象物 $\{0, 1, ..., N-1\}$ 的問題，將有關前 i 個對象物 $\{0, 1, ..., i-1\}$ 的問題作為子問題來考量。

先前提到的 Frog 問題也是如此，它是有關 N 個踏台的問題，而在解決時是將有關前 i 個踏台的問題作為子問題來考量。再者，在 Frog 問題中，各踏台在有青蛙存在時，會有兩種選項：「移動到下一個踏

台」與「移動到下下個踏台」。在這次的背包問題中，已經從第 0, 1, ..., $i-1$ 個物品中選了幾個後，也會有兩個選項：「選擇」、「不選擇」第 i 個物品。這種「在各階段有幾個選項存在」的情況，就代表應該能有效應用動態規畫法。首先讓我們來試試看，將動態規畫法的子問題設成下面這樣：

dp[i] ←以重量不超過 W 的方式，自前 i 個物品 {0, 1, ..., $i-1$} 中作選擇後的總價值之最大值

但就這樣的話，會做不出子問題之間的轉移而卡住。在思考從 dp[i] 到 dp[$i+1$] 的轉移時，必須考慮選擇或不選擇物品 i 這兩個選項，但加上物品 i 以後的合計重量會不會超過 W 則不確定。為了解決這個問題，將動態規畫的子問題（表格）的定義改變如下。

> **針對背包問題的動態規畫法**
> dp[i][w] ←以重量不超過 w 的方式，自前 i 個物品 {0, 1, ..., $i-1$} 中作選擇後的總價值之最大值。

就這樣，當想出來的表格設計不能很好地進行轉移時，常常會藉由添加注標來使轉移能夠成立。添加注標的操作，相當於使劃分選項的精細度變得更細。本來動態規畫法的形象就是一種將所有的可能情況彙整並分組的方法。最終的計算複雜度取決於組數和組間轉移次數。所以，雖然也想將劃分組別的精細度盡可能提高，但過高的話往往反而變得無法進行轉移。可以說，動態規畫法的樂趣就在於，如何將精細度極緻化到恰好還能夠進行組間轉移的程度。就背包問題來說，原本的選項有 $O(2^N)$ 個，但它們可以彙整成 $O(NW)$ 組。

現在要開始進入針對背包問題的動態規畫法詳細內容了。首先，初始條件是還完全沒有物品時的狀態，重量和價值都為 0，所以是：

$$\text{dp}[0][w] = 0 \quad (w = 0, 1, \ldots, W)$$

然後思考以可求出 dp[i][w] (w = 0, 1, ..., W) 之值的狀態，來求解 dp[i + 1][w] (w = 0, 1, ..., W)。讓我們分別思考每種情況。在 5.3.1 節有定義了函數 chmin，而因為背包問題是一個最大化問題，所以將它的大小關係調換，改成函數 chmax 來使用。

選擇第 i 個物品時：

如果選擇後的狀態是 (i + 1, w)，那選擇前的狀態就是 (i, w − weight[i])，在該狀態加上價值 value[i] 就是：

```
chmax(dp[i+1][w], dp[i][w - weight[i]] + value[i])
```

（但僅限 w - weight[i] >= 0 時）。

不選擇第 i 個物品時：

不選擇時，重量和價值不會改變，所以是：

```
chmax(dp[i+1][w], dp[i][w])
```

將以上的轉移依序進行鬆弛操作，逐一求出陣列 dp 每格的值。可用如程式碼 5.7 的方式實現。舉個具體的例子，當物品有 6 個且 (weight, value) = {(2, 3), (1, 2), (3, 6), (2, 1), (1, 3), (5, 85)} 時，鬆弛會如**圖 5.10** 所示。

舉例而言，可以看到：

- 對於圖 5.10 的紅色格子來說，選了「選擇」有更高的價值。
- 對於圖 5.10 的藍色格子來說，選了「不選擇」有更高的價值。

i/w	0	1	2	3	4	5	6	7	8	9	10	11	12	13	14	15
0	0	0	0	0	0	0	0	0	0	0	0	0	0	0	0	0
1	0	0	3	3	3	3	3	3	3	3	3	3	3	3	3	3
2	0	2	3	5	5	5	5	5	5	5	5	5	5	5	5	5
3	0	2	3	6	8	9	11	11	11	11	11	11	11	11	11	11
4	0	2	3	6	8	9	11	11	12	12	12	12	12	12	12	12
5	0	3	5	6	9	11	12	14	14	15	15	15	15	15	15	15
6	0	3	5	6	9	85	88	90	91	94	96	97	99	100	100	100

圖 5.10 針對背包問題更新動態規畫法表格的狀況

最後，求出上述演算法的計算複雜度。由於子問題的個數只有 $O(NW)$，且每個子問題的鬆弛處理都能以 $O(1)$ 來完成，所以整體為 $O(NW)$。

程式碼 5.7　針對背包問題的動態規畫法

```cpp
#include <iostream>
#include <vector>
using namespace std;

template<class T> void chmax(T& a, T b) {
    if (a < b) {
        a = b;
    }
}

int main() {
    // 輸入
    int N; long long W;
    cin >> N >> W;
    vector<long long> weight(N), value(N);
    for (int i = 0; i < N; ++i) cin >> weight[i] >> value[i];

    // DP 表格定義
    vector<vector<long long>> dp(N + 1, vector<long long>(W + 1,
        0));

    // DP 迴圈
    for (int i = 0; i < N; ++i) {
        for (int w = 0; w <= W; ++w) {
            // 選擇第 i 個物品的情形
            if (w - weight[i] >= 0) {
                chmax(dp[i + 1][w], dp[i][w - weight[i]] + value[i
                    ]);
            }

            // 不選第 i 個物品的情形
            chmax(dp[i + 1][w], dp[i][w]);
        }
    }

    // 最佳值的輸出
    cout << dp[N][W] << endl;
}
```

5.5 ● 動態規畫法的例子（2）：編輯距離

到目前為止已經處理的問題，是藉由「對於有關 N 個對象物的問題，將有關前 i 個的問題設為子問題，並隨著 i 的增加持續更新下去」這種類型的動態規畫法來解決。在本節中，作為此類問題進一步發展的形式，讓我們來看看另一種動態規畫法，它有多個序列，且序列中變動的注標也有多個。

舉個具體的例子，請思考**編輯距離**（edit distance）。編輯距離是測量兩個字串 S 與 T 之間的相似度。一般而論，測量兩個串列之間的相似度的問題，有如下廣泛的應用，所以很重要。

- diff 命令
- 拼寫檢查
- 空間辨識、影像辨識、語音辨識等的模式匹配
- 生物資訊學（用於測量兩個 DNA 之間的相似度等應用，也稱為**序列比對**〔sequence alignment〕）

舉例來說，$S = $ "bag" 與 $T = $ "big" 只有正中央的字元 ('a' 與 'i') 不同，所以可認為相似度是 1。再舉個例子，對於 $S = $ "kodansha" 與 $T = $ "danshari"，如果把 S 的頭兩個字元 "ko" 去除，並在末端加上 "ri" 兩個字元，就會跟 T 一致了，所以可認為相似度是 $2 + 2 = 4$。基於上述觀察，讓我們考慮以下的最適化問題。

編輯距離

給定兩個字串 S, T。假設想要透過重複以下三種操作將 S 轉換成 T。請求出在一系列操作中，操作次數的最小值。另外，這個最小值就稱為 S 與 T 之間的編輯距離。

- 變更：在 S 中選擇一個字元，將它變更成任意字元
- 刪除：在 S 中選擇一個字元並刪除它
- 插入：在 S 的隨意位置插入一個隨意的字元

舉個稍微要想一下的例子 $S = $ "logistic" 與 $T = $ "algorithm"，

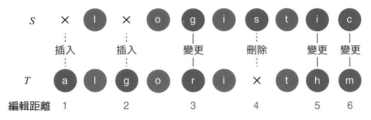

圖 5.11　S = "logistic" 與 T = "algorithm" 的編輯距離

它們的編輯距離會是 6，如**圖 5.11** 所示[註7]。

首先，請留意以下兩個操作是等效的。

- 在 S 的隨意位置插入一個隨意的字元
- 選擇 T 的一個字元並將它刪除

因此，「在 S 的隨意位置插入一個隨意的字元」的插入操作，可以替換為「選擇 T 的一個字元並將它刪除」的操作。

還有，比起背包問題等，求解編輯距離的問題有不止一個序列，但還是可以用類似的演算法來解決。讓我們來定義動態規畫法的子問題（表格），如下所示。

求解編輯距離的動態規畫法

　　dp[i][j] ← S 的前 i 個字元與 T 的前 j 個字元之間的編輯距離

首先，初始條件是 dp[0][0] = 0 這是因為「S 的前 0 個字元」與「T 的前 0 個字元」都是空字串，而空字串彼此之間不用特別進行變更操作就是一致的了。

接下來請思考轉移。針對 S 的前 i 個字元與 T 的前 j 個字元，各取其最後一個字元[註8]，依如何才能讓兩個字元相對應來進行「情況分類」。

變更操作（使 S 的第 i 個字元對應 T 的第 j 個字元）：

　　當 $S[i-1] = T[j-1]$：由於不用增加任何成本就完成了，所以

註7　請注意，就算 S 與 T 兩個字串的長度不同，仍然可以定義編輯距離。
註8　請注意，「S 的前 i 個字元的最後一個字元」，在 C++ 程式語言中是 S[i-1]（因為第一個字元是 S[0]）。

```
chmin(dp[i][j], dp[i-1][j-1])。
```

當 $S[i-1] \neq T[j-1]$：由於需要變更操作，所以
```
chmin(dp[i][j], dp[i-1][j-1] + 1)。
```

刪除操作（刪除 S 的第 i 個字元）：

由於進行刪除 S 的第 i 個字元的操作，所以
```
chmin(dp[i][j], dp[i-1][j] + 1)。
```

插入操作（刪除 T 的第 j 個字元）：

由於進行刪除 T 的第 j 個字元的操作，所以
```
chmin(dp[i][j], dp[i][j-1] + 1)。
```

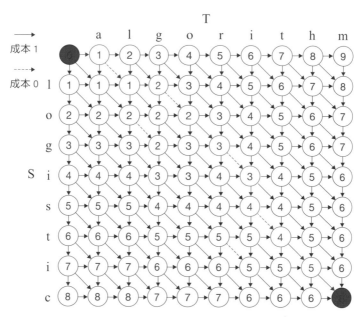

圖 5.12　求解編輯距離之動態規畫法的轉移狀況。在連接頂點間的箭號中，實線代表轉移成本為 1，虛線代表轉移成本為 0。紅色表示的路徑是顯示實現最小成本的方法。往右移動的意義是將文字「插入」S 中，往下移動代表「刪除」S 的文字。而往右下的移動中成本為 1 的部分代表 S 的文字的「變更」。

若使用上述轉移式來實現鬆弛處理，則可為如程式碼 5.8 的方式。圖 **5.12** 顯示了以 $S =$ "logistic" 與 $T =$ "algorithm" 為例的鬆弛處理過程。可知這次的求解編輯距離的問題，在圖 5.12 的圖中，可以看成是求解從左上頂點到右下頂點的最短路線長度的問題。

該演算法的計算複雜度是 $O(|S||T|)$。另外，在程式碼 5.8 中，有特別加入 if (i > 0) 這類 if 陳述句，讓陣列 dp 的注標不是負值。

程式碼 5.8　使用動態規畫法求解編輯距離

```cpp
#include <iostream>
#include <string>
#include <vector>
using namespace std;

template<class T> void chmin(T& a, T b) {
    if (a > b) {
        a = b;
    }
}

const int INF = 1 << 29; // 足夠大的值（在此設為 2^29）

int main() {
    // 輸入
    string S, T;
    cin >> S >> T;

    // DP 表格定義
    vector<vector<int>> dp(S.size() + 1, vector<int>(T.size() + 1,
        INF));

    // DP 初始條件
    dp[0][0] = 0;

    // DP 迴圈
    for (int i = 0; i <= S.size(); ++i) {
        for (int j = 0; j <= T.size(); ++j) {
            // 變更操作
            if (i > 0 && j > 0) {
                if (S[i - 1] == T[j - 1]) {
                    chmin(dp[i][j], dp[i - 1][j - 1]);
                }
                else {
                    chmin(dp[i][j], dp[i - 1][j - 1] + 1);
                }
            }
```

```
37
38              // 刪除操作
39              if (i > 0) chmin(dp[i][j], dp[i - 1][j] + 1);
40
41              // 插入操作
42              if (j > 0) chmin(dp[i][j], dp[i][j - 1] + 1);
43          }
44      }
45
46      // 輸出答案
47      cout << dp[S.size()][T.size()] << endl;
48  }
```

　　編輯距離就「對於不同長度之序列的相似度該如何思考才好呢？」
這個問題提供了一個方向。一般來說，在求解兩個不同長度之序列間
的相似度時，經常採取的思路是如**圖 5.13** 所示，兩邊第幾個對應到
第幾個的方式的最適化（左側），或是在維持各自元素的順序下作匹
配的方法的最適化（右側）。這些都可以用動態規畫法進行最適化。
編輯距離是基於左側的思路。右側所示的最適化問題也稱為**最小成本**
彈性匹配問題，在語音辨識等會用到。有關如何使用動態規畫法求解
最小成本彈性匹配問題，請參閱參考書目 [1] 中的「動態規畫法」一
章。

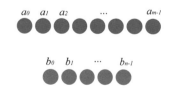

測定相似度時的想法

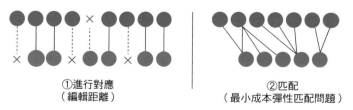

①進行對應　　　　　　　　　　②匹配
（編輯距離）　　　　　（最小成本彈性匹配問題）

圖 5.13　要測定兩個不同長度之序列間的相似度時的想法

5.6 • 動態規畫法的例子（3）：區間分割方式的最適化

求最佳的分割

圖 5.14　將 N 個對象物分割成區間的方法的問題圖像

最後，讓我們思考「將排成一列的 N 個對象物分割成區間的方法的最適化問題」（**圖 5.14**）。與上一節中求解編輯距離的問題相同，區間分割方式的最適化問題也被認為有下列各式各樣的應用。

- 分詞
- 發電規畫問題（將開啟 / 關閉電源的時機最適化）
- 偏最小平方法（用分段線性函數擬合）
- 各種排程問題

其中分詞是把下面這樣的句子

我愛您

變成

我 / 愛 / 您

也就是將每個詞分開的作業。本節要思考的就是將這種「區間分割方式」最適化的問題。

在思考區間分割方式最適化的問題之前，首先來想想區間的表示方式。如**圖 5.15** 所示，當 N 個元素 $a_0, a_1, ..., a_{N-1}$ 排成一列時，這些元素的「兩端」與「間隙」的位置合計有 $N + 1$ 個。將它們從左邊開始依序編號為 0, 1, ..., N。區間就對應於從這些數字中選擇兩個的方法。將相當於區間左端的編號設為 l，相當於右端的編號設為 r，則該區間就以 $[l, r)$ 表示。此時，區間 $[l, r)$ 所包含的元素有 $a_l, a_{l+1}, ...,$

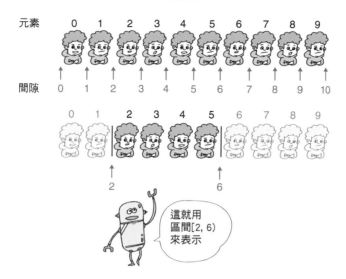

$N = 10$的情形

元素

間隙

這就用
區間[2, 6)
來表示

圖 5.15　區間的表示方式

a_{r-1}，共 $r-1$ 個。請注意 a_r 並未包含在區間 $[l, r)$ 之中[註9]。

那麼就讓我們將區間分割方式最適化的問題抽象化，思考下述問題。

區間分割方式最適化的問題

假設有 N 個元素排成一列，並且想把它們分割成幾個區間。假設各區間 $[l, r)$ 都有一個分數 $c_{l,r}$。

設 K 為 N 以下的正整數，令 $K + 1$ 個整數 $t_0, t_1, ..., t_K$ 滿足 $0 = t_0 < t_1 < ... t_K = N$，此時區間分割 $[t_0, t_1), [t_1, t_2), ..., [t_{K-1}, t_K)$ 的分數定義為

$$c_{t_0,t_1} + c_{t_1,t_2} + \cdots + c_{t_{K-1},t_K}$$

請在考慮 N 個元素所有的區間分割方式下，求出所有可能分數的最小值。

註9　當元素序列的區間表示為 $[l, r)$ 時，就代表左側為閉區間（a_l 包含在區間內），右側為開區間（a_r 不包含在區間內）。這種區間的左側是閉區間、右側是開區間的形式，在 C++、Python 等的標準函式庫中被廣泛採用。比如使用 Python 的 list 的切片（Slice）功能，來提取 a=[0,1,2,3,4] 的第一個元素 (1) 與第二個元素 (2) 時，就要寫 a[1:3] 而不是 a[1:2]。

分數： $c_{0,3} + c_{3,7} + c_{7,8} + c_{8,10}$

圖 5.16　區間分割的分數

舉例來說，如**圖 5.16** 所示，如果

- $N = 10$
- $K = 4$
- $t = (0, 3, 7, 8, 10)$

在這樣的情況下，分數是 $c_{0,3} + c_{3,7} + c_{7,8} + c_{8,10}$。

還有，在解決這個問題的時候，設定動態規畫法子問題的方式跟之前沒有太大的差異。

將區間分割再分割的動態規畫法

　dp[i] ←將區間 [0, i) 分割成幾個區間的最小成本

首先，初始條件是 dp[0] = 0。接著考慮鬆弛。依照分割區間 [0, i) 的方法中最後劃分的位置在哪裡，來作情況分類（**圖 5.17**）。若最後劃分的位置為 j(= 0, 1, ..., i−1)，則區間 [0, i) 的分割可看成是「對

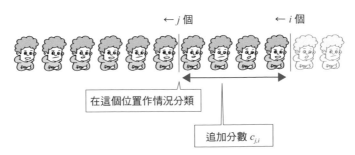

←j 個　　　　　　←i 個

在這個位置作情況分類

追加分數 $c_{j,i}$

圖 5.17　將區間分割再分割的動態規畫法的轉移概念

於區間 $[0, j)$ 的分割，追加一個新區間 $[j, i)$」。因此，鬆弛式可以表示如下。

```
chmin(dp[i], dp[j] + c[j] [i])
```

將上述彙整後，可用如程式碼 5.9 的方式實現。另外，這個演算法的計算複雜度要特別注意。到目前為止，在動態規畫法的計算複雜度方面，陣列 dp 的大小本身就是計算複雜度。但是，這次的陣列大小是 $O(N)$，而因為每一項都進行 $O(N)$ 次鬆弛處理，所以總體的計算複雜度是 $O(N^2)$。像這樣，動態規畫法的計算複雜度不僅跟陣列 dp 的大小有關，也取決於鬆弛處理對象的轉移數，這點請特別留意。

程式碼 5.9　分割成各區間之方法的最適化

```cpp
1   #include <iostream>
2   #include <vector>
3   using namespace std;
4
5   template<class T> void chmin(T& a, T b) {
6       if (a > b) {
7           a = b;
8       }
9   }
10
11  const long long INF = 1LL << 60; // 足夠大的值（在此為 2^60）
12
13  int main() {
14      // 輸入
15      int N;
16      cin >> N;
17      vector<vector<long long>> c(N + 1, vector<long long>(N + 1));
18      for (int i = 0; i < N + 1; ++i) {
19          for (int j = 0; j < N + 1; ++j) {
20              cin >> c[i][j];
21          }
22      }
23
24      // DP 表格定義
25      vector<long long> dp(N + 1, INF);
26
27      // DP 初始條件
28      dp[0] = 0;
29
30      // DP 迴圈
```

```
31      for (int i = 0; i <= N; ++i) {
32          for (int j = 0; j < i;  ++j) {
33              chmin(dp[i], dp[j] + c[j][i]);
34          }
35      }
36
37      // 輸出答案
38      cout << dp[N] << endl;
39  }
```

5.7 ● 總結

　　動態規畫法對於許多問題來說是一種有效的方法。由於迄今為止已經設計出非常多樣化的技巧與模式，所以往往會覺得它很難學會。然而，如果著眼於動態規畫法的表格設計模式，就會發現已知的模式少得驚人。雖然與本書介紹的多少有一些差異，但全部都是「針對有關 N 個對象物的問題，將子問題設為有關前 i 個的問題」這種模式。當然，這種模式不適用的狀況也很多（例如章末問題 5.9），但只要熟悉這個模式，就已經可以解決數量驚人的問題了。

　　而且，重要的是本著「熟能生巧」的精神來解決各種問題。最終，我們將能夠把特定問題分解成宏觀的模式，以及該問題特有的狀況來作考量。

● ● ● ● ● ● ●　　**章末問題**　　● ● ● ● ● ● ●

5.1　設暑假天數為 N 天，並給定第 i 天去海邊游泳的幸福度為 a_i、去抓昆蟲的幸福度為 b_i、寫功課的幸福度為 c_i。每一天都要做這三個行為之一。但同樣的行為不能連續做兩天。請設計一個演算法，以 $O(N)$ 求出這 N 天幸福度的最大值。（出處：AtCoder Educational DP Contest C - Vacation，難易度★★☆☆☆）

5.2　請設計一個演算法，以 $O(NW)$ 求解下述問題：是否能從 N 個正整數 $a_0, a_1, ..., a_{N-1}$ 中選幾個出來，使總和等於所欲整數 W。（**子集合加總問題**（第 3.5 節、第 4.5 節），難易度★★☆☆☆）

5.3　給定 N 個正整數 $a_0, a_1, ..., a_{N-1}$ 與一個正整數 W。從中選擇幾個

數字相加後所得之 1 以上且 W 以下的整數有幾種？請設計一個演算法以 $O(NW)$ 求解。（出處：AtCoder Typical DP Contest A - Contest，難易度★★☆☆☆）

5.4 給定 N 個正整數 a_0, a_1, ..., a_{N-1} 與一個正整數 W。請設計一個演算法，以 $O(NW)$ 判斷是否能從 N 個整數中選 k 個以下整數而使總和等於 W。（難易度★★★☆☆）

5.5 給定 N 個正整數 a_0, a_1, ..., a_{N-1} 與一個正整數 W。請設計一個演算法，以 $O(NW)$ 判斷，當 N 個整數各可相加任意次數時，是否能使總和等於 W。（**數量不限的子集合加總問題**，難易度★★★★☆）

5.6 給定 N 個正整數 a_0, a_1, ..., a_{N-1} 與一個正整數 W。請設計一個演算法，以 $O(NW)$ 判斷，當 N 個整數分別可最多相加 m_0, m_1, ..., m_{N-1} 次時，是否能使總和等於 W。（**數量有限的子集合加總問題**，難易度等級★★★★☆）

5.7 給定兩個字串 S 與 T。通常從一個字串中提取的一些字元且串連順序仍能保持不變的字串，就稱為子字串。請設計一個演算法，以 $O(|S||T|)$ 求出屬於 S 的子字串同時也是 T 的子字串的所有字串中最長的字串。（出處：AtCoder Educational DP Contest F - LCS，**最長共同子序列問題**，難易度★★★☆☆）

5.8 假設要將 N 個整數 a_0, a_1, ..., a_{N-1} 分成 M 個連續區間。請設計一個演算法，以 $O(N^2 M)$ 求出各區間平均值總和的所有可能數值中的最大值。（出處：立命館大學程式設計大賽 2018 年第 1 天 D - 水槽，難易度★★★☆☆）

5.9 有 N 隻史萊姆橫向排成一列，這些史萊姆的大小分別為 a_0, a_1, ..., a_{N-1}。重複進行「選擇左右相鄰的史萊姆並合體」的操作，直到只有一隻史萊姆。大小為 x, y 的史萊姆合體後會變成大小為 $x + y$ 的史萊姆，且這個操作耗費的成本為 $x + y$。請以 $O(N^3)$ 求出直到史萊姆變成 1 隻為止所耗費之總成本的最小值。（出處：AtCoder Educational Contest N - Slimes，**最佳二元搜尋樹問題**，難易度★★★★☆）

第 6 章

設計技法（4）：
二元搜尋法

　　說到**二元搜尋法**，可能有很多人浮現腦海的是一種「在已排序之陣列中快速搜尋目標」的演算法。不過，二元搜尋法更為人所知的是採取「藉由將搜尋範圍減半來求解的作法」，而具有非常廣泛的應用範圍。本章要呈現的是，二元搜尋法可以應用在各種問題上，並藉此設計出有效率的演算法。

6.1 ● 陣列的二元搜尋

　　第 1.1 節在有關贏得「猜年齡遊戲」的方法中，曾介紹了一種基於二元搜尋法的方法。傳統上，二元搜尋法很少被視為設計技法之一。我們通常所說的二元搜尋法，狹義上是指「一種在已排序之陣列中快速搜尋目標的演算法」。不過，二元搜尋法的概念通用性很廣，有助於解決各種問題。因此，本書在解說二元搜尋法時，不僅把它視為是一種與搜尋陣列相關的作法，也當作是一種應用範圍較廣的演算法設計技巧。

　　本節將先從傳統的「從已排序完的陣列中快速搜尋目標的演算法」這種敘述，來解說二元搜尋法。下一節開始，則會將二元搜尋法的概念抽象化，讓它可以應用到更多的問題中。

6.1.1　陣列的二元搜尋

　　要執行「陣列的二元搜尋」，陣列必須已經排序好了。如果不是的話，就要先對陣列進行排序處理。排序演算法將在第 12 章詳細解說，但這裡要先說的是，它能夠以 $O(N \log N)$ 的計算複雜度實現「升

冪排列陣列中的各元素」的處理（設 N 為陣列大小）。

　　舉例來說，讓我們想想看，要如何搜尋一個大小為 $N = 8$ 的已排序陣列 $a = \{3, 5, 8, 10, 14, 17, 21, 39\}$，以確認其中是否包含值 key $= 9$。首先，如**圖 6.1** 所示，以 left $= 0$、right $= N - 1$（$= 7$）初始化，並比較 key 的值與 $a[(\text{left} + \text{right}) / 2]$（$= 10$）。

　　其中請注意，由於 left $= 0$, right $= 7$，所以 $(\text{left} + \text{right}) / 2$ 是 $7 / 2$ 而除不盡，故小數點以下無條件捨去後 $7 / 2 = 3$。比較 key 的值與 $a[(\text{left} + \text{right}) / 2]$，並依下述方式進行。

- 如果 key $= a[(\text{left} + \text{right}) / 2]$，就返回 "Yes" 結束搜尋
- 如果 key $< a[(\text{left} + \text{right}) / 2]$，則僅留下陣列的左半部
- 如果 key $> a[(\text{left} + \text{right}) / 2]$，則僅留下陣列的右半部

　　例如，key $= 9$ 小於 $a[(\text{left} + \text{right}) / 2] = 10$，所以僅留下左半部。可以看出，不管是僅留下陣列的左半部、還是僅留下陣列的右半部，搜尋範圍都縮小到剩一半以下。重複這種「將搜尋範圍縮減一半」的處理，直到陣列大小變成 1 以下為止。

　　圖 6.2 中，以流程圖整理了二元搜尋因應各 key 值的動作。舉例來

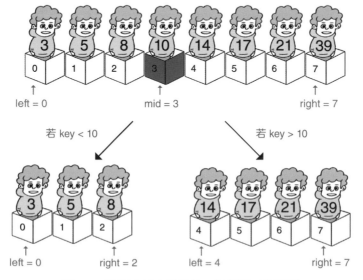

圖 6.1　陣列中元素搜尋的二元搜尋工作原理

圖 6.2　陣列中元素搜尋之表示二元搜尋的流程圖

說，如果 key = 17，那麼因為它比一開始陣列正中央的元素 10 還要大，所以往右側前進。接下來，跟剩餘陣列正中央的元素 17 比較，由於兩者相等所以此時返回 "Yes"。如果 key = 15，一開始同樣往右前進，接著因為比 17 小，所以再往左前進。此時剩餘陣列的大小變為 1，所以就判斷是否等於該值（14）並結束處理。因為這個例子並不相等，所以返回 "No"。

　　若要實現上述的二元搜尋方法，可以編寫成程式碼 6.1 的方式。而且其中不僅判斷了陣列中是否包含 key，還在 $a[i] = $ key 時返回注標 i。

　　再來讓我們簡單評估一下「陣列的二元搜尋」所需的計算複雜度。要特別注意的是，陣列大小會隨每一步驟減半。例如當 $N = 2^{10}(= 1024)$ 時，會是：

$$1024 \rightarrow 512 \rightarrow 256 \rightarrow 128 \rightarrow 64 \rightarrow 32 \rightarrow 16 \rightarrow 8 \rightarrow 4 \rightarrow 2 \rightarrow 1$$

因此，陣列大小經 10 個步驟變為 1。通常當 $N = 2^k$ 時，陣列大小

經 k 個步驟變為 1。由於 $k = \log N$，所以計算複雜度是 $O(\log N)$。下一節會有更嚴謹的討論。

程式碼 6.1　在陣列搜尋目標值的二元搜尋法

```cpp
1   #include <iostream>
2   #include <vector>
3   using namespace std;
4
5   const int N = 8;
6   const vector<int> a = {3, 5, 8, 10, 14, 17, 21, 39};
7
8   // 返回目標值 key 的註標（不存在時為 -1）
9   int binary_search(int key) {
10      int left = 0, right = (int)a.size() - 1; // 陣列 a 的左端與右端
11      while (right >= left) {
12          int mid = left + (right - left) / 2; // 區間的正中央
13          if (a[mid] == key) return mid;
14          else if (a[mid] > key) right = mid - 1;
15          else if (a[mid] < key) left = mid + 1;
16      }
17      return -1;
18  }
19
20  int main() {
21      cout << binary_search(10) << endl; // 3
22      cout << binary_search(3) << endl; // 0
23      cout << binary_search(39) << endl; // 7
24
25      cout << binary_search(-100) << endl; // -1
26      cout << binary_search(9) << endl; // -1
27      cout << binary_search(100) << endl; // -1
28  }
```

6.1.2　「陣列的二元搜尋」的計算複雜度（＊）

讓我們更嚴謹地求出「陣列的二元搜尋」的計算複雜度。再次注意，每一個步驟都會讓陣列大小減半。更準確地說，當陣列大小 m 是偶數時，隨著留下來的是左側還是右側，陣列大小會有所不同，但若考量最差情況（留下右側時），則陣列大小為 $m/2$。當陣列大小 m 是奇數時，無論留下來的是左側還是右側，陣列大小都是 $m/2$（小數點以下無條件捨去）。

在此請注意，當原始陣列大小 N 以下式表示時：

$$2^k \leq N < 2^{k+1}$$

0 以上的整數 k 只會存在一個。k 是 $\log N$ 經小數點以下無條件捨去後的值。此時，在最差的情況下，陣列大小會經 k 個步驟而變為 1。由上可知，「陣列的二元搜尋」的計算複雜度是 $O(\log N)$。

6.2 • C++ 的 std::lower_bound()

讓我們將上一節解說的「陣列二元搜尋」改成更加通用的形式。不僅是判斷想搜尋的值是否在陣列中，還能夠以相同的計算複雜度就獲得更豐富的資訊。例如，C++ 標準函式庫中的 std::lower_bound() 有以下規範[註1]。

> **C++ 的 std::lower_bound() 的規範**
>
> 　返回已排序陣列 a 中，滿足 $a[i] \geq$ key 的條件的最小標注 i（正確來說是返回 iterator）。該處理所需的計算複雜度是 $O(\log N)$，其中 N 是陣列大小。

藉由使用這個 std::lower_bound()，可以獲得更多資訊，而不僅僅是搜尋陣列 a 中是否有 key。

- 就算陣列 a 中沒有值 key，仍然能夠知道 key 以上值的範圍中的最小值
- 當陣列 a 中的值 key 為兩個以上時，可以知道其中最小的注標

另外還有別的應用，舉個例子，當數線如同**圖 6.3** 所示分成幾個區間時，可應用在找出值 key 所屬的區間。關於如何實現 std::lower_bound() 的處理，會在下一節以更廣義化（generalized）的形式解說。

註1　標準函式庫中還有一個很類似的函數 std::upper_bound()。它是將滿足 $a[i] >$ key 這個條件的最小標注 i 返回的規範。

圖 6.3　使用 std::lower_bound()，定出值 key 所屬區間

6.3 ● 廣義化的二元搜尋法

讓我們接續 C++ 中 `std::lower_bound()` 的概念，進一步擴大二元搜尋法的應用範圍。若更為廣義化，則二元搜尋法可以說是一種能夠做到下述內容的作法（**圖 6.4**）。

> **廣義化的二元搜尋法**
>
> 給定一條件 P，它針對各整數 x 判定 true/false 兩個值，假設有整數 l, r $(l < r)$ 存在且下述成立。
>
> - $P(l)$ = false
> - $P(r)$ = true
> - 存在一個整數 M $(l < M \le r)$，當 $x < M$ 時，就該 x 而言 $P(x)$ = false；當 $x \ge M$ 時，就該 x 而言 $P(x)$ = true
>
> 此時設 $D = r - l$，則二元搜尋法可說是一種能夠用 $O(\log D)$ 的計算複雜度求出 M 的演算法。

為了實現廣義化的二元搜尋法，首先要準備 left、right 兩個變數，並依下述方式進行初始化。

- left $\leftarrow l$
- right $\leftarrow r$

此時滿足 $P(\text{left})$ = false, $P(\text{right})$ = true。然後如**圖 6.5** 所示，縮小到變成 right − left = 1 為止的範圍。

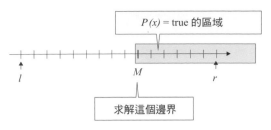

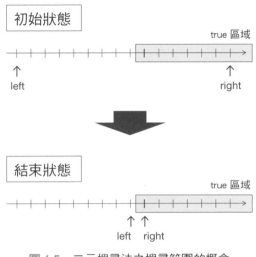

圖 6.4　廣義化的二元搜尋法的概念

圖 6.5　二元搜尋法之搜尋範圍的概念

具體來說，設 mid ＝ (left ＋ right) / 2，並更新如下：

- 如果 P(mid) ＝ true，更新方式為 right ← mid
- 如果 P(mid) ＝ false，更新方式為 left ← mid

此時，重要的性質是，從演算法的初始狀態到結束狀態，變數 left 始終在 false 側，變數 right 始終在 true 側。當演算法結束時，

- right 是滿足 P(right) ＝ true 的最小整數值
- left 是滿足 P(left) ＝ false 的最大整數值

上述處理可用如程式碼 6.2 的方式實現。此外，這種廣義化二元搜尋法的概念，在現實世界中應該也很熟悉，例如在作「程式除錯（debug）」等的時候。當已知程式第 l 行與第 r 行之間有 bug 時，一

種有效的對策是執行二元搜尋以確定 bug 發生的位置。

程式碼 6.2　廣義化二元搜尋法的基本形式

```cpp
1    #include <iostream>
2    using namespace std;
3
4    // x 是否滿足條件
5    bool P(int x) {
6
7    }
8
9    // 返回 P(x) = true 時的最小整數 x
10   int binary_search() {
11       int left, right; // 使得P(left) = false, P(right) = true
12
13       while (right - left > 1) {
14           int mid = left + (right - left) / 2;
15           if (P(mid)) right = mid;
16           else left = mid;
17       }
18       return right;
19   }
```

　　在本節的最後，要來談一下在實數域上的二元搜尋法。到目前為止討論過的所有二元搜尋法都是應用在整數搜尋問題。但是，二元搜尋法的概念也可以應用於實數域上搜尋問題。跟整數時相同，仍是一種藉由插入「false/true 邊界」的形式來使搜尋範圍不斷縮小的方法。在整數時，給定了結束條件為「搜尋範圍的長度為 1」；實數的話，則由期望的精確度來決定結束條件。另外，有很多人將這種實數域上的二元搜尋法另稱為二分法，以與二元搜尋法區別開來。

6.4 ● 更廣義化的二元搜尋法（＊）

　　讓我們將二元搜尋法再進一步廣義化。到目前為止的思路是如圖 6.6 所示的作法，就是設整個區域被一刀切成「false 區域」與「true 區域」兩大塊（將該假設稱為單調性），再求解邊界。

　　現考慮去除上述分成「false 區域」與「true 區域」兩大塊的假設[註2]。

註2　不過，如果沒有任何假設，就可以作成「x 是有理數時的顏色與無理數時的顏色不同」這種的病態反直覺（Pathological）的例子，所以還是先假設顏色的邊界是有限數量。

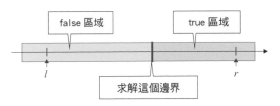

圖 6.6　切成 false 區域與 true 區域兩大塊的模樣

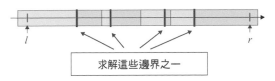

圖 6.7　去除了單調性假設的二元搜尋法

設整個區域分為代表 false 的區域、與代表 true 的區域這兩種區域，且 $x = l, r\ (l < r)$ 在不同側。在此情況下，二元搜尋法可以看成是一種求解從 l 側顏色變為 r 側顏色之任一邊界的演算法，如**圖 6.7** 所示。由於去掉了單調性的假設，所以邊界不限於 1 個，而其中之一可由二元搜尋法求出。

這種廣義化在下述情況特別有效。

廣義化之在實數域上的二元搜尋法

給定一個實數區間的連續函數 $f(x)$，對於屬於該區間的兩個點 $l, r\ (l < r)$，令 $f(l), f(r)$ 其中一個是正的、另一個是負的。此時利用二元搜尋法（二分法），盡可能的精確地求出滿足 $f(x) = 0$ 的實數 $x\ (l < x < r)$ 之一。

這並未將單調性假設去除，取而代之的是令函數 f 為連續性。在這種情況下，由**中間值定理**（intermediate value theorem）可以保證有滿足 $f(x) = 0$ 的實數 $x\ (l < x < r)$ 存在。

6.5 ● 應用例（1）：猜年齡遊戲

現在讓我們使用擴展後的二元搜尋法來解決一些問題。首先是第

1.1 節登場的猜年齡遊戲。

猜年齡遊戲

　　想像一下，您跟 A 小姐第一次見面，而您想猜對她的年齡。假設已知 A 小姐的年齡是超過 20 歲，而且不到 36 歲。

　　您最多可以問 A 小姐 4 個問題，但只能是「用 Yes/No 回答的問題」。問完問題後，就推測 A 小姐的年齡並作答。如果答案正確您就贏了，如果答案錯誤您就輸了。

　　您能贏得這個猜年齡遊戲嗎？

設定好變數 left、right，並且確認：

● $x =$ left 是一直不滿足「A 小姐的年齡不到 x 歲」之條件時的狀態
● $x =$ right 是一直都滿足「A 小姐的年齡不到 x 歲」之條件時的狀態

然後一邊保持上述狀態，一邊縮小搜尋範圍。這可用如程式碼 6.3 的方式實現。

程式碼 6.3　猜年齡遊戲的實現

```cpp
#include <iostream>
using namespace std;

int main() {
    cout << "Start Game!" << endl;

    // 將代表 A 小姐數值的區間以 [left, right) 來表示
    int left = 20, right = 36;

    // A 小姐數值尚未縮小到 1 個時反覆進行
    while (right - left > 1) {
        int mid = left + (right - left) / 2; // 區間的正中央

        // 詢問「是 mid 歲以上嗎？」，接收 yes/no 的回答
        cout << "Is the age less than " << mid << " ? (yes / no)" <<
                endl;
        string ans;
        cin >> ans;

```

```
19              // 依照回答，縮小可能數值範圍
20              if (ans == "yes") right = mid;
21              else left = mid;
22          }
23
24          // 一語中的！
25          cout << "The age is " << left << "!" << endl;
26      }
```

舉例來說，如果 A 小姐是 31 歲，那麼遊戲會以下述方式進行。

```
Start Game!
Is the age less than 28 ? ( yes / no )
no
Is the age less than 32 ? ( yes / no )
yes
Is the age less than 30 ? ( yes / no )
no
Is the age less than 31 ? ( yes / no )
no
The age is 31!
```

6.6 • 應用例（2）：`std::lower_bound()` 的活用例

接下來要舉個有效活用 `std::lower_bound()` 的例子，讓我們重新思考第 3.4 節已解決的下述問題。在第 3.4 節中有個基於全域搜尋且計算複雜度 $O(N^2)$ 的解法，本節要示範如何將計算複雜度改善成 $O(N \log N)$。

> **大於等於 K 之數對和的最小值**
>
> 　　給定 N 個整數 $a_0, a_1, ..., a_{N-1}$，以及 N 個整數 $b_0, b_1, ..., b_{N-1}$。從這兩個整數數列中各取 1 個整數相加求和。請在該和的所有可能數值中，求出落在整數 K 以上之範圍內的最小值。但假設存在至少 1 組以上滿足 $a_i + b_j \geq K$ 的 (i, j)。

讓我們先把從 $a_0, a_1, ..., a_{N-1}$ 中選擇一個數的方式固定下來，以方

便思考。假設選擇 a_i。此時，數對和最適化問題可以歸約為下述問題。可以看到這個問題是可以直接應用 std::lower_bound() 的形式。

已固定 a_i 時的問題

給定 N 個正整數 $b_0, b_1, ..., b_{N-1}$。請求出這些正整數中，落在 $K - a_i$ 以上的範圍內的最小值。

整數序列 b_0、b_1、...、b_{N-1} 要預先排序。這部分也需要 $O(N \log N)$ 的計算複雜度。然後，固定 a_i 的方式有 N 種，各以 $O(\log N)$ 的計算複雜度求解，所以問題整體可以用 $O(N \log N)$ 的計算複雜度求解。

上述解法可用如程式碼 6.4 的方式實現。 程式碼中所用的 std::sort() 及 std::lower_bound() 的詳細使用方法，我想可在研讀程式碼時由前後環境來理解，也可以查閱官網參考資料等。

程式碼 6.4　使用二元搜尋法加速「數對和最適化問題」的全域搜尋解法

```cpp
#include <iostream>
#include <vector>
#include <algorithm> //  有 sort() 或 lower_bound() 時是必要的
using namespace std;
const int INF = 20000000; //  設足夠大的值

int main() {
    // 接收輸入
    int N, K;
    cin >> N >> K;
    vector<int> a(N), b(N);
    for (int i = 0; i < N; ++i) cin >> a[i];
    for (int i = 0; i < N; ++i) cin >> b[i];

    // 存放目前最小值的變數
    int min_value = INF;

    // 將 b 排序
    sort(b.begin(), b.end());

    // 將 b 追加代表無限大的值(INF)
```

```
22          // 透過這樣做，排除成為 iter = b.end() 的可能性
23          b.push_back(INF);
24
25          // 固定 a  求解
26          for (int i = 0;  i < N;  ++i) {
27              // 表示 b 中 K - a[i] 以上範圍內之最小值的疊代器
28              auto iter = lower_bound(b.begin(), b.end(), K - a[i]);
29
30              // 將疊代器表示的值取出
31              int val = *iter;
32
33              // 與min_value相比
34              if (a[i] + val < min_value) {
35                  min_value = a[i] + val;
36              }
37          }
38          cout << min_value << endl;
39      }
```

6.7 ● 應用例（3）：將最適化問題變成判定性問題

我們經常會遇到「請求出滿足某某條件下的最小值」這種最適化問題。這個問題可設為下述狀況：有一個邊界值 v 存在，且 v 以上就是滿足條件、小於 v 則是未滿足條件。此時，一個時常奏效的作法是將這種最適化問題，歸約為下述的判定性問題。

從最適化問題歸約的判定性問題
  請判斷 x 是否滿足條件。

如果這個判定性問題可解，那麼也就能解決原本的最適化問題，只要利用二元搜尋法憑對數量級的次數來解決判定性問題就行了[註3]。讓我們來試著求解例題「AtCoder Beginner Contest 023 D - 射擊王」。

AtCoder Beginner Contest 023 D - 射擊王
  有 N 個氣球，每個在初始狀態時都在高度 H_i 的位置，並且

註3　將這種最適化問題歸約為判定性問題的思惟，也也出現在第 17.2 節。

每秒上升 S_i。射擊這些氣球，把它們全部射破。設 H_i 和 S_i 是正整數。

可以在比賽開始時射破一個氣球，然後可以每秒射破一個氣球。最終要射破所有氣球，但射破氣球的順序可以自由選擇。

各氣球射破時產生的罰分（penalty）設為當時氣球的高度。設最終罰分為各氣球射破時產生的罰分中的最大值。請求出所有可能的最終罰分中的最小值。

基於二元搜尋法的概念思考一個問題，就是判斷「當給定整數 x 時，最終罰分是否能小於等於 x」。這個問題換個說法的話，其實就是一個判斷所有這 N 個氣球是否罰分都小於等於 x 的問題。

首先，必須要把每個氣球的罰分控制在 x 以下，這決定了每個氣球應該在幾秒內射破。優先從最接近該時間限制之處射破氣球，如果所有氣球都破了就判斷 Yes，如果中間出現高度超過 x 的氣球就判斷 No。若要實現以上的思維，可編寫成程式碼 6.5 的方式。

評估計算複雜度。二元搜尋法的重複次數是 $O(\log M)$ 次，其中 $M = \max(H_0 + NS_0, ..., H_{N-1} + NS_{N-1})$。每次重複時解決判定問題所需要的計算複雜度是 $O(N \log N)$，這是因為升冪排序時間限制的部分成了瓶頸。綜上所述，整體的計算複雜度是 $O(N \log N \log M)$。

程式碼 6.5　射擊王問題的二元搜尋法

```cpp
#include <iostream>
#include <algorithm>
#include <vector>
using namespace std;

int main() {
    // 輸入
    int N;
    cin >> N;
    vector<long long> H(N), S(N);
    for (int i = 0; i < N; i++) cin >> H[i] >> S[i];

    // 求二元搜尋的上限值
    long long M = 0;
    for (int i = 0; i < N; ++i) M = max(M, H[i] + S[i] * N);
```

```
16
17        // 二元搜尋
18        long long left = 0, right = M;
19        while (right - left > 1) {
20            long long mid = (left + right) / 2;
21
22            // 判斷
23            bool ok = true;
24            vector<long long> t(N, 0);  //  射破各氣球的時間限制
25            for (int i = 0; i < N; ++i) {
26                // 各個 mid 若比初始高度低的話 false
27                if (mid < H[i]) ok = false;
28                else t[i] = (mid - H[i]) / S[i];
29            }
30            // 以時限到達的先後進行排序
31            sort(t.begin(), t.end());
32            for (int i = 0; i < N; ++i) {
33                // 時間用完了就 false
34                if (t[i] < i) ok = false;
35            }
36
37            if (ok) right = mid;
38            else left = mid;
39        }
40
41        cout << right << endl;
42    }
```

現在，讓我們研究一下為什麼「歸約為判定性問題並藉由二元搜尋法解決」的方法能夠對「射擊王」的問題有效發揮功用。回顧這個問題，我們可以看到它是一種形式為「想要將 N 個值的最大值盡量壓低」的最適化問題。事實上，這種「最大值的最小化」的最適化問題，在世界上普遍存在。例如會出現在「由於工作負荷平準化的需求，所以想將 N 個作業員之工作時間的最大值盡可能壓到最低」的排程調度問題等。當這樣的最適化問題歸約為二元搜尋法的判定性問題時，就會是：

> **從「最大值的最小化」問題歸約的判定性問題**
> 判斷是否所有 N 個值都能小於等於 x。

可以看到變得很簡單明瞭且容易處理。

6.8 ● 應用例（4）：求中位數

　　為簡單起見，設 N 為奇數。N 個值 $a_0, a_1, ..., a_{N-1}$ 的**中位數**（median），就是升冪排序時第 $\frac{N-1}{2}$ 個值（令最小值是第 0 個）。例如當 $N = 7$, $a = (1, 7, 2, 6, 5, 4, 3)$ 時，a 的中位數是 4。

　　本節將介紹的是，在求解中位數方面有時二元搜尋法很有效。求中位數的方法中，有個方法是將 a 全部排序後，答案即為 $a[(N-1)/2]$，是不是很簡單呢？排序處理能夠以 $O(N \log N)$ 的計算複雜度實現，所以中位數也能以 $O(N \log N)$ 的計算複雜度求出[註4]。在這裡介紹另一種方法，就是當 $a_0, a_1, ..., a_{N-1}$ 的值是非負整數時，令 $A = \max(a_0, a_1, ..., a_{N-1})$，並以 $O(N \log A)$ 的計算複雜度求解中位數。請思考下述的判定性問題。

從求中位數的問題歸約為的判定性問題

　　請判斷在 N 個非負整數 $a_0, a_1, ..., a_{N-1}$ 中，小於 x 的整數是否有 $\frac{N-1}{2}$ 個。

　　中位數就是這個判定性問題答案為 "Yes" 時的最小整數 x。因此，如果該判定性問題可以解決的話，那麼就能夠利用二元搜尋法以 $O(\log A)$ 次的判斷求出中位數。另外，這個判定性問題也可以用線性搜尋法來解決，就是對這 N 個整數逐一確認是否小於等於 x。由此可知，判定性問題可以用 $O(N)$ 的計算複雜度解決，所以求中位數的問題整體上是以 $O(N \log A)$ 的計算複雜度解決。

6.9 ● 總結

　　在本章中，我們將二元搜尋法從「一種在已排序陣列中搜尋目標

[註4]　其他還有像第 12 章之章末問題 12.5 所示方法。使用該方法的話，可以用 $O(N)$ 的計算複雜度求出中位數。不過，它在理論上雖然有趣，但被認為實用性不高，因為在 $O(N)$ 的計算複雜度中，常數部分被省略的部分很多。

值的作法」的框架向外擴展，變成通用性更高的作法，使得應用範圍大為寬廣。尤其是將最適化問題歸約為判定性問題的思惟，是一種實用又強大的作法。

另外，對於「想搜尋某個值」的需求，除了二元搜尋法之外，使用雜湊表的方法也很強大。雜湊表會在第 8.6 節中解說。

● ● ● ● ● ● ● 章末問題 ● ● ● ● ● ●

6.1 給定由 N 個元素構成的整數序列 $a_0, a_1, ..., a_{N-1}$，且其中任意兩元素都互不相同。令 $i = 0, 1, ..., N-1$，則 a_i 在全體元素中從小到大來算是第幾個值？請設計一個演算法以 $O(N \log N)$ 求解。例如當 $a = 12, 43, 7, 15, 9$ 時，答案是 (2, 4, 0, 3, 1)（著名問題 註5，難易度★★☆☆☆）

6.2 給定由 N 個元素構成的 3 個整數序列 $a_0, ..., a_{N-1}$、$b_0, ..., b_{N-1}$、$c_0, ..., c_{N-1}$。請設計一個演算法，以 $O(N \log N)$ 求出滿足 $a_i < b_j < c_k$ 的 i, j, k 有幾組。

（出處：AtCoder Beginner Contest 077 C - Snuke Festival，難易度★★★☆☆）

6.3 給定 N 個正整數 $a_0, a_1, ..., a_{N-1}$。請設計一個演算法，以 $O(N^2 \log N)$ 求出任選其中 4 個（可重複）的總和數值中，在不超過 M 的範圍下的最大值。

（出處：第 7 屆日本資訊奧林匹克決賽第 3 題 - 射飛鏢，難度★★★★☆）

6.4 有 N 個小屋排成一直線，其座標分別為 $a_0, a_1, ..., a_{N-1}$（設 $0 \le a_0 \le a_1 \le \cdots \le a_{N-1}$）。從中選擇 $M (\le N)$ 個，並希望盡量拉開所選小屋之間的距離。請設計一個演算法，求出「所選 M 個小屋中兩個小屋之距離的最小值」的所有可能數值中的最大值。所需的計算複雜度可為 $O(N \log A)$，其中 $A = a_{N-1}$。（出處：POJ No. 2456 Aggressive cows，難易度★★★☆☆）

註5 程式設計競賽參與者稱這種處理為「座標壓縮」。

6.5 給定由 N 個元素構成的 2 個正整數序列 $a_0, ..., a_{N-1}$，$b_0, ...,$ b_{N-1}。請設計一個演算法，求出從兩個序列各選一個元素相乘所得的 N^2 個整數中，從小到大算起第 K 個值。但請以大約 $O(N \log N \log C)$ 的計算複雜度來實現，其中 C 是乘積之最大值的可能數值。（出處：AtCoder Regular Contest 037 C - 億格計算，難易度★★★★☆）

6.6 給定正整數 A, B, C。請以 10^{-6} 以下的精確度，求出一個滿足 $At + B \sin(Ct\pi) = 100$ 的 0 以上實數 t。

（出處：AtCoder Beginner Contest 026 D - 高橋同學 1 號球，難易度★★★☆☆）

6.7 給定由 N 個元素構成的非負整數序列 $a_0, ..., a_{N-1}$（設最大值為 A）。該整數序列之可成為連續區間的數目為 $\frac{N(N+1)}{2}$ 個，針對每個區間算出該區間所屬數值的總和。這樣會得到 $\frac{N(N+1)}{2}$ 個整數，請設計一個演算法求出其中位數。但請以大約 $O(N \log N \log A)$ 的計算複雜度來實現。（出處：AtCoder Regular Contest 101 D - Median of Medians，難易度★★★★★）

第 7 章

設計技法（5）：
貪婪法

在思考最適化問題的解法時探討的演算法，在形態上多半為依序執行從多個選項中進行選擇的步驟，就如同在動態規畫法中所看到的。其中在每一步都只考慮下一步的狀況來進行最適化的判斷，反覆進行判斷而逐漸求出解的方法，就稱為**貪婪法**。貪婪法在歷經所有的步驟後，不見得就能導出最佳解，但是它在某些問題上能有效發揮功用。

7.1 ● 貪婪法是什麼？

在第 5 章解說的動態規畫法中，探討了將最終結果最適化的問題，其中有很多是選擇事物的步驟有 N 步的類型。針對此類問題的動態規畫法，會把到各個選擇為止要進行的最適化（針對到第 i 個為止的結果進行最適化）分出來作為子問題，並考慮子問題之間的轉移。

貪婪法也是如此，它的概念也可應用在反覆選擇事物並將結果最適化的問題類型。但是，它是一種僅考慮下一個步驟的情況並反覆進行最佳選擇的方法論，不像動態規畫法那樣考慮所有可能的轉移。讓我們舉個例子來解說貪婪法的概念，請思考下述問題。這是一個非常切身的問題。

硬幣問題

　　500 元硬幣、100 元硬幣、50 元硬幣、5 元硬幣、1 元硬幣分

別有 a_0, a_1, a_2, a_3, a_4, a_5 個（**圖 7.1**）。假設想要用它們來支付 X 元。而且想要盡可能減少用於支付的硬幣數量。那麼最少可以用幾枚硬幣來支付呢？假設這樣的支付方式至少存在 1 個。

圖 7.1　硬幣問題

　　對於這個問題，可以基於「優先使用面額大的硬幣」的簡單直覺，用下述解法推導出最佳解。

1. 首先，在不超過 X 元的範圍下，盡量多用 500 元硬幣。

2. 剩餘金額盡量多用 100 元硬幣

3. 剩餘金額盡量多用 50 元硬幣

4. 剩餘金額盡量多用 10 元硬幣

5. 剩餘金額盡量多用 5 元硬幣

6. 最後，使用 1 元硬幣支付剩餘金額。

　　這個解法，會依序決定 500、100、50、10、5、1 元硬幣的使用數量。可說是由 6 個步驟構成的決策問題。在最初考慮該使用多少個 500 元硬幣時，是用「盡量多用 500 元硬幣」來作判斷，完全不考慮前後狀況。接下來，在考慮該使用多少個 100 元硬幣時，也是用「盡量多用 100 元硬幣」來作判斷，完全不考慮前後狀況。貪婪法就是

這樣的方法論，它完全不考慮前後狀況，只是反覆作「當下最好的選擇」。另外，上述基於貪婪法的解法可用如程式碼 7.1 的方式實現。

程式碼 7.1　解決硬幣問題的貪婪法

```cpp
1   #include <iostream>
2   #include <vector>
3   using namespace std;
4
5   // 硬幣金額
6   const vector<int> value = {500, 100, 50, 10, 5, 1};
7
8   int main() {
9       // 輸入
10      int X;
11      vector<int> a(6);
12      cin >> X;
13      for (int i = 0; i < 6; ++i) cin >> a[i];
14
15      // 貪婪法
16      int result = 0;
17      for (int i = 0; i < 6; ++i) {
18          // 無枚數限制時的枚數
19          int add = X / value[i];
20
21          // 考慮枚數限制
22          if (add > a[i]) add = a[i];
23
24          // 求出剩餘金額，依答案增加枚數
25          X -= value[i] * add;
26          result += add;
27      }
28      cout << result << endl;
29  }
```

7.2 ● 貪婪法未必能推導出最佳解

上一節使用了貪婪法來解決「硬幣問題」。但是，貪婪法通常會捨棄「在下一步的時間點不是最好的但對未來是最佳選擇」這個可能性，所以並不一定能推導出最佳解。像前面提到的「硬幣問題」，其實只要稍微改變問題的設定，貪婪法就變得不適用了。例如，假設硬幣的單位是 1 元、4 元和 5 元。然後考慮給 8 元的情形，則：

- 貪婪法：5＋1＋1＋1＝8，共4枚
- 最佳解：4＋4＝8，共2枚

　　貪婪法得到的解並不是最佳解。另外還有一個例子在第18.3節，它也顯示了背包問題以貪婪法獲得的解並不一定是最佳的。

　　綜上所述，可以說那些能夠用貪婪法導出最佳解的問題，很有可能本身的結構具備良好的性質。所以重要的是著眼於問題的結構，來思考能用貪婪法求得最佳解的原因。

　　能用貪婪法導出最佳解的問題，其本身的結構具備良好性質這一點，有個突出的例子是第15章要學習的最小生成樹問題。最小生成樹問題可以透過基於貪婪法的克魯斯卡法（Kruskal）導出最佳解。它的背後有稱為**擬陣**、**離散凸性**的深奧結構。

　　本章專注在能用貪婪法導出最佳解的問題，但即使是未必能導出最佳解的狀況，用貪婪法得到的解時常也跟最佳解很接近。第18.3節及第18.7節會示範這樣的例子。

7.3 ● 貪婪法模式（1）：更換也不變差

　　在解決最適化問題時，考量「是否能事先縮小搜尋範圍」極為有效，這不限於貪婪法。其中常見的模式有以下幾種思路。

思考最適化問題時的要點

　　假設想求出 x 的函數 $f(x)$ 的最大值。將任意 x 做一點變化以滿足某種性質 P，而獲得跟 x 很像的其他解 x'，並假設已證明下式成立：

$$f(x') \geq f(x)$$

　　在這種情況下，要考慮的範圍從全部的 x 縮小到其中滿足 P 的部分而已，而且仍包括使 $f(x)$ 為最大值的 x。

　　能用這種思路有效縮小搜尋範圍的問題很常見。舉個例子，讓我們來思考著名的**區間排程問題**（interval scheduling problem）。

　　舉例來說，像圖 **7.2** 的案例可以選擇 3 個工作。此外，問題內文中所謂的「工作」，在數學上就是一個「區間」。因此，從現在開始稱它為區間。

　　考量到是應用貪婪法，有個很重要的關鍵是要先決定好對於給定的 N 個區間到底該以什麼樣的順序來作「選擇」與「不選擇」的抉擇。現在讓我們如圖 **7.3** 所示，按照「區段的結束時間」進行升冪排序。一般來說，在處理關於區間的問題時，先按區間的結束時間來排序往往更容易思考。

　　所以，令所有區間中結束時間最早的區間為 p。這時候，直接就選

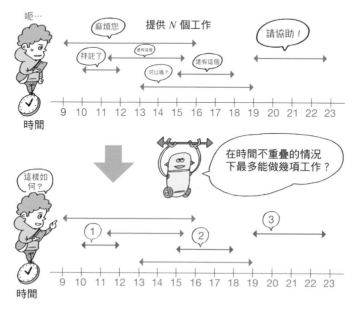

圖 7.2　區間排程問題

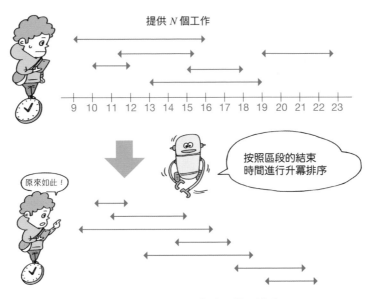

圖 7.3　依區段的結束時間進行排序

擇 p 區間應該也沒有問題。讓我們根據本節開頭的「思考最適化問題時的要點」來證明這個事實。具體上是要證明，對於任何「區間選擇方式」，都可以在不減少獲選區間數的情況下，變更成包含區間 p 的選擇方式。在一個任意的區間選擇方式 x 中，令「其中最左邊的區間」為 p'。此時由 p 的定義可知下式成立：

$$區間 p 的結束時間 \leq 區間 p' 的結束時間$$

另一方面，在 x 中，除了 p' 以外的任意區間 q 會滿足下式：

$$區間 p 的結束時間 \leq 區間 q 的開始時間$$

所以如果將它們整合，則下式成立：

$$區間 p 的結束時間 \leq 區間 q 的開始時間$$

由上可知，在區間選擇方式 x 中，就算將 p' 換成 p，也不會使「獲選區間數」變差，並且仍能維持區間都沒有重疊的狀態（**圖 7.4**）。因此，區間排程問題的解，可以將搜尋的候選項目縮小到僅限於「包

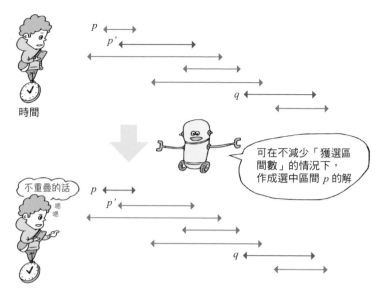

圖 7.4 任何區間選擇方式，都可變更為選擇了結束時間最早的區間

含區間 p 的選擇方式」。

而在選擇了區間 p 後，就去掉所有與 p 重疊的區間，然後對剩下的區間重複同樣的程序。上述程序可以概括為重複以下的操作，直到區間都用完為止，如**圖 7.5** 所示：

A：在剩下的區間中，選擇結束時間最早的區間（此部分為貪婪法）

B：去除與所選區間重疊的區間

若要實現以上的程序，可編寫成程式碼 7.2 的方式。有關按照「區間的結束時間」升冪排序的部分，定義了一個專用函數並傳遞給標準函式庫 std::sort()。

最後，估算這個演算法的計算複雜度。首先，按照「區間的結束時間」升冪排序的部分，需要 $O(N \log N)$ 的計算複雜度。其次，基於貪婪法選擇區間的部分，可以用 $O(N)$ 的計算複雜度來完成。綜合考量後，一開始排序的部分會是瓶頸，故計算複雜度為 $O(N \log N)$。

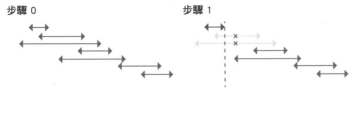

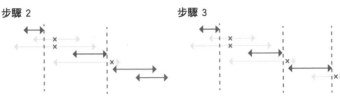

圖 7.5　針對區間排程問題的貪婪法

程式碼 7.2　針對區間排程問題的貪婪法

```cpp
#include <iostream>
#include <vector>
#include <algorithm>
#include <functional>
using namespace std;

// 將區間以 pair<int,int> 表示
using Interval = pair<int,int>;

// 以結束時間來比較區間大小的函數
bool cmp(const Interval &a, const Interval &b) {
    return a.second < b.second;
}

int main() {
    // 輸入
    int N;
    cin >> N;
    vector<Interval> inter(N);
    for (int i = 0; i < N; ++i)
        cin >> inter[i].first >> inter[i].second;

    // 依結束時間的早晚排序
    sort(inter.begin(), inter.end(), cmp);

```

```
26        // 貪婪選擇
27        int res = 0;
28        int current_end_time = 0;
29        for (int i = 0; i < N;  ++i) {
30            // 最後去除與所選區間重疊者
31            if (inter[i].first < current_end_time) continue;
32
33            ++res;
34            current_end_time = inter[i].second;
35        }
36        cout << res << endl;
37    }
```

7.4 • 貪婪法模式（2）：現在越好，未來就越好

貪婪法是一種在每一步選擇下一步的最佳走法的方法論，而且是僅就下一步作考量。能夠利用這種方法論推導出最佳解的問題，其結構常常是與「單調性」相關的結構，如下述。但請注意這並非嚴謹的表示方式。

使貪婪法成立的單調性

考慮一個最適化問題，它藉由進行 N 個步驟的選擇而使最終「分數」最大化。而且這個問題的結構是：到前 i 個步驟為止時獲得的「分數」越高，剩餘步驟最適化所得的最終「分數」就越高。此時，可以在每個步驟獨立地利用貪婪法最大化當下的「分數」，如此一來就能使歷經所有步驟後的「分數」最大化。

以下的例題就具有這樣的結構，讓我們一起來想想看。出處是「AtCoder Grand Contest 009 A - Multiple Array」。

AtCoder Grand Contest 009 A - Multiple Array

給定一個由 0 以上整數所構成並具有 N 個項的數列 $A_0, A_1, ..., A_{N-1}$，並給定 N 個按鍵。當按下第 $i(= 0, 1, ..., N-1)$ 個按鍵時，$A_0, A_1, ..., A_i$ 的值會各增加 1（**圖 7.6**）。另一方面，給定一

個由 1 以上整數構成並具有 N 個項的數列 B_0, B_1, ..., B_{N-1}。假設想要藉由按壓按鍵來使每個 i 的 A_i 都變成 B_i 的倍數。請求出按鍵按壓次數的最小值。

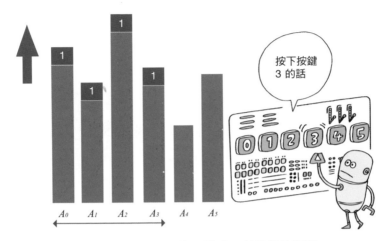

圖 7.6　按壓按鍵將 A_i 變成 B_i 的倍數的問題

　　令按鍵 0, 1, ..., $N-1$ 的按壓次數分別為 D_0, D_1, ..., D_{N-1}，則這個問題可說是求解滿足以下條件時的 $D_0 + D_1 + \cdots + D_{N-1}$ 之最小值。

- $A_0 + (D_0 + D_1 + \cdots + D_{N-1})$ 是 B_0 的倍數
- $A_1 + (D_1 + \cdots + D_{N-1})$ 是 B_1 的倍數
$\vdots$
- $A_{N-1} + D_{N-1}$ 是 B_{N-1} 的倍數

　　讓我們想想看用 D_{N-1}, D_{N-2}, ..., D_0 的順序逐一決定數值的情況。首先，思考滿足「$A_{N-1} + D_{N-1}$ 是 B_{N-1} 的倍數」這個條件的 D_{N-1}。為了便於閱讀，令 $a = A_{N-1}$, $b = B_{N-1}$, $d = D_{N-1}$。此時，要讓 $a + d$ 是 b 的倍數的話，d 可取的值如下。

- 當 a 是 b 的倍數時：$d = 0, b, 2b, ...$

- a 並不是 b 的倍數時：令 r 為 a 除以 b 的餘數，則 $d = b - r$, $2b - r, 3b - r, \ldots$

那麼，在這些選項中，要選哪個作為 D_{N-1} 呢？在這裡要注意一件事，就是 D_{N-1} 的值大於需求並沒有任何好處。也就是說，$d = D_{N-1}$ 的選法如下述即可。

- 當 A_{N-1} 是 B_{N-1} 的倍數時：$D_{N-1} = 0$
- 並不是倍數時：令 r 為 A_{N-1} 除以 B_{N-1} 的餘數，則 $D_{N-1} = B_{N-1} - r$

後續的步驟也用同樣方式進行，逐一求出 $D_{N-2}, \ldots, D_0$，而獲得最佳解。上述步驟可用如程式碼 7.3 的方式實現。其中變數 sum 不斷儲存「目前為止得到的按鍵 $N-1, N-2, \ldots$ 按壓次數的合計值」。計算複雜度是 $O(N)$。

程式碼 7.3　AtCoder Grand Contest 009 A - Multiple Array 的解答例

```
1   #include <iostream>
2   #include <vector>
3   using namespace std;
4
5   int main() {
6       // 輸入
7       int N;
8       cin >> N;
9       vector<long long> A(N), B(N);
10      for (int i = 0; i < N;  ++i) cin >> A[i] >> B[i];
11
12      // 答案
13      long long sum = 0;
14      for (int i = N - 1; i >= 0; --i) {
15          A[i] += sum; // 加上到上一次為止的操作次數
16          long long amari = A[i] % B[i];
17          long long D = 0;
18          if (amari != 0 ) D = B[i] - amari;
19          sum += D;
20      }
21      cout << sum << endl;
22  }
```

7.5 ● 總結

在本章中，我們看到了藉由「在只考慮下一步而不考慮前後的狀況下作選擇並反覆進行」的貪婪法來推導出最佳解的問題。在之後的章節中，還會出現許多基於貪婪法的演算法，比如求解最短路線問題的戴克斯特拉法（Dijkstra）（第 14.6 節）、求解最小生成樹問題的克魯斯卡法（Kruskal）（第 15 章）等。

此外，本章中所列舉的「關於問題結構的思考要點」並不僅限用於貪婪法的框架，其實非常通用。在演算法設計上，以下的論述是很常見的，只是表達方式較為抽象而已。

- 藉由縮小搜尋範圍，就可以在符合現實條件的計算時間內執行全域搜尋。
- 已知可按照某種基準來固定決策順序，所以可利用的依循該順序的動態規畫來求出最佳解。

期盼您感受到一點「在仔細考慮問題結構後，活用該結構來設計演算法的樂趣」。

另外，能藉由貪婪法導出最佳解的問題，往往可說是本來就具有良好的結構。對於現實世界中實際面臨的問題，能夠藉由貪婪法導出最佳解的情況並不多。然而，對於現實世界中的許多問題，貪婪法得到的解雖然往往稱不上是最佳解，但常常接近最佳解（第 18.3 節、第 18.7 節）。第 17 章將解說不太可能在可行時間範圍內求出最佳解的困難問題，對於這種問題，先用貪婪法來探討還是很有用處的。

7.1 給定 N 個整數 $a_0, a_1, ..., a_{N-1}$，與 N 個整數 $b_0, b_1, ..., b_{N-1}$。從 $a_0, ..., a_{N-1}$ 選幾個、並從 $b_0, ..., b_{N-1}$ 選幾個出來配對，但各配對 (a_i, b_j) 一定要滿足 $a_i < b_j$。請設計一個演算法，以 $O(N \log N)$ 求解最多可以作出多少個配對。(著名問題，難易度★★★☆☆)

7.2 在二維平面上紅點與藍點各有 N 個。當 x 座標與 y 座標都是紅點比較小時，就說紅點與藍點是好朋友。那麼最多可以作出幾對好朋友呢？請設計一個演算法以 $O(N \log N)$ 求解。

（出處：AtCoder Regular Contest 092 C - 2D Plane 2N Points，著名問題，難易度★★★★☆)

7.3 有 N 個工作，第 i 項工作需要 d_i 個單位時間，且工作時限為時間 t_i。不能同時執行多項任務。請設計一個演算法，以 $O(N \log N)$ 來判斷，從時間 0 開始工作後是否能夠完成所有工作。

（出處：AtCoder Beginner Contest 131 D - Megalomania，著名問題，難易度★★★☆☆)

第 **8** 章

資料結構（1）：
陣列、鏈接串列、雜湊表

　　到第 7 章為止，解說了與演算法設計技法相關的主題。從本章開始換換口味，針對為了有效實現所設計之演算法的資料結構加以解說。資料結構指的是「資料的保存方式」。在執行演算法時，效率會因資料保存方式的技巧而有很大差異。本章將解說資料結構中基本的「陣列」、「鏈接串列」、「雜湊表」。

8.1 ● 學習資料結構的意義

　　資料結構（data structure）指的是資料的保存方式。在實現演算法時，經常會以資料結構的形式來儲存所讀取的值、或計算途中求得的值，並視需要從資料結構中提取出想要的值。像這樣在資料結構中插入值並進行管理，或從資料結構中提取出想要的值等等，這類的請求就稱為**查詢**（query）。本章會思考以下 3 種類型的查詢處理被多次請求的狀況。

- 查詢類型 1：將元素 x 插入資料結構中
- 查詢類型 2：將元素 x 從資料結構中刪除
- 查詢類型 3：判斷資料結構中是否含有元素 x

　　能夠實現這些查詢處理的資料結構有很多，但是隨著資料結構的不同，計算時間會有很大的落差。藉由學習資料結構，可以改善演算法的計算複雜度，還可以理解 C++、Python 等所提供的標準函式庫的架構機制並有效加以活用。

　　本章將解說基本的資料結構：「陣列」、「鏈接串列」和「雜湊表

（hash table）」。每種資料結構都有其擅長和不擅長的查詢（**表 8.1**）。重要的是根據情況來適切選擇並使用。表 8.1 會在下一節詳細解說。

表 8.1　各種資料結構對各項查詢的計算複雜度

	陣列	鏈接串列	雜湊表
C++ 函式庫	vector	list	unordered_set
Python 函式庫	list	-	set
對第 i 個元素的存取	O(1)	O(N)	-
插入元素 x	O(1)	O(1)	O(1)
緊接在特定元素後插入元素 x	O(N)	O(1)	O(1)
刪除元素 x	O(N)	O(1)	O(1)
搜尋元素 x	O(N)	O(N)	O(1)

8.2 ● 陣列

有的資料結構對於大量數據仍能夠輕鬆存取一個一個的元素，其中最典型的就是**陣列**（array）。

陣列這種資料結構就如**圖 8.1** 所示，元素會排成一列以便能輕鬆存取各元素。若設陣列為 a，則從左邊開始第 0, 1, 2, ... 個元素可分別以 $a[0], a[1], a[2], ...$ 來表示[註 1]。圖 8.1 就是將數列 $a = (4, 3, 12, 7, 11, 1, 9, 8, 14, 6)$ 作為陣列表示的樣子。有 $a[0] = 4, a[1] = 3, a[2] = 12, ...$ 的關係成立。

圖 8.1　陣列的概念圖

以 C++ 實現使用了陣列的處理時，像程式碼 8.1 一樣使用 `std::vector` 的話會很方便（在前面的章節中已經使用過）。 在

註 1　在 C++、Python 等很多程式語言中，陣列是從第 0 個元素開始。這種注標的定法就稱為 **zero-based**。

Python 中是使用 list。請務必留意，Python 中的 list 表示的是陣列，它和第 8.3 節將解說的鏈接串列並不相同[註2]。

程式碼 8.1　陣列（std :: vector）的使用方法

```cpp
1   #include <iostream>
2   #include <vector>
3   using namespace std;
4
5   int main() {
6       vector<int> a = {4, 3, 12, 7, 11, 1, 9, 8, 14, 6};
7
8       // 輸出第 0 個元素 (4)
9       cout << a[0] << endl;
10
11      // 輸出第 2 個元素 (12)
12      cout << a[2] << endl;
13
14      // 將第 2 個元素改寫成 5
15      a[2] = 5;
16
17      // 輸出第 2 個元素 (5)
18      cout << a[2] << endl;
19  }
```

執行這個程式的結果如下。

```
4
12
5
```

在程式碼 8.1 中，有指定陣列 a 的注標 i，並輸出數據 a[i] 的值、或是改寫 a[i] 的值。可以快速進行這種「數據 a[i] 存取處理」，正是陣列的優點。具體上，對 a[i] 的存取可用 $O(1)$ 的計算複雜度實現。一般來說，直接存取數據而不用管記憶位置或寫入順序，就稱為**隨機存取**（random access）。另一方面，陣列不擅長作以下的處理。

- 緊接在元素 y 後插入元素 x（圖 **8.2**）
- 刪除元素 x（圖 **8.3**）

註 2　另外 Python 的 list 實際上是一種指標陣列，實際的數據在陣列之外。

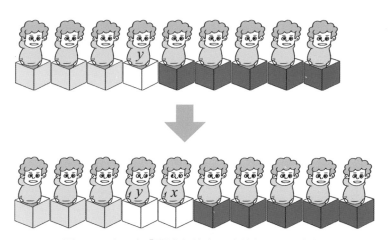

圖 8.2　陣列中「緊接在特定元素後插入」的模樣

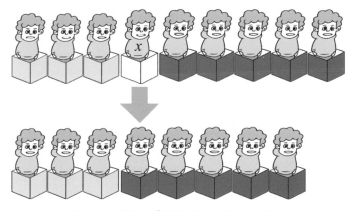

圖 8.3　陣列中「刪除特定元素」的模樣

　　設陣列的大小為 N，則這些處理最差需要 $O(N)$ 的計算複雜度。在陣列中緊接在元素 y 後插入元素 x 的操作中，首先需要確定元素 y 在陣列中的位置。這裡可以使用第 3.2 節解說的線性搜尋法，但光是這個操作最差就需要 $O(N)$ 的計算複雜度。再者，為了插入元素 x，需要將圖 8.2 所示的紅色部分向右移動[註3]。這個操作最差也需要 $O(N)$ 的計算複雜度。

　　而刪除陣列中元素 x 的操作，同樣也需要 $O(N)$ 的計算複雜度來搜

註 3　還有一種狀況是陣列的大小已經預先決定了，在這種情況下，原本就不可能將元素插入陣列中。
　　　本書單純提及陣列時，都是指長度可變的陣列。

尋元素 x ，而刪除操作本身也需要 $O(N)$ 的計算複雜度。

8.3 • 鏈接串列

插入/刪除查詢是陣列的弱項，而這方面屬強項的資料結構有**鏈接串列**（linked list）。對陣列來說很困難的插入/刪除操作都可以用 $O(1)$ 的計算複雜度執行。

鏈接串列**如圖 8.4** 所示，每個元素由稱為**指標**（pointer）的「箭號」串成一列。在這裡，構成鏈接串列的每個元素稱為一個節點。每個節點帶有指向「下一個節點是哪個」的指標。就圖 8.4 的例子來說，「佐藤」節點的下一個是「鈴木」節點，再下一個是「高橋」節點，再下一個是「伊藤」節點，再下一個是「渡邊」節點，再下一個是「山本」節點，而「山本」節點的下一個則是什麼都沒有的狀態。另外，我們提供了一個虛擬節點 nil，表示什麼都沒有。為方便起見，nil 的下一個節點是第一個節點「佐藤」。後面會講到，有了這樣的虛擬節點，在鏈接串列中插入/刪除的操作變得很簡單。為了這個目的而提供的節點，可稱為**哨兵**（sentinel）。

如圖 8.4 所示，鏈接串列可以比喻為小學朝會中熟悉的「向前看齊」。此時每個學生都應該意識到，即使他們沒有「自己在整體中是第幾個」的資訊，但只要有「前面的學生是誰」的資訊，就能夠排成一列。與陣列不同，鏈接串列並不管理「各節點在整體中是第幾個」這類的資訊。後面會講到，鏈接串列是一種適合用於插入/刪除查詢的資料結構，這是因為如果每次處理這些查詢時，都要更新「各節點在整體中是第幾個」的資訊，就會需要大量的計算時間。

圖 8.4　鏈接串列的模樣

要實現這種每個節點以指標鏈接的資料結構，有一種方法是使用**自引用結構體**（self-referencing structure），如程式碼 8.2 所示。自引用結構體是一種結構體，其成員帶有指向其自身類型的指標。將鏈接串列中的每一個節點都以自引用結構體的實例表示。

程式碼 8.2　**自引用結構體**

```
1   struct Node {
2       Node* next; //　接下來指向哪一個節點
3       string name; //　節點隨附的值
4
5       Node(string name_ = "") : next(NULL), name(name_) { }
6   };
```

8.4 ● 鏈接串列的插入操作與刪除操作

本章將思考如何在鏈接串列中插入 / 刪除元素。首先是插入操作。

8.4.1　鏈接串列的插入操作

一般情況下，「緊接在某個特定元素後插入另一個元素」的操作，可以藉由重新連接指標（箭號）來實現，如**圖 8.5** 所示。這個插入操作可用如程式碼 8.3 的方式實現。這是一個緊接在節點 p 後插入節點 v 的函數。

程式碼 8.3　**鏈接串列的插入操作**

```
1   // 緊接在節點 p 後插入節點 v
2   void insert(Node* v, Node* p) {
3       v->next = p->next;
4       p->next = v;
5   }
```

現在，讓我們使用這個插入函數來構建圖 8.4 中的鏈接串列。可以從「空鏈接串列」開始依序插入各節點，構建圖 8.4 的鏈接串列。具體上它可用如程式碼 8.4 的方式實現。首先，「空鏈接串列」一開始的狀態是只有作為哨兵的節點 nil 存在[註4]。這時候，先將 nil 的下一個

註4　在此為了容易理解演算法，所以將 nil 放在全域執行。實際上比較好的方式是，定義一個表示整個鏈接串列的結構體，並讓 nil 作為其成員變數。

圖 8.5 串列中「緊接在預定元素後插入」的模樣

節點設為 nil 本身。在程式碼 8.4 中，對這個「空鏈接串列」進行以下的插入操作

1. 在 nil 之後插入「山本（yamamoto）」節點
2. 在 nil 之後插入「渡邊（watanabe）」節點
3. 在 nil 之後插入「伊藤（ito）」節點
4. 在 nil 之後插入「高橋（takahashi）」節點
5. 在 nil 之後插入「鈴木（suzuki）」節點
6. 在 nil 之後插入「佐藤（sato）」節點

就這樣構建出圖 8.4 的鏈接串列。最後，第 24 行的函數 printList 會依序輸出鏈接串列各節點中儲存的值。從起頭的節點（哨兵節點 nil 的下一個節點）開始出發，重複以下的處理：

- 輸出附隨該節點的字串
- 前進到下一個節點

程式碼 8.4　使用插入操作構建鏈接串列

```cpp
1   #include <iostream>
2   #include <string>
3   #include <vector>
4   using namespace std;
5
6   // 表示鏈接串列各節點的結構體
7   struct Node {
8       Node* next; // 接下來指向哪一個節點
9       string name; // 節點隨附的值
10
11      Node(string name_ = "") : next(NULL), name(name_) { }
12  };
13
14  // 先在全域設表示哨兵的節點
15  Node* nil;
16
17  // 初始化
18  void init() {
19      nil = new Node();
20      nil->next = nil; // 初始狀態時令 nil 指向 nil
21  }
22
23  // 輸出鏈接串列
24  void printList() {
25      Node* cur = nil->next; // 從開頭出發
26      for (; cur != nil; cur = cur->next) {
27          cout << cur->name << " -> ";
28      }
29      cout << endl;
30  }
31
32  // 緊接在節點 p 後插入節點 v
33  // 節點 p 的預設引數先設為 nil
34  // 因此呼叫 insert(v) 的操作，代表在串列開頭的插入
35  void insert(Node* v, Node* p = nil) {
36      v->next = p->next;
```

```
37 |         p->next = v;
38 | }
39 |
40 | int main() {
41 |     // 初始化
42 |     init();
43 |
44 |     // 想製作的節點名稱一覽
45 |     // 請注意要從最後面的節點（「山本」）開始依序插入
46 |     vector<string> names = {"yamamoto",
47 |                             "watanabe",
48 |                             "ito",
49 |                             "takahashi",
50 |                             "suzuki",
51 |                             "sato"};
52 |
53 |     // 產生各節點，持續在鏈接串列的開頭插入
54 |     for (int i = 0; i < (int)names.size(); ++i) {
55 |         // 製作節點
56 |         Node* node = new Node(names[i]);
57 |
58 |         // 將作成的節點插入鏈接串列的開頭
59 |         insert(node);
60 |
61 |         // 輸出各步驟的鏈接串列模樣
62 |         cout << "step " << i << ": ";
63 |         printList();
64 |     }
65 | }
```

如此執行後，會得到符合期待的輸出結果。

```
step 0: yamamoto ->
step 1: watanabe -> yamamoto ->
step 2: ito -> watanabe -> yamamoto ->
step 3: takahashi -> ito -> watanabe -> yamamoto ->
step 4: suzuki -> takahashi -> ito->watanabe -> yamamoto ->
step 5: sato -> suzuki -> takahashi -> ito -> watanabe -> yamamoto ->
```

8.4.2 鏈接串列的刪除操作

接下來要解說鏈接串列中「刪除特定元素」的操作。「刪除」比「插入」要困難一些，需要一些技巧。如圖 **8.6** 所示，為了刪除「渡邊」節點，還需要對「渡邊」節點前的「伊藤」節點進行操作。這是因為

圖 8.6　串列中「刪除特定元素」的模樣

需要將「伊藤」節點的指標從「渡邊」節點更改為連到「山本」節點。換句話說，想要刪除一個特定節點時，必須能夠取得想刪除之節點的前一個節點。

有很多種方法可以解決這個問題，有一個簡單的方法是如圖 **8.7** 所示，使用**雙向鏈接串列**（bidirectional linked list）。雙向鏈接串列中，連接各個節點的指標是雙向的。為了實現這一點，程式碼 8.2 所示

圖 8.7　雙向鏈接串列的概念圖

的自引用結構體，要修正成程式碼 8.5 的樣子。各節點的成員變數就不只是往下一個節點的指標 *next 了，還有往前一個節點的指標 *prev。另外，非雙向的鏈接串列在特別想強調的時候就稱為**單向鏈接串列**。

程式碼 8.5　雙向的自引用結構體

```
1   struct Node {
2       Node *prev, *next;
3       string name; // 節點隨附的值
4
5       Node(string name_ = "") :
6       prev(NULL), next(NULL), name(name_) { }
7   };
```

使用修改後的自引用結構體，以程式碼 8.6 的方式實現雙向鏈接串列。讓我們一步一步來檢視。首先，必須使鏈接串列變成雙向，藉此將插入操作變成如**圖 8.8** 的樣子。這有點複雜，但可以用如程式碼 8.6 中的函數 insert 來實現。刪除操作可用如**圖 8.9** 的方式執行。這可以用程式碼 8.6 中的函數 erase 實現。使用函數 insert 和函數 erase，程式碼 8.6 具體上執行下述的處理。

1. 使用函數 insert，構建如圖 8.9 上方的雙向鏈接串列，其中包括「渡邊」節點。
2. 使用函數 erase，刪除「渡邊」節點。

程式碼 8.6　亦能進行刪除操作的雙向鏈接串列

```
1    #include <iostream>
2    #include <string>
3    #include <vector>
4    using namespace std;
5
6    // 表示鏈接串列各節點的結構體
7    struct Node {
8        Node *prev, *next;
9        string name; //  節點隨附的值
10
11       Node(string name_ = "") :
```

```
12          prev(NULL), next(NULL), name(name_) { }
13    };
14
15    // 先在全域設表示哨兵的節點
16    Node* nil;
17
18    // 初始化
19    void init() {
20        nil = new Node();
21        nil->prev = nil;
22        nil->next = nil;
23    }
24
25    // 輸出鏈接串列
26    void printList() {
27        Node* cur = nil->next; //  從開頭出發
28        for (; cur != nil; cur = cur->next) {
29            cout << cur->name << " -> ";
30        }
31        cout << endl;
32    }
33
34    // 緊接在節點 p 後插入節點 v
35    void insert(Node* v, Node* p = nil) {
36        v->next = p->next;
37        p->next->prev = v;
38        p->next = v;
39        v->prev = p;
40    }
41
42    // 刪除節點 v
43    void erase(Node *v) {
44        if (v == nil) return; // v 為哨兵時什麼都不做
45        v->prev->next = v->next;
46        v->next->prev = v->prev;
47        delete v; //  釋出記憶體
48    }
49
50    int main() {
51        // 初始化
52        init();
53
54        // 想製作的節點名稱一覽
55        // 請注意要從最後面的節點（「山本」）開始依序插入
56        vector<string> names = {"yamamoto",
57                                "watanabe",
58                                "ito",
59                                "takahashi",
```

```
60                             "suzuki",
61                             "sato"}};
62
63      // 製作鏈接串列：產生各節點，持續在鏈接串列的開頭插入
64      Node *watanabe;
65      for (int i = 0; i < (int)names.size(); ++i) {
66          // 製作節點
67          Node* node = new Node(names[i]);
68
69          // 將作成的節點插入鏈接串列的開頭
70          insert(node);
71
72          // 維持「渡邊」節點
73          if (names[i] == "watanabe") watanabe = node;
74      }
75
76      // 刪除「渡邊」節點
77      cout << "before: ";
78      printList(); // 刪除前輸出
79      erase(watanabe);
80      cout << "after: ";
81      printList(); // 刪除後輸出
82  }
```

如此執行後，會得到符合期待的輸出結果。

```
before: sato -> suzuki -> takahashi -> ito -> watanabe -> yamamoto ->
after: sato -> suzuki -> takahashi -> ito -> yamamoto ->
```

8.5 ● 陣列與鏈接串列的比較

在此總結陣列與鏈接串列的優缺點。陣列的一大優點是能夠用 $O(1)$ 的計算複雜度完成「存取第 i 個元素」的處理，而缺點是若要緊接在元素 y 之後插入元素 x、或是刪除元素 x，就需要 $O(N)$ 的計算複雜度。鏈接串列的優點是可以用 $O(1)$ 的計算複雜度來實現這些插入／刪除操作。另一方面，與陣列不同，它的缺點是在對第 i 個元素進行存取時，需要 $O(N)$ 的計算複雜度[註5]。

在實用上，有很多演算法需要經常存取第 i 個元素，所以陣列被廣泛使用。鏈接串列的使用機會可能就不是那麼多了。不過，鏈接串列

註5　要存取鏈接串列中的第 i 個元素，需要從頭開始照順序前進到 i 節點。

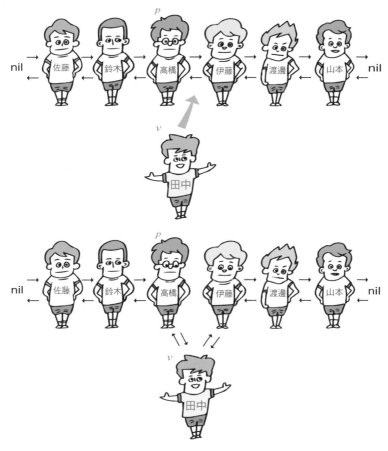

圖 8.8　雙向鏈接串列中的插入操作

在某些限定情況下可發揮非常大的功用。而且鏈接串列時常作為各種資料結構的一部分，而不是單獨使用的資料結構。**表 8.2** 總結了上述陣列和鏈接串列的特點。

　　這裡有一些關於陣列之插入操作的注意事項。就陣列而言，緊接在特定元素後的插入操作需要 $O(N)$ 的計算複雜度，但在最後面的插入則能夠用 $O(1)$ [註6] 的計算複雜度實現。如果插入後元素的順序在所設計的演算法中並沒有多大意義，那麼使用陣列的優勢大很多。在陣列 a 的末端插入元素 x 的處理，若以 C++ 的 std::vector 或 Python

---

註6　嚴格來說這是攤銷複雜度 (amortized complexity)，這裡就不做深入討論。

圖 8.9　雙向鏈接串列中的刪除操作

表 8.2　陣列與鏈接串列的比較

查詢	陣列	鏈接串列	備註
對第 i 個元素的存取	O(1)	O(N)	
在最後面插入元素 x	O(1)	O(1)	
緊接在特定元素後插入元素 x	O(N)	O(1)	就鏈接串列而言，若指定特定的節點 p，就能以 O(1) 的計算複雜度來實現緊接在 p 後的插入處理。
刪除元素 x	O(N)	O(1)	但是就鏈接串列而言，當必須搜尋特定元素 x 本身時，該搜尋會耗費 O(N) 的計算複雜度。
搜尋元素 x	O(N)	O(N)	適用第 3 章解說的線性搜尋法。

的 list（是陣列，不是鏈接串列）來寫則分別如下。

```
1   a.push_back(x); // C++
```

```
1   a.append(x) # Python
```

由表 8.2 可看出，無論使用陣列還是鏈接串列，搜尋元素 x 的處理都需要 $O(N)$ 的計算複雜度。判斷陣列 a 是否包含元素 x 的處理，若用 C++ 的 std::vector 或 Python 的 list 來寫，分別如下。

```
1   // C++
2   if (find(a.begin(), a.end(), x) != a.end()) {
3       (處理)
4   }
```

```
1   # Python
2   if x in a:
3       (處理)
```

尤其這在 Python 中是一個非常簡單的陳述，所以很容易忽略它往往需要 $O(N)$ 的計算複雜度。所以處理大型陣列時要特別小心。

根據於以上情況可知，還需要可以快速判斷是否包含特定元素 x 的資料結構。這樣的資料結構如下。

- 雜湊表：可用平均 $O(1)$ 的計算複雜度進行搜尋。
- 平衡二元搜尋樹：可用 $O(\log N)$ 的計算複雜度進行搜尋。

雜湊表將在下一節解說。雜湊表可以用平均 $O(1)$ 的計算複雜度實現對元素 x 的搜尋。此外，元素的插入和刪除也可以用 $O(1)$ 的計算複雜度實現。光是從這些性能方面來看，雜湊表好像全面超越了陣列和鏈接串列。但需要注意的是，這種資料結構並沒有與各元素間的順序有關的資訊，例如「第 i 個元素」或「下一個元素」。平衡二元搜尋樹在本書中不做詳細解說，僅在第 10.8 節概略性介紹。

8.6 ● 雜湊表

8.6.1　雜湊表的概念

為了體驗雜湊表的思維概念，我們先來個簡單的例子。設 M 為正整數，x 為 0 以上且小於 M 的整數，請思考如何高速處理以下 3 種查詢。

- 查詢類型 1：將整數值 x 插入資料結構中
- 查詢類型 2：將整數值 x 從資料結構中刪除
- 查詢類型 3：判斷資料結構中是否含有整數值 x

請注意，跟之前的「插入」、「刪除」、「搜尋」查詢相較，作為查詢對象的元素 x 縮限成只有 0 以上且小於 M 的整數值[註7]。此時，提供一個以 x 為注標的陣列 $T[x]$，並定義如下：

表現雜湊表之構想的陣列

　$T[x]$ ←表示資料結構中是否存在值 x 的值（true 或是false）。

使用這個陣列 T，就可以如**表 8.3** 所示實現各個查詢。如此一來，不管是「插入」、「刪除」、「搜尋」查詢，都可以用 $O(1)$ 的計算複雜度處理。

表 8.3　使用節子的插入、刪除、搜尋查詢處理

查詢	計算複雜度	實現
插入整數值 x	$O(1)$	$T[x]$ ← true
刪除整數值 x	$O(1)$	$T[x]$ ← false
搜尋整數值 x	$O(1)$	$T[x]$ 是否為 true

這樣的陣列也被稱為**箱子**（bucket）。藉由有效使用箱子而實現的高速演算法有箱排序（第 12.8 節）。箱子的構想很有吸引力。但如

註7　若藉由後述的構想來實現查詢處理，會需要 $O(M)$ 的記憶體容量。如果是非常普通的家用個人電腦，極限大約是 $M = 10^9 \sim 10^{10}$。

果直接這樣使用，那它適用的範圍會僅限於作為查詢對象的元素 x 是 0 以上且小於 M 的整數值的情形。將這個構想擴大並通用化的方式，就是使用**雜湊表**（hash table）。雜湊表是對於不限於整數的一般數據集合 S，令它的各個元素 x 對應到滿足 $0 \le h(x) < M$ 條件的整數 $h(x)$。此時 $h(x)$ 就稱為**雜湊函數**（hash function）[註8]。而 x 稱為雜湊表的**鍵**（key），雜湊函數的值 $h(x)$ 稱為**雜湊值**（hash value）。另外，如果不管哪個鍵 $x \in S$，雜湊值 $h(x)$ 都不一樣，那這樣的雜湊函數就稱為**完美雜湊函數**（perfect hash function）。如果能設計出一個完美雜湊函數的話，就可以藉由提供和上面相同的陣列 T，而用 $O(1)$ 的計算複雜度完成「插入」、「刪除」、「搜尋」查詢。具體來說，如圖 **8.10** 所示，將 S 的各個元素 x 對應到整數 $h(x)$，而表 8.3 就修正成**表 8.4**。藉由這種機制來處理每個查詢的資料結構，即稱為雜湊表。

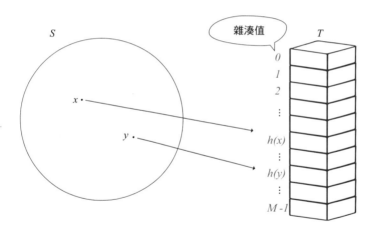

圖 8.10　雜湊表的概念

表 8.4　能設計出完美雜湊函數時，在雜湊表的插入、刪除、搜尋查詢處理

查詢	計算複雜度	實現
插入整數值 x	$O(1)$	$T[h(x)] \leftarrow$ true
刪除整數值 x	$O(1)$	$T[h(x)] \leftarrow$ false
搜尋整數值 x	$O(1)$	$T[h(x)]$ 是否為 true

註8　例如，當 S 是字串的集合時，可考慮下面的雜湊函數，其中設 a 為整數。對於字串 $x = c_1c_2 \cdots c_m$，設 $h(x) = (c_1a^{m-1} + c_2a^{m-1} + \cdots + c_ma^0) \bmod M$。此時 $h(x)$ 為 0 以上且小於 M 的整數值。這樣的雜湊函數稱為**滾動雜湊**。

8.6.2 雜湊的碰撞對策

上一節解說了能夠實現完美雜湊函數時的雜湊表。但是在實際應用中,很難設計出完美雜湊函數。因此,要針對 $x, y \in S$ 出現 $h(x) = h(y)$ 的情形採取對策。另外,不同元素有相同的雜湊值時,稱為雜湊的**碰撞**(collision),解決雜湊碰撞的方法很多種,其中一種典型的方法是為每個雜湊值構建鏈接串列,如**圖 8.11** 所示。

首先,將上一節提到的陣列 T 作下述修改。在 S 的各元素 x 中,將雜湊值 $h(x)$ 相同的元素一起建立鏈接串列,並在 $T[h(x)]$ 中儲存指向該鏈接串列開頭的指標。將元素 $x \in S$ 重新插入雜湊表時,在對應其雜湊值 $h(x)$ 的鏈接串列中插入 x,並將 $T[h(x)]$ 改寫成指向其開頭的指標。此外,從雜湊表搜尋元素 $x \in S$ 時,沿著 $T[h(x)]$ 指向的鏈接串列前進,將該鏈接串列各節點的內容與 x 作比對。

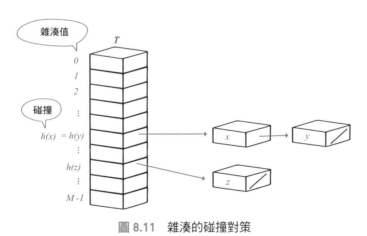

圖 8.11　雜湊的碰撞對策

8.6.3 雜湊表的計算複雜度

使用鏈接串列的雜湊表,計算複雜度有多大呢?最差情況是,已插入資料結構中的所有 N 個鍵都具有相同的雜湊值。在這種情況下,鍵的搜尋需要 $O(N)$ 的計算複雜度。但是,當雜湊函數具有足夠好的性能時,理想上若滿足「對任意鍵而言雜湊值取特定值的機率為 $\frac{1}{M}$,且任意 2 個鍵在無關它們的相似性下,雜湊值碰撞的機率為 $\frac{1}{M}$」,也就是滿足**簡單統一雜湊**(simple uniform hashing)的假設時,則存取

雜湊表每個元素的計算複雜度為平均 $O\left(1+\frac{N}{M}\right)$。其中將 $\alpha = \frac{N}{M}$ 稱為**負載率**（load factor）。負載率是表現雜湊表行為的重要參數。根據經驗可知，只要大約為 $\alpha = \frac{1}{2}$ 左右，就足以達成 $O(1)$ 的計算複雜度。

8.6.4　C++ 和 Python 中的雜湊表

　介 紹 在 C++ 和 Python 中 的 雜 湊 表。 在 C++ 中 可 使 用 std::unordered_set，在 Python 中可使用集合類型 set。將變數名都設為 a，則可用程式碼 8.7 (C++)、8.8（Python）實現「插入元素 x」、「刪除元素 x」、「搜尋元素 x」，計算複雜度各為平均 $O(1)$。

程式碼 8.7　C++ 中雜湊表的插入、刪除、搜尋查詢處理

```
1   // 元素 x 的插入
2   a.insert(x);
3
4   // 元素 x 的刪除
5   a.erase(x);
6
7   // 元素 x 的搜尋
8   if (a.count(x)) {
9       (處理)
10  }
```

程式碼 8.8　Python 中雜湊表的插入、刪除、搜尋查詢處理

```
1   # 元素 x 的插入
2   a.add(x);
3
4   # 元素 x 的刪除
5   a.remove(x);
6
7   # 元素 x 的搜尋
8   if x in a:
9       (處理)
```

　另外，在 C++ 中，使用 std::set 的方法也很強大。std::set 能夠各用 $O(\log N)$ 的計算複雜度實現「插入」、「刪除」、「搜尋」，非常快速。std::set 在很多時候可使用**紅黑樹**（red-black tree）實現，它

是**平衡二元搜尋樹**（self-balancing binary search tree）的一種。

8.6.5　關聯陣列

一般陣列 a 只能取非負整數值作為注標。不能像 a["cat"] 這樣使用字串 "cat" 作為注標。然而，對於一般的數據集合 S，可透過設計適當的雜湊函數 h，讓 S 的每個元素 x 對應於非負整數值 $h(x)$。如此一來，可以想像一個陣列 a[x]，它以 S 的各元素 x 作為注標。這種陣列就稱為**關聯陣列**（associative array）。

當採用雜湊表作為實現關聯陣列的資料結構時，對關聯陣列中每個元素的所有存取都可以用平均 $O(1)$ 的計算複雜度執行。這在 C++ 中以 std::unordered_map 實現，在 Python 中以字典類型 dict 實現。用以實現關聯陣列的資料結構並不一定要是雜湊表。C++ 的標準函式庫提供的關聯陣列之一 std::map，和 std::set 一樣，在很多時候是使用紅黑樹實現，對各元素的存取則用 $O(\log N)$ 的計算複雜度進行。

8.7 ● 總結

本章介紹了陣列、鏈接串列和雜湊表等基本的資料結構。尤其對於「插入元素」、「刪除元素」、「搜尋元素」的查詢，作了性能上的比較分析。最後，用**表 8.5** 總結各資料結構的特點。其中還包括在第 10.7 節將解說的堆積。總而言之，最重要的是根據想處理的查詢內容，來使用適當的資料結構。

表 8.5　各種資料結構對各項查詢的計算複雜度

	陣列	鏈接串列	雜湊表	平衡二元搜尋樹	堆積
在 C++ 實現	vector	list	unordered_set	set	priority_queue
在 Python 實現	list	-	set	-	heapq
對第 i 個元素的存取	O(1)	O(N)	-	-	-
取得資料結構的大小	O(1)	O(1)	O(1)	O(1)	O(1)
插入元素 x	O(1)	O(1)	O(1)	O(log N)	O(log N)
緊接在特定元素後插入元素 x	O(N)	O(1)	-	-	-
刪除元素 x	O(N)	O(1)	O(1)	O(log N)	O(log N)
搜尋元素 x	O(N)	O(N)	O(1)	O(log N)	-
取得最大值	-	-	-	O(log N)	O(1)
刪除最大值	-	-	-	O(log N)	O(log N)
取得第 k 個最小值[註9]	-	-	-	O(log N)	-

●　●　●　●　●　● **章末問題** ●　●　●　●　●　●

8.1 在鏈接串列的程式碼 8.6 中有一個函數 printList（第 26 至 32 行），它會依序輸出鏈接串列各節點所儲存的值，請估算處理它所需的計算複雜度。（難易度★☆☆☆☆）

8.2 針對大小為 N 的鏈接串列，令 get(i) 為取得從 head 開始第 i 個元素的函數。請求出下列程式碼的計算複雜度。（難易度★☆☆☆☆）

```
1    for (int i = 0; i < N;  ++i) {
2      cout << get(i) << endl;
3    }
```

8.3 請針對鏈接串列，描述如何用 O(1) 取得大小。（難易度★★☆☆☆）

註9　C++ 的 std:set 中，取得第 k 個最小值的成員函數是標準的，故不提供。

8.4 請描述如何刪除單向鏈接串列中的特定節點 v。但設定其所需要的計算複雜度可為 $O(N)$。（難易度★★☆☆☆）

8.5 給定 N 個相異的整數 $a_0, a_1, ..., a_{N-1}$，以及 M 個相異的整數 $b_0, b_1, ..., b_{M-1}$。請設計一個演算法，用平均 $O(N + M)$ 的計算複雜度，求出 a 與 b 共同的整數的個數。（難易度★★☆☆☆）

8.6 給定 N 個整數 $a_0, a_1, ..., a_{N-1}$，以及 M 個整數 $b_0, b_1, ..., b_{M-1}$。請設計一個演算法，用平均 $O(N + M)$ 的計算複雜度，求出讓 $a_i = b_j$ 的注標 i, j 有幾組。（難易度★★★☆☆）

8.7 給定 N 個整數 $a_0, a_1, ..., a_{N-1}$，與 N 個整數 $b_0, b_1, ..., b_{N-1}$。請設計一個演算法，用平均 $O(N)$ 的計算複雜度，判斷是否能從 2 組組整數列中各選 1 個整數而使總和為 K。另外，第 6.6 節對於類似的問題，示範了一種基於二元搜尋法的演算法，計算複雜度為 $O(N \log N)$。（難易度★★★☆☆）

第 **9** 章

資料結構（2）：
堆疊與佇列

　　堆疊與佇列，是表現「按照怎樣的順序來處理一個又一個派下來的任務」這種想法的資料結構。跟上一章解說的陣列、鏈接串列和雜湊表一樣，它也是一種基本的資料結構而經常被使用。堆疊與佇列可以用陣列和鏈接串列來實現。因此，比起把它們當作什麼特殊的資料結構，不如視為「使用陣列和鏈接串列結構的美妙方法之一」。本章將解說堆疊與佇列的概念及用法。

9.1 ● 堆疊與佇列的概念

　　在任務一個又一個派下來的情況下，「派下來的任務要按什麼順序處理」可說不管在電腦上還是日常生活上都是很普遍會意識到的問題。本章要學習的**堆疊**（stack）與**佇列**（queue），就是針對這種問題意識，表現一種基本典型思維的資料結構。

　　如果抽象性公式化來描述的話，堆疊與佇列都是支持以下查詢處理的資料結構之一（**圖 9.1**）。

- push(x)：將元素 x 插入資料結構中
- pop()　：從資料結構中提取一個元素
- isEmpty()：檢查資料結構是否為空

　　在這些查詢中，在 pop 時要選擇哪個元素方面，可以想到各式各樣的方法，藉由因應情況和用途思考並將這些想法反映出來，可設計出各種資料結構。其中，將堆疊和佇列在 pop 時的行為定義如**表 9.1**。

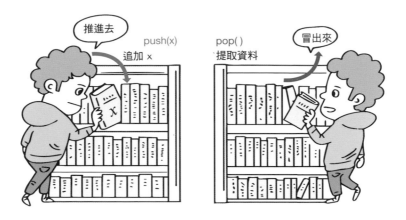

圖 9.1　堆疊與佇列的共通框架

此外，通常就佇列而言，push、pop 分別稱為 enqueue、dequeue。以下將使用這些術語。

表 9.1　堆疊與佇列的規格

資料結構	pop 規格
堆疊	提取資料結構內的元素中**最後**被 push 的元素
佇列	提取資料結構內的元素中**最初**被 push 的元素

　　堆疊可比喻為物品累積疊高的狀態，如**圖 9.2** 所示。從該狀態取出最上面那本書的動作，意味著從這些累積疊高的書中取出最後疊上去的書。這種動作稱為 **LIFO**（last-in first-out，後進先出）。堆疊的用途有 Web 瀏覽器的瀏覽歷史（上一頁的按鈕對應 pop）和文本編輯器中的 Undo 系列等。

　　佇列則像圖 9.2 那樣，可比作「拉麵店的排隊隊伍」。它的想法是從舊數據開始處理。像這樣從最初插入的元素起依序取出的動作，就稱為 **FIFO**（first-in first-out，先進先出）。佇列的用途有訂機票時的排後補、印刷機的工作排程等。

圖 9.2　堆疊與佇列的概念

9.2 ● 堆疊與佇列的動作及實現

　　本節將追蹤堆疊與佇列的動作細節，以加深理解。堆疊與佇列都可以使用陣列輕鬆實現[註1]。此外，堆疊與佇列在 C++ 標準函式庫中分別提供了 std::stack 與 std::queue。尤其是對於佇列來說，在實現時又要有效率管理記憶體是很辛苦的事，所以實作上使用 std::queue 很方便。

9.2.1　堆疊的動作和實現

　　使用陣列時堆疊的動作，會如**圖 9.3** 所示。例如有一個堆疊原本是空狀態，後來依序插入了「3, 7, 5, 4」，若對該堆疊進行 2 的 push，則會變成「3, 7, 5, 4, 2」。如果在這種狀態進行 pop，就會如圖 9.3 所示取出 2，再次變回「3, 7, 5, 4」的狀態。如果繼續 pop 就會取出 4，變成「3, 7, 5」的狀態。

　　如圖 9.3 所示，實現堆疊時如果使用變數 top 的話會很清楚明快，

註 1　也有使用鏈接串列實現堆疊與佇列的方法，這些會放在章末問題 9.1。

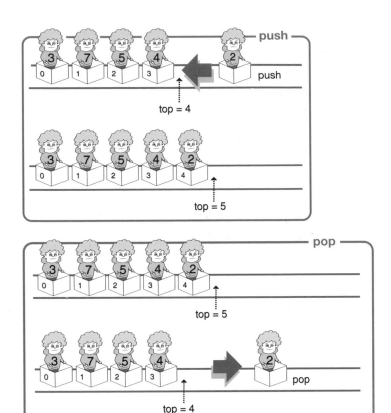

圖 9.3　堆疊的 push 與 pop 的模樣

它表示堆疊中最後插入的那個元素的注標的下一個注標（下次 push 一個新元素時儲存它的注標）。此時 top 也代表「儲存在堆疊中的元素數」。push 是在注標 top 位置插入元素並儲存，然後遞增 top，如圖 9.3 所示。pop 是遞減 top 並輸出原先 top 位置的元素[註2]。

上面的處理可以用如程式碼 9.1 的方式實現。它是以固定陣列大小的狀態實現。此外，當堆疊為空（當 top == 0 時）但又要進行 pop 時、或當堆疊已滿（當 top == MAX 時）但又要進行 push 時，就執行異常處理。

註2　遞增一個變數是指將該變數的值加 1。遞減一個變數是指將該變數的值減 1。

程式碼 9.1　堆疊的實現

```cpp
1   #include <iostream>
2   #include <vector>
3   using namespace std;
4   const int MAX = 100000; // 堆疊陣列的最大尺寸
5
6   int st[MAX]; // 表示堆疊的陣列
7   int top = 0; // 表示堆疊開頭的注標
8
9   // 將堆疊初始化
10  void init() {
11      top = 0; // 將堆疊的注標設在初始位置
12  }
13
14  // 判斷堆疊是否為空
15  bool isEmpty() {
16      return (top == 0); // 堆疊大小是否為 0
17  }
18
19  // 判斷堆疊是否已滿
20  bool isFull() {
21      return (top == MAX); // 堆疊大小是否為 MAX
22  }
23
24  // push
25  void push(int x) {
26      if (isFull()) {
27          cout << "error: stack is full." << endl;
28          return;
29      }
30      st[top] = x; // 儲存 x
31      ++top; // 使 top 前進
32  }
33
34  // pop
35  int pop() {
36      if (isEmpty()) {
37          cout << "error: stack is empty." << endl;
38          return -1;
39      }
40      --top; // 遞減 top
41      return st[top]; // 返回在 top 位置的元素
42  }
43
44  int main() {
45      init(); // 將堆疊初始化
46
47      push(3); // 在堆疊插入 3 而 {} -> {3}
```

```
48      push(5); // 在堆疊插入 5 而 {3} -> {3, 5}
49      push(7); // 在堆疊插入 7 而 {3, 5} -> {3, 5, 7}
50
51      cout << pop() << endl; // {3, 5, 7} -> {3, 5} 並輸出 7
52      cout << pop() << endl; // {3, 5} -> {3} 並輸出 5
53
54      push(9); // 重新插入 9 而 {3} -> {3, 9}
55  }
```

9.2.2 佇列的動作和實現

正如上一節中所看到的，使用堆疊陣列的實現方法是一種左側封閉的形象，或者將元素塞入出口封閉之隧道中的形象。另一方面，佇列則是「兩端開放」的形象，如**圖 9.4** 所示。例如，若有一個佇列是從空狀態依序插入「3, 7, 5, 4」後的狀態，在該佇列進行 2 的

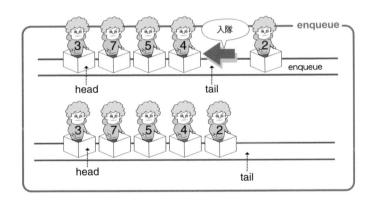

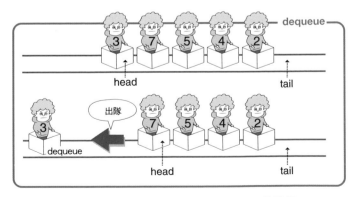

圖 9.4　佇列的 enqueue 與 dequeue 的模樣

enqueue，就會變成「3, 7, 5, 4, 2」的狀態。如果再在這個狀態進行 dequeue，就會取出 3，而變成「7, 5, 4, 2」的狀態，如圖 9.4 所示。

佇列可以使用以下兩個變數實現：

- 變數 head，表示最先插入之元素的注標
- 變數 tail，表示最後插入之元素的下一個注標

不過有一個問題。如果佇列重複進行 enqueue 與 dequeue，則不僅 tail 連 head 也會一步步往右前進，所以 head 和 tail 都會逐漸向右 移動。這樣下去的話，會變成需要很大的陣列，而且大得很沒必要。 有一種廣泛使用的方法可解決此問題，就是使用稱為**環形緩衝區**的陣 列。在大小為 N 的環形緩衝區中，注標 tail 和 head 在 $0, 1, ..., N-1$ 的範圍內變動。從 tail = N-1 的狀態遞增 tail 時，不會變成 tail = N 而是回到 tail = 0。head 亦同。透過使用這樣的機制，head 和 tail 要怎麼增加都沒問題。圖 **9.5** 顯示了 $N = 12$ 的情況。

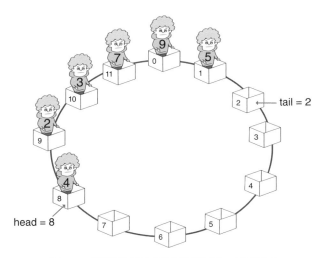

圖 9.5　實現佇列之環形緩衝區的工作機制

若使用環形緩衝區，佇列的實現可如程式碼 9.2 所示。就跟堆疊 一樣，當佇列為空（當 head == tail 時）但又要進行 dequeue 時、

或當佇列已滿（當 head == (tail + 1) % MAX 時[註3]）但又要進行
enqueue 時，就執行異常處理。

程式碼 9.2　佇列的實現

```cpp
#include <iostream>
#include <vector>
using namespace std;
const int MAX = 100000; //　佇列陣列的最大尺寸

int qu[MAX]; //　表示佇列的陣列
int tail = 0, head = 0; //　表示佇列元素區間的變數

// 將佇列初始化
void init() {
    head = tail = 0;
}

// 判斷佇列是否為空
bool isEmpty() {
    return (head == tail);
}

// 判斷佇列是否已滿
bool isFull() {
    return (head == (tail + 1) % MAX);
}

// enqueue
void enqueue(int x) {
    if (isFull()) {
        cout << "error: queue is full." << endl;
        return;
    }
    qu[tail] = x;
    ++tail;
    if (tail == MAX) tail = 0; //　來到環形緩衝區末端的話設為 0
}

// dequeue
int dequeue() {
    if (isEmpty()) {
        cout << "error: queue is empty." << endl;
        return -1;
    }
    int res = qu[head];
    ++head;
```

註3　在此將插入緩衝區的元素個數為 MAX -1 的狀態設為已滿。

```
43        if (head == MAX) head = 0; //  來到環形緩衝區末端的話設為 0
44        return res;
45    }
46
47    int main() {
48        init(); //  將佇列初始化
49
50        enqueue(3); // 在佇列插入 3 而 {} -> {3}
51        enqueue(5); // 在佇列插入 5 而 {3} -> {3, 5}
52        enqueue(7); // 在佇列插入 7 而 {3, 5} -> {3, 5, 7}
53
54        cout << dequeue() << endl; // {3, 5, 7} -> {5, 7} 並輸出 3
55        cout << dequeue() << endl; // {5, 7} -> {7} 並輸出 5
56
57        enqueue(9); // 重新插入 9 而 {7} -> {7, 9}
58    }
```

9.3 • 總結

堆疊與佇列是出現在計算機科學全領域的基本概念，並默默使用在許多場合中。堆疊與佇列的一個重要應用是圖搜尋。如同第 3 章說過的，搜尋是所有演算法的基礎，而透過將堆疊與佇列的概念應用於搜尋問題上，便能設計出像**深度優先搜尋**（depth-first search，DFS）和**廣度優先搜尋**（breadth-first search, BFS）這些重要的圖搜尋技法。這部分會在第 13 章詳細解說。

● ● ● ● ● ● ●　　章末問題　　● ● ● ● ● ● ●

9.1 請使用鏈接串列來實現堆疊與佇列。(難易度★★☆☆☆)

9.2 **逆波蘭表示法**是一種數學表達式的寫法，對於下列的式子：

$$(3 + 4) * (1 - 2)$$

它的寫法是：

$$3 \quad 4 \quad + \quad 1 \quad 2 \quad - \quad *$$

也就是把運算子放在數值後面。它的優點是不需要括號。請設

計一個演算法，接收以逆波蘭表示法記載之數學表達式的輸入，並輸出計算結果。(難易度★★★☆☆)

9.3 給定一個長度 2N 的字串 (N 是正整數)，它是由上下括號 '(' 與 ')' 構成，例如 "(()(())())(()())"。請設計一個用 O(N) 實現下述處理的演算法：判斷這個字串中括號列是否配對正確，再找出字串中第幾字與第幾字的括號是一對，共計找出 N 組成對的括號。(著名問題，難易度★★★★☆)

第 **10** 章

資料結構（3）：
圖與樹

　　圖（graph）是一種數理性表達對象物之間關聯性的方式。世界上的各式各樣問題可透過公式化為圖相關問題，而變得直觀而容易處理。此外，在圖之中，那些沒有連結成迴圈的圖就稱為樹。本章將介紹幾個使用了樹狀的資料結構且很有用的工具。

10.1 • 圖

10.1.1　圖的概念

　　圖（graph）表示對象物之間的關聯性，例如「同學之中誰與誰是認識的人」。圖通常使用「圓圈」與「線條」來繪製，如**圖 10.1** 所示。對象物用圓圈表示，對象物之間的關係就用線條表示。圓圈稱為**頂點**（vertex），線條稱為**邊**（edge）。

　　圖 10.1 顯示的是，新班級中有青木、鈴木、高橋、小林、佐藤等 5 個人，其中「青木與鈴木」、「鈴木與高橋」、「鈴木與小林」、「小林與佐藤」、「青木與佐藤」已經彼此認識了。該圖的頂點是青木、鈴木、高橋、小林、佐藤等 5 人，邊是「青木與鈴木」、「鈴木與高橋」、「鈴木與小林」、「小林與佐藤」、「青木與佐藤」等 5 條。附帶一提，圖的繪製方法並不是唯一的，如**圖 10.2** 也表示相同的圖。

　　讓我們重新以數學方式表示圖。從這裡開始，會花一些篇幅持續解說圖相關術語的定義。如果覺得無聊，可以跳到第 10.2 節，有需要時再回本節確認。

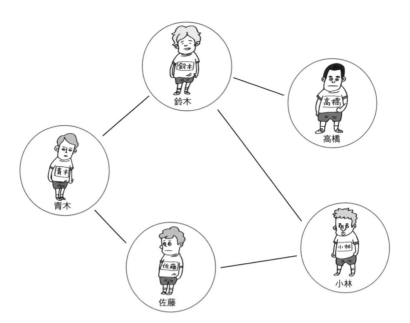

圖 10.1　圖的繪製例

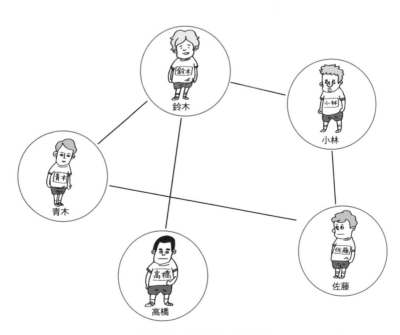

圖 10.2　圖的另一繪製例

多重邊 　　　　　　　　　自迴圈

圖 10.3　多重邊與自迴圈

將圖 G 定義為以下兩項的組合，並表示成 $G = (V, E)$。

- **頂點**（vertex）的集合 $V = \{v_1, v_2, ..., v_N\}$
- **邊**（edge）的集合 $E = \{e_1, e_2, ..., e_M\}$

將各邊 $e \in E$ 定義為 2 個頂點 $v_i, v_j \in V$ 的組合，表示為 $e = (v_i, v_j)$。在圖 10.1 的例子中，

- 頂點集合：$V = \{$ 青木 , 鈴木 , 高橋 , 小林 , 佐藤 $\}$
- 邊集合：$E = \{($ 青木 , 鈴木), (鈴木 , 高橋), (鈴木 , 小林), (小林 , 佐藤), (青木 , 佐藤)$\}$

當頂點 v_i, v_j 以邊 e 連接時，則稱 v_i 與 v_j 彼此**相鄰**（adjacent），並稱 v_i, v_j 為 e 的**端點**（end）。亦會稱邊 e **連接**（incident）v_i, v_j。還有一種圖是每邊 e 都附有權重，且該權重取實數值或整數值。這種圖特別稱為**加權圖**（weighted graph）。各邊沒有權重的圖，在想要特別強調的時候就稱為**無權重圖**。

如**圖 10.3** 所示，當多條邊在相同頂點間連接時，就稱為**多重邊**（multiedge）[註1]，兩端點在同處的邊 $e = (v, v)$ 稱為**自迴圈**（self-loop）。沒有多重邊也沒有自迴圈的圖，稱為**簡單圖**（simple graph）。在本書中除非另有指明，否則提到圖時是指簡單圖。

10.1.2　有向圖與無向圖

現在來看圖的每一邊有無「方向」的情形，如**圖 10.4** 所示。

註 1　在後述的有向圖中，包括邊的方向也一致的才稱為多重邊。

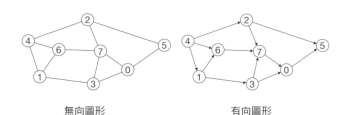

無向圖形　　　　　　　　　　有向圖形

圖 10.4　無向圖與有向圖的繪製

沒有方向的稱為**無向圖**（undirected graph），有方向的稱為**有向圖**（directed graph）。有向圖中的邊，在例如將單行道等模式化方面很有效用。繪製圖時，習慣上在無向圖中用「線條」畫邊，在有向圖中用「箭號」畫邊。

更精確地描述無向圖和有向圖的定義如下。對於圖的每一邊 $e = (v_i, v_j)$，若不考慮方向而將 (v_i, v_j) 與 (v_j, v_i) 視為相同時，則 G 為無向圖；將 (v_i, v_j) 與 (v_j, v_i) 視為不同時，G 為有向圖。

10.1.3　行走路線、迴圈、路徑

對於圖 $G = (V, E)$ 而言，若圖 $G' = (V', E')$ 是它的**子圖**（subgrpah），那就表示頂點集合 V' 是原始頂點集合 V 的子集合；邊集合 E' 為原始邊集合 E 的子集合，而任何邊 $e' \in E'$ 的兩端點必然包含在 V' 之中。換句話說，屬於原始圖的一部分而且本身也是圖的話，就稱為子圖。

下面介紹的行走路線、迴圈、路徑都是子圖的一種，而且非常重要。針對圖 G 上的 2 個頂點 $s, t \in V$，從 s 開始一路行經相鄰頂點往 t 走，到達時的路線就稱為 **s-t 行走路線**（walk）或 **s-t 路**。此時，s 稱為**起點**，t 稱為**終點**。在行走路線中，起點與終點相同的稱為**迴圈**（cycle）或**迴路**。此外，在行走路線中，那些同一頂點不會通過 2 次以上的稱為**路徑**（path）或**通道**。請注意，行走路線和迴圈可以多次通過同一個頂點[註2]。**圖 10.5** 顯示了路徑和迴圈的例子。

註2　請務必注意，行走路線（walk）、迴圈（cycle）、路徑（path）的定義因書籍而異。本書所謂的路徑（path），在別本書可能稱為簡單路線（simple walk）。反之，本書所謂的行走路線（walk），別的書可能稱為路徑（path），並同時把本書所謂的路徑稱為簡單路徑（simple path）。另外，cycle 在其他書籍也可能是一種同一頂點不會通過兩次以上的圖。再者，walk 也可能譯成**走道**或**路線**。

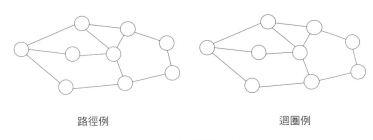

路徑例　　　　　　　　　　迴圈例

圖 10.5　路徑與迴圈之例

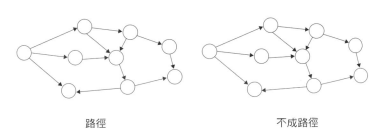

路徑　　　　　　　　　　不成路徑

圖 10.6　有向路徑之例與非有效路徑之例

　　有向圖的行走路線、迴圈和路徑所包含的每條邊的方向必須是沿著從起點到終點的方向。例如，在**圖 10.6** 中，左邊是路徑，但右邊不是。此外，如果想要強調正在考慮的是關於有向圖的行走路線、迴圈和路徑的話，可將它們分別稱為**有向行走路線、有向迴圈、有向路徑**。

　　另外，行走路線、迴圈、路徑的**長度**（length），在加權圖的情形時表示所包含之邊的權重總和，在無權重圖的情形時則表示所包含之邊的數量。第 14 章會解說**最短路線問題**，求解從圖上 1 個頂點 $s \in V$ 起往各頂點行走時長度最短的路線。

10.1.4　連通性

　　當無向圖 G 的任意 2 個頂點 $s, t \in V$ 都存在 $s\text{-}t$ 路徑時，就稱 G 為**連通**（connected）[註3]。**圖 10.7** 顯示了不連通的圖例。可知就算是不連通的無向圖 G，也可以看作是連通圖的集合。此時，將構成 G 的

註3　對於有向圖，連通性可定義為「任意 2 個頂點 $s, t \in V$ 都存在 $s\text{-}t$ 路徑與 $t\text{-}s$ 路徑」。此時特別稱為**強連通**。另外，有向圖在不區別邊的方向而當作無向圖時若連通，則也稱為**弱連通**。

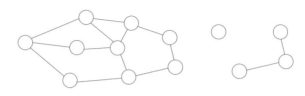

不連通之圖例
（上圖中連通成分為 3 個）

圖 10.7　不連通之圖例。此圖由 3 個連通成分構成。

各個連通圖稱為 G 的**連通成分**（connected component）。針對不一定連通的圖相關問題，在求解時可先針對連通圖求出結果，然後再將其應用到各個連通分量，這樣作多半還滿成功的。第 13.8 節解說的二部圖判定就是一個例子。

10.2 ● 使用圖的公式化實例

圖是非常強大的數理科學工具。世上的許多問題可以透過使用圖進行模式化，而改寫成圖相關問題。本節將舉幾個使用圖來將對象物公式化的例子。

10.2.1　社交網絡

在第 10.1 節中，以「班上彼此認識的人」作為圖的例子。更大規

圖 10.8　繪製社交網絡的模樣。引用自下列網站：
https://www.cise.ufl.edu/research/sparse/matrices/SNAP/ca-GrQc.html

模的例子可包括 Twitter 上的追蹤關係、Facebook 上的朋友關係等。在繪製這樣的圖時，它的形狀會傾向於在中心部緊密連結、並往尖端方向擴散出去，如圖 **10.8** 所示。很多人可能聽說過，在展開「我的朋友的朋友的朋友……」時，平均只要 6 次左右就涵蓋世界上大多數的人（小世界現象）。看看社交網絡的形狀，確認可以看到似乎可以通過網絡的中心部到達各個方向。

在社交網絡的分析中，目前視為重要問題的有檢測出社群、找出有影響力的人，以及分析網絡的資訊傳播力等。

10.2.2　交通網絡

公路網絡（以交叉點為圖的頂點）和鐵路路線圖（以車站為圖的頂點）等本身就是圖。這種類型的圖，傾向於繪製成宛如拼圖片拼接的形狀，如圖 **10.9** 所示。與社交網絡有很大的不同，每個頂點之間的平均長度往往非常長。交通網絡有一個常見的特徵就是平面性。通常，當圖 G 可以畫在平面上而且不管哪兩條邊都不交叉時，G 就稱為**平面圖**（planar graph）。在分析交通網絡時，充分利用它類似於平面圖的特性的演算法有很活躍的表現。

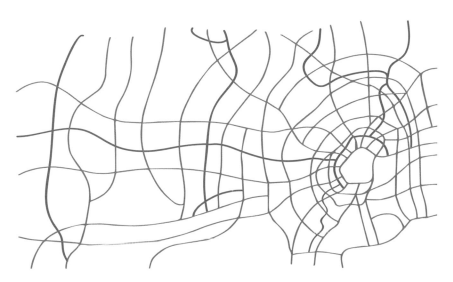

圖 10.9　繪製交通網絡的模樣

10.2.3　遊戲的局面變化

在象棋和黑白棋等遊戲的分析中，圖搜尋也發揮著重要作用。**圖 10.10** 中，以圖表示井字遊戲前幾步的可能走法（部分省略）圖中顯示了從初始盤面開始可能的局面變化。簡單的遊戲可藉由這樣的圖搜尋而分析出必勝方法。

10.2.4　工作項目的依賴關係

如**圖 10.11** 所示，「除非完成這項工作，否則無法開始那項工作」這類的工作項目依賴關係，可以用有向圖來表示。圖 $G = (V, E)$ 的

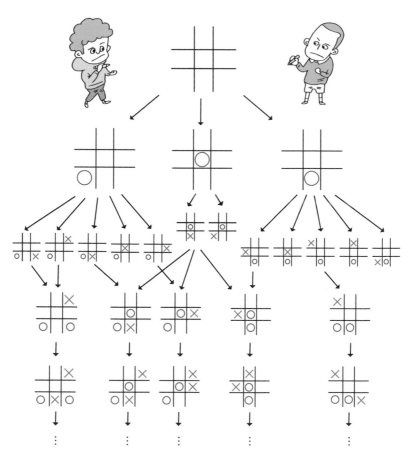

圖 10.10　表示井字遊戲局面變化的圖

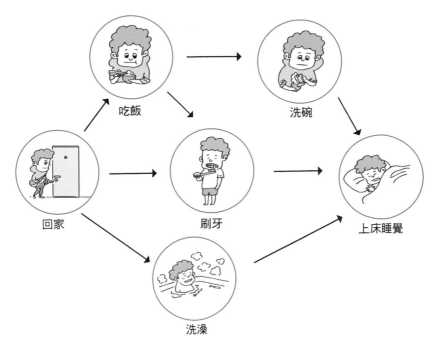

吃飯　　　　　　　　　　洗碗

回家　　　刷牙　　　　上床睡覺

洗澡

圖 10.11　表示工作項目依賴關係的圖

每一邊 $e = (u, v)$，表現「完成工作項目 u 才能開始啟動工作項目 v」的條件。就這樣，藉由將工作項目依賴關係整理成圖，便能夠確定合適的任務處理順序（詳見第 13.9 節），以及找到成為完成所有工作項目之瓶頸的關鍵路徑[註4]等。

10.3 ● 圖的實現

現在要解說的是，在計算機上處理圖時如何保存數據。在圖的資料結構中，具代表性的有以下 2 種：

- **相鄰串列表現**（adjacency-list representation）
- **相鄰矩陣表現**（adjacency-matrix representation）

註4　關鍵路徑是左右整個工作進度的作業流程。一旦關鍵路徑上的工作延遲了，整個工作進度就會延遲。

本書僅解說相鄰串列表現^{註5}。在考慮圖問題時，相鄰串列表現往往比較能設計出效率良好的演算法。

首先，為簡單起見，設圖的頂點集合為 $V = \{0, 1, ..., N-1\}$。圖的頂點集合就算很具體，例如像 $V = \{$ 青木 , 鈴木 , 高橋 , 小林 , 佐藤 $\}$ 時，仍可以藉由分別對青木、鈴木、高橋、小林、佐藤賦予 $0, 1, 2, 3, 4$ 的編號，讓頂點集合變成 $V = \{0, 1, 2, 3, 4\}$ 來處理。

而相鄰串列表現，針對每個頂點 $v \in V$ 將存在邊 $(v, v') \in E$ 的頂點 v' 列出來。這個作業不管是無向圖或有向圖都能執行，如**圖 10.12** 所示。相鄰串列表現，原本是用鏈接串列結構來管理每個頂點 v 的所有相鄰頂點，但在 C++ 中使用可變長度陣列 vector 就足夠了。具體來說，將頂點 v 的所有相鄰頂點以 vector<int> 型態來表示。所以整個圖就如程式碼 10.1 以 vector<vector<int>> 型態來表示。

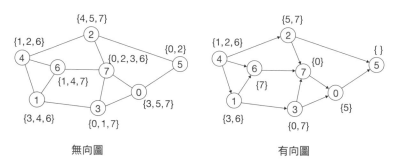

圖 **10.12** 圖之相鄰串列表現

註 5　不過第 14.7 節解說的弗洛伊德‧瓦歇爾（Floyd-Warshall）法隱含地使用了相鄰矩陣表現。

程式碼 10.1　表示圖的資料型態

```
1   using Graph = vector<vector<int>>; //  圖型態
2   Graph G; //  圖
```

此時，$G[v]$ 表示 v 之相鄰頂點的集合。就圖 10.12 的有向圖例來說，會像下面這樣：

```
G[0] = {5}
G[1] = {3,6}
G[2] = {5,7}
G[3] = {0,7}
G[4] = {1,2,6}
G[5] = {}
G[6] = {7}
G[7] = {0}
```

此外，在本書中，圖的數據輸入是假設以下述方式給定。

$N\ M$

$a_0\ b_0$

$a_1\ b_1$

$\vdots$

$a_{M-1}\ b_{M-1}$

N 表示圖的頂點數，M 表示邊數。而且第 $i(\ = 0, 1, ..., M-1)$ 個邊連接頂點 a_i 與頂點 b_i。其中在有向圖時，是表示有從 a_i 到 b_i 的邊；在無向圖時是表示有連接 a_i 與 b_i 的邊。例如，以圖 10.12 的有向圖為例，輸入數據如下。

程式碼 10.2　輸入數據

```
1   8 12
2   4 1
3   4 2
4   4 6
5   1 3
6   1 6
```

```
 7 │ 2 5
 8 │ 2 7
 9 │ 6 7
10 │ 3 0
11 │ 3 7
12 │ 7 0
13 │ 0 5
```

接收這種格式之數據的輸入並構建圖的處理，可用程式碼 10.3 的
方式實現。

程式碼 10.3　輸入圖並接收

```
1   #include <iostream>
2   #include <vector>
3   using namespace std;
4   using Graph = vector<vector<int>>;
5
6   int main() {
7       // 頂點數與邊數
8       int N, M;
9       cin >> N >> M;
10
11      // 圖
12      Graph G(N);
13      for (int i = 0; i < M; ++i) {
14          int a, b;
15          cin >> a >> b;
16          G[a].push_back(b);
17
18          // 若為無向圖則追加下行
19          // G[b].push_back(a);
20      }
21  }
```

10.4 ● 加權圖的實現

接著來看表示加權圖的資料結構。可能的實現方法有很多種，但
這裡提供一種表示「附有權重的邊」的結構體 Edge，如程式碼 10.4
所示。這種結構體 Edge 將「相鄰頂點編號」及「權重」的資訊作為
成員變數儲存起來。

在無權重圖中，各頂點 v 的相鄰串列 $G[v]$，是表示 v 的相鄰頂點

之編號的集合。在加權圖中，則令 $G[v]$ 表示與 v 連接的邊（結構體 Edge 的實例）的集合。將在第 14 節解說的最短路線問題等，使用了表示這種加權圖的資料結構。

程式碼 10.4　加權圖的實現

```
1   #include <iostream>
2   #include <vector>
3   using namespace std;
4
5   //　在此將表示權重的型別設為 long long 型
6   struct Edge {
7       int to; //　相鄰頂點編號
8       long long w; //　權重
9       Edge(int to, long long w) : to(to), w(w) {}
10  };
11
12  // 將各頂點之相鄰串列以邊集合表示
13  using Graph = vector<vector<Edge>>;
14
15  int main() {
16      // 頂點數與邊數
17      int N, M;
18      cin >> N >> M;
19
20      // 圖
21      Graph G(N);
22      for (int i = 0; i < M;  ++i) {
23          int a, b;
24          long long w;
25          cin >> a >> b >> w;
26          G[a].push_back(Edge(b, w));
27      }
28  }
```

10.5 ● 樹

接下來要解說的是樹，它是圖的一種特殊狀況。學習了樹以後，可處理的資料結構範圍會大為擴展。此外，在本書中，樹被認為是無向圖。無向圖 $G = (V, E)$ 為**樹**（tree）時，是指 G 為連通且不具有迴圈（**圖 10.13**）。

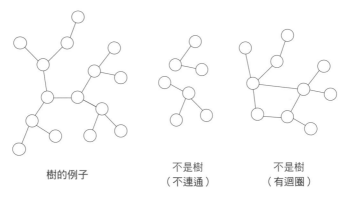

樹的例子　　　　　不是樹　　　　　不是樹
　　　　　　　　（不連通）　　　　（有迴圈）

圖 10.13　左側的圖表示樹的例子。正中間的圖因為不連通所以不是樹。而右側
　　　　　　的圖因為有迴圈所以不是樹。

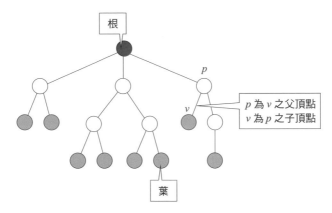

根

p

p 為 v 之父頂點
v 為 p 之子頂點

v

葉

圖 10.14　表示有根樹。紅色頂點代表根，綠色頂點代表葉。另外注意圖中的頂
　　　　　　點 p, v，其中 p 是 v 的父頂點，而 v 是 p 的子頂點。

10.5.1　有根樹

　　有的樹會特別對待一個特定的頂點，它就稱為**根**（root）。帶有根
的樹就稱為**有根樹**（rooted tree）。而沒有根的樹，則在需要強調時稱
為**無根樹**（unrooted tree）。繪製有根樹時，通常會把根畫在最上面，
如圖 **10.14** 所示。在有根樹中，除了根以外的頂點中，只有連接 1 條
邊的頂點就稱為**葉**（leaf）。就根以外的每個頂點 v 而言，在與 v 相
鄰的頂點之中，靠近根那一側的頂點 p 稱為 v 的**父頂點**（parent），
此時 v 稱為 p 的**子頂點**（child）。有同樣父頂點的頂點彼此為**兄弟**

（sibling）。根沒有父頂點，根以外的每個頂點必定具有 1 個父頂點。葉沒有子頂點，葉以外的每個頂點都至少有一個子頂點。

10.5.2　子樹及樹高

如**圖 10.15** 所示，對於有根樹的每個頂點 v，如果從 v 來看並且只關注子頂點的方向，則可看作是一棵以 v 為根的有根樹。它就稱為以 v 為根的**子樹**（subtree）。子樹所包含的頂點中，除了 v 以外都稱為 v 的**子孫**（descendant）。

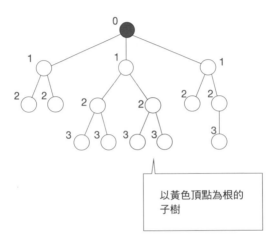

以黃色頂點為根的
子樹

圖 10.15　表示有根樹之子樹的概略圖。各頂點的藍色數值表示各頂點的深度。另外，這棵有根樹的高度為 3。

此外，當指定有根樹上的兩個頂點 u, v 時，u-v 路徑必定只有 1 個（這對無根樹也成立）。特別是，針對有根樹的每個頂點 v，連接根與 v 的路徑長度稱為頂點 v 的**深度**（depth）。為方便起見，將根的深度設為 0。有根樹每個頂點的深度的最大值稱為樹的**高度**（height）。

10.6 ● 有序樹和二元樹

現在讓我們來看看利用有根樹之形狀的資料結構。到目前為止，已經處理了鏈接串列、雜湊表、堆疊、佇列等資料結構，而藉由使用有根樹結構，可納入考量的資料結構會更多樣化。具體來說包括堆積

（第 10.7 節）、二元搜尋樹（第 10.8 節）、Union-Find（第 11 章）。

10.6.1　有序樹和二元樹

有根樹在考慮每個頂點 v 的子頂點的順序時，特稱為**有序樹**（ordered tree）。在有序樹中，兄弟之間有「兄」和「弟」的區別。表達有序樹的方式有很多種。例如，讓每個頂點 v 有下述指標及陣列的方法就經常被採用：

- 指向父頂點的指標
- 儲存指向各個子頂點的指標的可變長度陣列

還有一個常用的方法是如**圖 10.16** 所示，讓每個頂點 v 具有下述指標：

- 指向父頂點的指標
- 指向「第一個子頂點」之頂點的指標
- 指向「下一個弟弟」之頂點的指標

圖 10.16 中的 nil 與第 8.3 節之鏈接串列中使用的哨兵意義相同。

所有頂點最多都只有 k 個子頂點的有序樹，稱為 k **元樹**（k-ary tree）。k 元樹在 $k = 1$ 時，就跟第 8.3 節學到的鏈接串列一樣了。而 $k = 2$ 的樹特別稱為**二元樹**（binary tree）。在二元樹中，以左側的子頂點為根的子樹稱為**左子樹**（left subtree）；以右側的子頂點為根的子

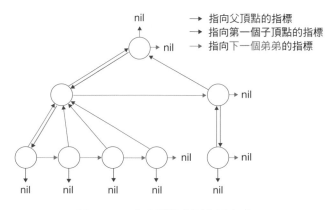

圖 10.16　有序樹的典型表示方式

樹稱為**右子樹**（right subtree）。由於二元樹的長相在分析計算複雜度時很方便，所以有各式各樣的資料結構都採用二元樹結構。使用二元樹的資料結構例包括堆積（第 10.7 節）與二元搜尋樹（第 10.8 節）。

10.6.2　強平衡二元樹

包含有根樹結構的資料結構，在很多時候都需要 $O(h)$ 的計算複雜度來處理各個查詢（h 是樹高）。因此，如何壓低樹高 h 就成了關鍵。設樹的頂點數為 N，則高度最多是 $N-1(\ = O(N))$。

在一般的二元樹中，每個頂點的邊有各式各樣的延伸方式，有的邊多次分枝又長得很深，有的邊一下子就到達葉而不再延伸。這樣的二元樹並不是很有用。但是，當每個頂點往左和往右的邊有相同的延伸方式時，就會變得非常有用。如**圖 10.17** 所示，通常當每個頂點往左和往右的邊均衡發展時，二元樹的高度就會變小。現將二元樹中性質特別好的**強平衡二元樹**（strongly balanced binary tree）定義如下頁。

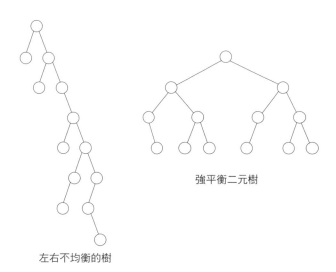

強平衡二元樹

左右不均衡的樹

圖 10.17　左側二元樹和右側二元樹的頂點數都是 13。左側二元樹各頂點的邊往左右延伸的方式不均衡，樹高變得很高。右側二元樹各頂點的邊左右均衡延伸，樹高很小。且右側二元樹為強平衡二元樹。

　　若將強平衡二元樹的頂點數設為 N，則可推導出高度為 $O(\log N)$。為簡單起見，讓我們進一步來看強平衡二元樹中的特例，就是所有葉子的深度都相等的二元樹（稱為**完全二元樹**〔complete binary tree〕）。設 h 為完全二元樹的高度，則

$$N = 1 + 2^1 + 2^2 + \cdots + 2^h = 2^{h+1} - 1$$

　　故可知 $h = O(\log N)$。對於強平衡二元樹，也可用同樣的論證方式推導出 $h = O(\log N)$。

10.7 • 使用二元樹的資料結構例（1）：堆積

　　堆積是使用二元樹之資料結構的一個例子，解說如下[註6]。堆積可在各種情況下有效使用。

10.7.1　堆積是什麼？

　　堆積是一種二元樹，如**圖 10.18** 所示，其每個頂點 v 含有被稱為**鍵**的值 key[v]（圖 10.18 各頂點所記載黑字的值），並且滿足下述條件。

註6　堆積有很多種類。本節介紹的正確來說應稱為**二元堆積**。

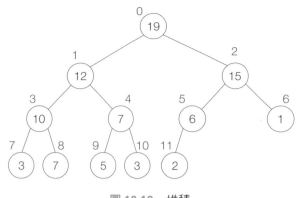

圖 10.18　堆積

　　從上面的定義來看，堆積是一種特殊的強平衡二元樹。因此，堆積可以用 $O(\log N)$ 的計算複雜度處理各種查詢。**表 10.1** 顯示了堆積能夠處理的查詢。

表 10.1　堆積的查詢處理

查詢	計算複雜度	備註
插入值 x	$O(\log N)$	令其插入後仍滿足堆積的條件
取得最大值	$O(1)$	只要取得根的值即可
刪除最大值	$O(\log N)$	從堆積刪除根後，還要重整堆積的形狀

　　另外，跟雜湊表或平衡二元搜尋樹不同，堆積不適合作「搜尋以 x 為鍵的元素」的查詢。當然也可以藉由搜尋堆積中所有頂點來回應搜尋查詢，但這需要 $O(N)$ 的計算複雜度[註7]。

10.7.2　堆積的實現方法

　　由於堆是一種形狀特殊的二元樹，所以可以使用陣列來實現。**圖 10.19** 展示了將堆積表示成陣列的概念。

　　使堆積的根對應陣列的第 0 個位置，堆積深度 1 的頂點對應到陣列第 1 及第 2 個位置，堆積深度 2 的頂點對應到陣列第 3、第 4、第 5、第 6 個位置，以此類推，使堆積深度 d 的各個頂點對應到陣列的

註7　如果同時需要「取得最大值」和「搜尋值」，則可藉由使用平衡二元搜尋樹來解決。

第 2^d-1, ..., $2^{d+1}-2$ 個位置。此時，以下關係成立。

- 陣列中注標為 k 的頂點，其左右的子頂點在陣列中的注標分別為 $2k+1$, $2k+2$
- 陣列中注標為 k 之頂點的父頂點，在陣列中的注標為 $\lfloor \frac{k-1}{2} \rfloor$

例如注標為 2 的頂點，其子頂點的注標為 2×2+1=5 和 2×2+2=6，注標為 8 的頂點，其父頂點的注標為 $\lfloor \frac{8-1}{2} \rfloor = 3$。另外，從現在開始，堆積之各頂點 v 在陣列中的對應注標為 k 時，也會將頂點 v 稱為頂點 k。

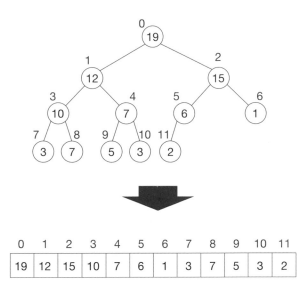

圖 **10.19** 使用堆積陣列的實現方法

10.7.3 堆積的查詢處理

現在讓我們仔細看看堆積的查詢處理。首先思考如何將值 17 插入堆積中，如**圖 10.20** 左側所示。首先，在堆積的最末端插入以 17 為鍵的頂點（步驟 1）。此時，值 17 會儲存在陣列中注標為 12 的頂點處。但是，頂點 12 的鍵值大於其父頂點的頂點 5（鍵值為 6）。因此，將頂點 5 和 12 的鍵值交換，以解除倒反關係（步驟 2）。如此一來，頂點 5 的鍵值變成大於等於頂點 12 的鍵值，父子關係順暢。但這次

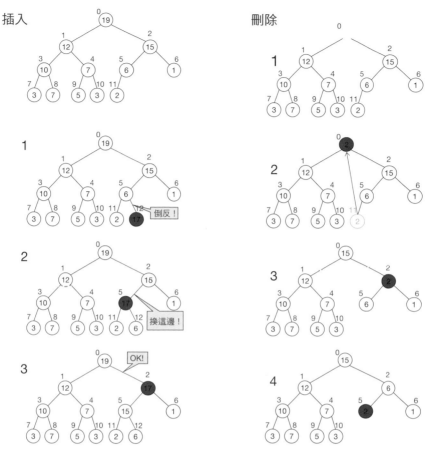

圖 10.20　堆積的「插入」與「刪除」查詢處理

換成頂點 5 與父頂點 2 之間的父子關係崩壞。因此，跟之前一樣，將頂點 5 與頂點 2 的鍵值交換（步驟 3）。重複上述操作，直到「以 17 為鍵值的頂點與它的父頂點之間滿足堆積條件」。在這個案例中，在步驟 3 的階段，頂點 2 與父頂點 0 之間滿足堆積條件，因此處理到此結束。

　　綜上所述，在堆積中插入新的值時，首先要在最末端插入以該值為鍵的頂點，並且只要該頂點與父頂點之間未滿足堆積條件，就持續向上交換鍵值。就算是最差的情況，也會在所插入的鍵值到達根時，演算法結束。由於堆積的高度是 $O(\log N)$，所以計算複雜度是

$O(\log N)$。

接下來，思考如何從堆積中刪除最大值。首先將根移除，如圖 10.20 右側所示（步驟 1）。但是這樣會導致堆積垮掉，所以暫且將最末端的頂點提升到根的位置（步驟 2）。此時通常未滿足堆積條件，故進行調整。首先，針對經提升之根頂點的左右子頂點，查看鍵值較大者，如果它的鍵值大於根頂點的鍵值，那就將這兩個頂點的鍵值交換（步驟 3）。之後，跟「插入」操作一樣，持續向下交換鍵值，直到滿足堆積條件為止。就算是最差的情況，也會在交換的鍵值到達葉子時，處理就結束了。因此計算複雜度是 $O(\log N)$。

10.7.4　堆積的實現例

上述堆積的功能，可用如程式碼 10.5 的方式實現。但是在 C++ 中，實現堆積功能的函式庫有 std::priority_queue，故如果沒有特別想追加實現的功能，那使用它就很方便了。

程式碼 10.5　堆積的實現

```
1   #include <iostream>
2   #include <vector>
3   using namespace std;
4
5   struct Heap {
6       vector<int> heap;
7       Heap() {}
8
9       // 在堆積插入值 x
10      void push(int x) {
11          heap.push_back(x); // 在最後插入
12          int i = (int)heap.size() - 1; // 經插入之頂點編號
13          while (i > 0) {
14              int p = (i - 1) / 2; // 父頂點之頂點編號
15              if (heap[p] >= x) break; // 沒有倒反的話就結束
16              heap[i] = heap[p]; // 將自己的值設為父頂點的值
17              i = p; // 將自己往上移
18          }
19          heap[i] = x; // x 最後放在這個位置
20      }
21
22      // 得知最大值
23      int top() {
24          if (!heap.empty()) return heap[0];
```

```
25          else return -1;
26      }
27
28      // 刪除最大值
29      void pop() {
30          if (heap.empty()) return;
31          int x = heap.back(); //  頂點儲存的值
32          heap.pop_back();
33          int i = 0; //  從根從下降
34          while (i * 2 + 1 < (int)heap.size()) {
35              // 子頂點彼此相較，將較大的設為 child1
36              int child1 = i * 2 + 1, child2 = i * 2 + 2;
37              if (child2 < (int)heap.size()
38                  && heap[child2] > heap[child1]) {
39                  child1 = child2;
40              }
41              if (heap[child1] <= x) break; // 沒有倒反的話就結束
42              heap[i] = heap[child1]; // 將自己的值設為子頂點的值
43              i = child1; //  將自己往下移
44          }
45          heap[i] = x; // x 最後放在這個位置
46      }
47  };
48
49  int main() {
50      Heap h;
51      h.push(5); h.push(3); h.push(7); h.push(1);
52
53      cout << h.top() << endl; // 7
54      h.pop();
55      cout << h.top() << endl; // 5
56
57      h.push(11);
58      cout << h.top() << endl; // 11
59  }
```

10.7.5 以 $O(N)$ 時間構建堆積（*）

最後補充解說，堆積的構建可以用 $O(N)$ 的計算複雜度完成。具體而言，當給定 N 個元素 $a_0, a_1, ..., a_{N-1}$ 時，構建一個儲存這些元素的堆積，可用 $O(N)$ 的計算複雜度實現。在此請注意，將 N 個元素依序插入堆積中的方法，需要 $O(N \log N)$ 的計算複雜度。以 $O(N)$ 構建堆積的具體方式，請參閱第 12.6 節解說的堆積排序。

10.8 • 使用二元樹的資料結構例（2）：二元搜尋樹

二元搜尋樹（binary search tree）跟第 8 章解說的陣列、鏈接串列、雜湊表一樣，都是能夠處理下列查詢的資料結構。

- 查詢類型 1：將元素 x 插入資料結構中
- 查詢類型 2：將元素 x 從資料結構中刪除
- 查詢類型 3：判斷資料結構中是否含有元素 x

二元搜尋樹如**圖 10.21** 所示，是一種各頂點 v 具有稱為**鍵**的值 key[v]（藍字的值）的二元樹，並且滿足下述條件。

二元搜尋樹的條件

針對任意頂點 v，對於 v 的左子樹包含的所有頂點 v'，key[v] ≥ key[v'] 都成立；對於 v 的右子樹包含的所有頂點 v'，key[v] ≤ key[v'] 都成立。

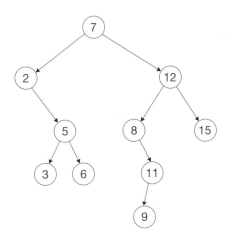

圖 **10.21** 二元搜尋樹

有關如何使用二元搜尋樹來實現「插入」、「刪除」、「搜尋」的查詢處理，請參閱參考書目 [5]、[6]、[9] 等。任何查詢的處理都是從有根樹的根開始搜尋，最差情況下一路前進到葉為止，因此需要相應於樹高的計算複雜度。

除非花費心思特別設計，否則二元搜尋樹對於各個查詢都需要 $O(N)$ 的計算複雜度。想到雜湊表能夠以平均 $O(1)$ 的計算複雜度來處理這些查詢，就覺得效率比起來非常差。不過，設法使二元搜尋樹保持均衡的**平衡二元搜尋樹**（self-balancing binary search tree），能夠將這些計算複雜度都改善到 $O(\log N)$。不僅如此，堆積的功能之一，「取得最大值」的處理也能夠以 $O(\log N)$ 實現（表 8.5）。就這樣，平衡二元搜尋樹是一種給人萬能感的資料結構，但是由於計算複雜度的大 O 表示法中省略的常數部分很大，所以在堆積就很夠用的情況下使用堆積會很方便。此外，平衡二元搜尋樹的實現方法已知有許多方法，包括紅黑樹、AVL 樹、B 樹、伸展樹、treap 等。C++ 的 `std::set` 或 `set::map` 在多數情況下由紅黑樹實現。如果您對紅黑樹感興趣，請參閱參考書目 [9] 中的「雙色樹」一章。

10.9 • 總結

本章介紹了圖。圖是一種強大的數理科學工具，可以表示對象物之間的關聯性。世界上的各式各樣問題可透過公式化為圖相關問題，而直觀且容易處理。這部分會在第 13 ～ 16 章中詳細解說。

本章也介紹了一種特殊的圖——樹。在第 10.6 節解說的有序樹，可看作是第 8.3 節所解說之鏈接串列的結構變得更為豐富後的樣子。利用如此豐富的結構，可以設計出堆積、二元搜尋樹等多樣化的資料結構。

第 11 章將解說 Union-Find，它是一種使用了有根樹的資料結構。Union-Find 是一種可以高效管理分組的資料結構。

● ● ● ● ● ●　章末問題　● ● ● ● ● ●

10.1 針對頂點數為 N 的二元樹，請舉出高度為 $N-1$ 的例子。（難易度★☆☆☆☆）

10.2 在空堆積中依序插入 3 個整數 5, 6, 1 而獲得堆積，請顯示該堆積以陣列表示時的模樣。（難易度★☆☆☆☆）

10.3 在空堆積中依序插入 7 個整數 5, 6, 1, 2, 7, 3, 4 而獲得堆積，請顯示該堆積以陣列表示時的模樣。（難易度★☆☆☆☆）

10.4 請證明強平衡二元樹的高度為 $h = O(\log N)$。（難易度★★☆☆☆）

10.5 請證明頂點數為 N 的樹，邊數為 $N-1$。（難易度★★★☆☆）

第 11 章
資料結構（4）： Union-Find

　　本章解說的 Union-Find 是一種高效管理分組的資料結構，它使用了有根樹結構。入門書並不常介紹它，但這種資料結構其實使用範圍意外地廣泛。例如，第 13 章處理的圖問題有很多也可以用 Union-Find 解決。而第 15.1 節解說的克魯斯卡法也有效地利用了 Union-Find。

11.1 • Union-Find 是什麼？

　　Union-Find 是一種管理分組的資料結構，它能快速處理以下查詢。其中假設要處理 N 個元素 $0, 1, ..., N-1$，且初始狀態是它們全都分屬不同組別。

- issame(x, y)：檢查元素 x, y 是否屬同一組
- unite(x, y)：合併包含元素 x 之組和包含元素 y 之組（**圖 11.1**）

11.2 • Union-Find 的工作原理

　　Union-Find 可藉由將各組構成有根樹來實現，如**圖 11.2** 所示。跟堆積或二元搜尋樹不一樣的是，它不必是二元樹。現在讓我們來思考如何實現 Union-Find 的各個查詢處理。首先，準備以下函數 root(x)。

Union-Find 的 root 函數

root(x):　返回包含元素 x 之組（有根樹）的根

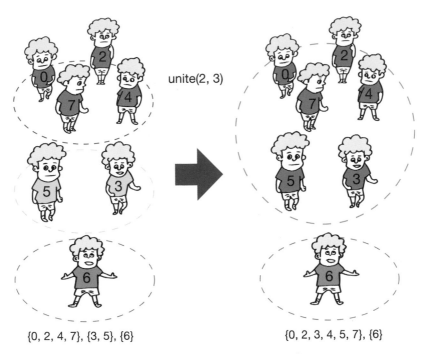

unite(2, 3)

{0, 2, 4, 7}, {3, 5}, {6} {0, 2, 3, 4, 5, 7}, {6}

圖 11.1 利用 Union-Find 的合併處理

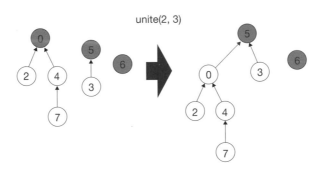

unite(2, 3)

圖 11.2 Union-Find 中表現各組的有根樹及其合併的模樣。呼叫 unite(2, 3) 時，
會先找出包含頂點 2 之有根樹的根、與包含頂點 3 之有根樹的根。結
果分別為頂點 0、5。接著令頂點 0 為頂點 5 的子頂點，將頂點 0、5
連起來。就這樣合併了 2 棵有根樹，形成 1 棵大的有根樹。而且新有
根樹的根是頂點 5。

之後會示範如何具體實現 root(x)，但粗略來說，就是「從頂點 x 往父頂點一路前進，到達根時將它返回」。因此，root(x) 的計算複雜度為 $O(h)$（h 是有根樹的高度）。

使用這個 root 函數，可以實現 Union-Find 的各種查詢處理，如**表 11.1** 所示。由於都使用 root 函數，所以計算複雜度是 $O(h)$。

表 11.1　Union-Find 的查詢處理

查詢	實現方法
issame(x, y)	判斷 root(x) 與 root(y) 是否相同。
unite(x, y)	設 r_x = root(x)，r_y = root(y)，以令頂點 r_x 為頂點 r_y 之子頂點的方式相連（圖 11.2）

11.3 ● 巧妙減少 Union-Find 的計算複雜度

正如上一節中所示，Union-Find 查詢處理的核心處理是為每個頂點 x 求解 root(x)。各查詢處理所需的計算複雜度是 $O(h)$，其中 h 是各個有根樹的高度。在沒有特別花心思設計時，h 最大可以是 $N-1$，所以計算複雜度是 $O(N)$。這樣的話很沒有效率。但其實透過以下兩個特殊設計，就會變得非常快速。

● union by size （或 union by rank）
● 路徑壓縮

具體而言，設阿克曼函數的反函數（在此不詳述）為 $\alpha(N)$，各個查詢處理所需（平均）計算複雜度為 $O(\alpha(N))$。已知 $N \leq 10^{80}$ 時 $\alpha(N) \leq 4$ 成立，故實際上可視為 $O(1)$。另外如後所述，即使僅執行 union by size，計算複雜度也是 $O(\log N)$。還有即使只執行路徑壓縮，計算複雜度也大約為 $O(\log N)$ [註1]。

註 1　精確來說，進行 q 次合併處理所需要的計算複雜度為 $O(q \log_{2+\frac{q}{N}} N)$。

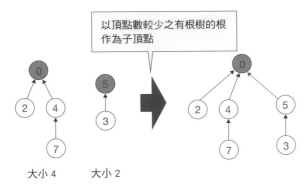

以頂點數較少之有根樹的根作為子頂點

大小 4　　大小 2

圖 11.3　合併 Union-Find 之組時，以大小較小之組的根為子頂點

11.4 ● Union-Find 的特殊設計之一：union by size

首先解說實現較簡單且通用性高的 **union by size**[註2]。

11.4.1　union by size 是什麼？

前面提到的查詢 unite(x, y) 的實現方法中，設 $r_x = \text{root}(x)$，$r_y = \text{root}(y)$，並令頂點 r_x 為頂點 r_y 之子頂點。不過請注意，也可以反過來令頂點 r_y 為頂點 r_x 之子頂點。然後如**圖 11.3** 所示，令頂點數較少的有根樹的根成為子頂點而相連。在 Union-Find 中，像這樣「將頂點數（大小）較小的有根樹併入較大的有根樹」的概念就稱為 union by size。事實上，光憑這個設計，就能讓 Union-Find 中每棵有根樹的高度壓低到 $O(\log N)$。讓我們在下一節證明。

11.4.2　執行 union by size 時的計算複雜度分析

Union-Find 的初始狀態，是設定 N 個頂點 0, 1, ..., $N-1$ 各別分屬不同組的狀態。現在要證明從初始狀態開始，依循 union by size 的概念進行合併處理，直到 N 個頂點全都合併後，所生成的有根樹高度會是 $\log N$ 以下[註3]。具體上是證明，針對 Union-Find 中的任意頂點 x，

註2　另外還有一種可以產生類似效果的設計是稱為 union by rank 的方法。在參考書目 [5]、[6]、[9] 等，是用 union by rank 來解說。本書則是用 union by size 解說，它不限於 Union-Find，能泛活用在各種情況中，是一種通用性很高的方法。

註3　實際上在使用 Union-Find 時，並不一定要合併所有的 N 個元素，只是如果能證明合併所有 N 個元素所生成之有根樹高為 $\log N$ 以下的話，就能估算 Union-Find 各查詢處理的計算複雜度為 $O(\log N)$。

最後有根樹的深度會是 log N 以下。

那麼請仔細觀察，在 Union-Find 合併過程的各步驟中，包含頂點 x 之有根樹的頂點數（初始狀態時為 1）與頂點 x 之深度（初始狀態時為 0）有什麼樣的變化。在某個階段，包含頂點 x 的有根樹（設頂點數為 s）依據 union by size 概念而與其他有根樹（設頂點數為 s'）合併後，會有以下兩種可能狀況。

- s ≤ s' 時，包含頂點 x 之有根樹的根變成子頂點而進行合併，所以 x 的深度只增加 1。請注意，此時合併後的有根樹頂點數為 s + s'，並滿足 s + s' ≥ 2s。
- s > s' 時，包含頂點 x 之有根樹的根在合併後仍為根，所以 x 的深度沒有改變。

綜上所述，可以說「當頂點 x 的深度增加 1 時，包含頂點 x 之有根樹的頂點數會變成 2 倍以上」。因此，到形成最後的有根樹為止，頂點 x 的深度增加次數（＝在最後的有根樹中頂點 x 的深度）若設為 $d(x)$，則最後有根樹的頂點數至少為 $2^{d(x)}$ 以上。另一方面，由於最後有根樹的頂點數為 N，所以：

$$N \geq 2^{d(x)} \quad \Leftrightarrow \quad d(x) \leq \log N$$

以上已證明，在 Union-Find 中依循 union by size 的概念進行合併處理，所得有根樹的高度為 log N 以下。

本節解說的 union by size 的構想，是「將較小的資料結構合併到較大的資料結構中」，但這種方式不僅限於用在加速 Union-Find，在合併資料結構時也是常用的技巧。這點請謹記在心。

11.5 • Union-Find 的特殊設計之二：路徑壓縮

已知光是利用 union by size 的設計，就能讓 Union-Find 各查詢的計算複雜度變成 $O(\log N)$ [註4]。在此進一步導入稱為**路徑壓縮**的技巧，

註4　也可能有寧願不要執行路徑壓縮的情況，例如在 Union-Find 上執行動態規畫法時等。就算是這種情況，僅執行 union by size 就能讓計算複雜度變成 $O(\log N)$，這個事實很重要。

能夠（平均）計算複雜度改善到 $O(\alpha(N))$。計算複雜度變成 $O(\alpha(N))$ 的分析在此不贅述，有興趣可參閱參考書目 [9] 中「用於互斥集的資料結構」一章。

此外，union by size 是有關合併查詢 unite(x, y) 的設計；而路徑壓縮是有關求解根之函數 root(x) 的設計。首先讓我們想想，在沒有特別作路徑壓縮等措施的情況下，該如何實現函數 root(x)。設各頂點 x 的父頂點為 par[x]。x 為根時，設 par[x] $= -1$。此時，root(x) 可作為如程式碼 11.1 的遞迴函數而實現。它是一個遞迴函數，從頂點 x 出發不斷往上前進，並在到達根時返回其編號。

程式碼 11.1　在路徑壓縮未特別設計的情況下求根

```
1   int root(int x) {
2       if (par[x] == -1) return x; // 若 x 為根，則直接返回 x
3       else return root(par[x]); // 若 x 不為根，則遞迴式往父頂點前進
4   }
```

接下來對 root(x) 導入利用路徑壓縮的設計。路徑壓縮如**圖 11.4** 所示，它的操作是「在從 x 往上前進到達根為止的路徑中的頂點，其父頂點都改換成根」。感覺好像處理起來很複雜，但是可以簡潔地實現，如程式碼 11.2 所示。與程式碼 11.1 不同的地方是在 par[x] 儲存函數 root(x) 的返回值。程式碼 11.1 和程式碼 11.2 有一個共同點，就

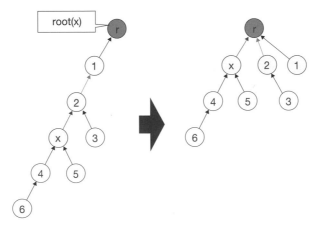

圖 11.4　呼叫 root(x) 時 Union-Find 的路徑壓縮模樣

是都從頂點 x 開始沿著父頂點前進而最後返回根（設為 r）。透過進行路徑壓縮，根 r 被儲存在 par[x] 中。同樣地，在從 x 往上前進到達根為止的路徑中的各頂點 v，也都在 par[v] 儲存根 r。由上可知，程式碼 11.2 實現了「在從 x 往上前進到達根為止的路徑中的各頂點，其父頂點都改換成根」的操作。

程式碼 11.2　在路徑壓縮經特別設計的情況下求根

```
1   int root(int x) {
2       if (par[x] == -1) return x; // 若 x 為根，則直接返回 x
3       else return par[x] = root(par[x]); // 將 x 的父頂點 par[x] 設定為根
4   }
```

11.6 • Union-Find 的實現

根據到目前為止的討論，Union-Find 可用如程式碼 11.3 的方式實現。Union-Find 是作為結構體而實現。結構體的成員變數包括下列變數：

- par：表示各頂點的父頂點編號。如果本身就是根則設為 -1
- siz：表示各頂點所屬有根樹的頂點數

程式碼 11.3　Union-Find 整體的實現

```
1   #include <iostream>
2   #include <vector>
3   using namespace std;
4
5   // Union-Find
6   struct UnionFind {
7       vector<int> par, siz;
8
9       // 初始化
10      UnionFind(int n) : par(n, -1) , siz(n, 1) { }
11
12      // 求根
13      int root(int x) {
14          if (par[x] == -1) return x; // x 為根時返回 x
15          else return par[x] = root(par[x]);
16      }
17
18      // x 與 y 是否屬於同一組 （根是否一致）
```

```
19    bool issame(int x, int y) {
20        return root(x) == root(y);
21    }
22
23    // 將包含 x 之組與包含 y 之組合併
24    bool unite(int x, int y) {
25        // x, y 各自移動到根為止
26        x = root(x); y = root(y);
27
28        // 全都是同一組時什麼都不做
29        if (x == y) return false;
30
31        // union by size （令 y 側的大小較小）
32        if (siz[x] < siz[y]) swap(x, y);
33
34        // 令 y 為 x 的子頂點
35        par[y] = x;
36        siz[x] += siz[y];
37        return true;
38    }
39
40    // 包含 x 之組的大小
41    int size(int x) {
42        return siz[root(x)];
43    }
44  };
45
46  int main() {
47      UnionFind uf(7); // {0}, {1}, {2}, {3}, {4}, {5}, {6}
48
49      uf.unite(1, 2); // {0}, {1, 2}, {3}, {4}, {5}, {6}
50      uf.unite(2, 3); // {0}, {1, 2, 3}, {4}, {5}, {6}
51      uf.unite(5, 6); // {0}, {1, 2, 3}, {4}, {5, 6}
52      cout << uf.issame(1, 3) << endl; // true
53      cout << uf.issame(2, 5) << endl; // false
54
55      uf.unite(1, 6); // {0}, {1, 2, 3, 5, 6}, {4}
56      cout << uf.issame(2, 5) << endl; // true
57  }
```

11.7 ● Union-Find 的應用：圖中連通成分的個數

讓我們來思考 Union-Find 的一個應用例，即計算如**圖 11.5** 之無向圖中連通成分個數的問題。其實這個問題，也可以用第 13 章學到的深度優先搜尋和廣度優先搜尋的方法有效解決。

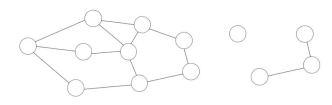

連通成分的個數 = 3

圖 11.5　求解無向圖之連通成分個數的問題

本節藉由使用 Union-Find，將連通成分進行分組處理來解決此問題。實現方式如程式碼 11.4 所示。首先對每一邊 $e = (u, v)$ 重複進行 unite(u, v)（第 50 行）。如此一來，可歸約為求解 Union-Find 所含之有根樹個數的問題。而這可以藉由計算 Union-Find 中「成為有根樹的根的頂點」數量來解決。具體上是計算滿足 root(x) == x 的 x 有多少個（第 56 行）。計算複雜度為 $O(|E| \alpha (|V|))$。

程式碼 11.4　使用 Union-Find 求解連通成分的個數

```
1   #include <iostream>
2   #include <vector>
3   using namespace std;
4
5   // Union-Find
6   struct UnionFind {
7       vector<int> par, siz;
8
9       UnionFind(int n) : par(n, -1) , siz(n, 1) { }
10
11      // 求根
12      int root(int x) {
13          if (par[x] == -1) return x;
14          else return par[x] = root(par[x]);
15      }
16
17      // x 與 y 是否屬於同一組 （根是否一致）
18      bool issame(int x, int y) {
19          return root(x) == root(y);
20      }
21
22      // 將包含 x 之組與包含 y 之組合併
23      bool unite(int x, int y) {
```

```
24          x = root(x); y = root(y);
25          if (x == y) return false;
26          if (siz[x] < siz[y]) swap(x, y);
27          par[y] = x;
28          siz[x] += siz[y];
29          return true;
30      }
31
32      // 包含 x 之組的大小
33      int size(int x) {
34          return siz[root(x)];
35      }
36  };
37
38  int main() {
39      // 頂點數與邊數
40      int N, M;
41      cin >> N >> M;
42
43      // 將 Union-Find 以元素數 N 初始化
44      UnionFind uf(N);
45
46      // 對各邊的處理
47      for (int i = 0; i < M; ++i) {
48          int a, b;
49          cin >> a >> b;
50          uf.unite(a, b); // 將包含 a 之組與包含 b 之組合併
51      }
52
53      // 總計
54      int res = 0;
55      for (int x = 0; x < N; ++x) {
56          if (uf.root(x) == x) ++res;
57      }
58      cout << res << endl;
59  }
```

11.8 ● 總結

　　Union-Find 是一種有效管理分組的資料結構。實現方法簡單但深奧,可以追加本書沒有介紹的各種功能,建立功能豐富的資料結構。它的應用範圍很廣,很多圖問題也可以用 Union-Find 來解決。另外在第 15.1 節中,Union-Find 被有效利用在加速克魯斯卡法。

11.1 給定一個連通的無向圖 $G = (V, E)$。在圖 G 中，如果有「拿掉這個邊的話圖就變得不連通」的情形，那這種邊就稱為**橋**（bridge）。請設計一個計算複雜度 $O(|V| + |E|^2 \alpha(|V|))$ 的演算法，找出所有的橋。[註5]（出處：AtCoder Beginner Contest 075 C - Bridge，難易度★★☆☆☆）

11.2 給定一個連通的無向圖 $G = (V, E)$。現在照順序破壞 $|E|$ 個邊。針對每個 $i(= 0, 1, ..., |E| - 1)$，在第 i 個邊已破壞的階段，求解圖 G 還有多少個連通成分。但請以整體 $O(|V| + |E| \alpha(|V|))$ 的計算複雜度實現。（出處：AtCoder Beginner Contest 120 D - Decayed Bridges，難易度★★★☆☆）

11.3 有 N 個城市 $(0, 1, ..., N - 1)$，且城市間有 K 條公路與 L 條鐵路延伸。設每條公路和每條鐵路都能雙向移動。在這個情況下，針對各個城市 $i(= 0, 1, ..., N - 1)$，請求出從城市 i 出發，僅用公路即可到達、且亦為僅用鐵路即可到達的城市有多少個。但請以整體 $O(N \log N + (K + L) \alpha(N))$ 的計算複雜度實現。（出處：AtCoder Beginner Contest 049 D - 連結，難易度★★★☆☆）

11.4 給定 M 組整數 (l_i, r_i, d_i) $(i = 0, 1, ..., M - 1, 0 \le l_i, r_i \le N - 1)$。請判斷是否存在滿足 $x_{r_i} - x_{l_i} = d_i$ 的 N 個整數 $x_0, x_1, ..., x_{N-1}$。（出處：AtCoder Regular Contest 090 D - People on a Line，難易度★★★★☆）

註5　這個問題已知有一種更快速的 $O(|V| + |E|)$ 解法。

第 **12** 章

排序

　　前面的章節解說了很多設計方法與資料結構。本章將活用到目前為止學到的東西，並同時針對排序加以說明。排序就是將一串數據按照某種預定順序進行排列的過程。它不僅是在實務上廣為利用的重要處理方式，也是一種可供學習各種演算法技法的題材，例如分治法、堆積等資料結構、隨機演算法的概念等等。所以在學習時，除了理解排序演算法本身以外，最好也要有意識地學習應用它的演算法技法。

12.1 ● 排序是什麼？

設一數列為：

6, 1, 2, 8, 9, 2, 5

將上述數列升冪排列的話，就會變成：

1, 2, 2, 5, 6, 8, 9

另外，設一字串列為：

banana, orange, apple, grape, cherry

將上述字串列依 ABC 順序排列的話，就會變成：

apple, banana, cherry, grape, orange

像這樣，依某種預定順序來排列給定的數據列就稱為**排序**。

排序在實務上是一種非常重要的處理。它可以活用在許多情況上，例如依瀏覽次數降冪排列網站，或依分數高低降冪排列應試者以決定是否通過考試。不僅如此，正如在第 6.1 節「陣列的二元搜尋」和第 7.3 節「針對區間排程問題的貪婪法」中所見，它還廣泛應用作為一種「前處理」，以高效解決各種問題。所以，排序不管在實務上還是理論上都是一種重要的處理，並且已經設計出許多演算法（**表 12.1**）。

表 12.1　各種排序演算法的比較

排序種類	平均時間複雜度	最差時間複雜度	需要追加的外部記憶體容量	是否為穩定排序[註1]	備註
插入排序	$O(N^2)$	$O(N^2)$	$O(1)$	○	初級的排列方法，性能尚可
合併排序	$O(N \log N)$	$O(N \log N)$	$O(N)$	○	最差時計算複雜度也只有 $O(N \log N)$，速度很快
快速排序	$O(N \log N)$	$O(N^2)$	$O(\log N)$	×	最差時計算複雜度達 $O(N^2)$，但是實用上是表中最快速的
堆積排序	$O(N \log N)$	$O(N \log N)$	$O(1)$	×	有效利用堆積
箱排序	$O(N + A)$	$O(N + A)$	$O(N + A)$	○	可活用在待排列的值為大於等於 0 且小於 A 之整數時，在 A 較小的情形時頗有效用。

本章將介紹插入排序、合併排序、快速排序、堆積排序和箱排序。首先會在第 12.3 節介紹插入排序，它是實現排序的演算法之一。插入排序是一種很自然的排序方式。然而，這種單純的排序方法需要 $O(N^2)$ 的計算複雜度，其中 N 是待排列對象的數量。第 12.4 節展示了它可以改進到 $O(N \log N)$。附帶一提，不限於排序，只要能將演算法的計算複雜度從 $O(N^2)$ 改善到 $O(N \log N)$，在很多時候都具有重大

註 1　穩定排序的定義請參閱第 12.2.1 節。

的意義。例如，對於大小約為 $N = 1,000,000$ 的數據，以 $O(N^2)$ 的計算複雜度在標準計算機上需要費時 30 多分鐘，但 $O(N \log N)$ 的計算複雜度則只要大約 3 毫秒的時間就能夠處理完成了。

12.2 ● 排序演算法的良莠程度

12.2.1　in-place 性與穩定性

使用下列衡量方式，來評估各個排序演算法的良莠程度。

- 計算複雜度
- 需要額外追加的外部記憶體容量（in-place 性）
- 是否為穩定排序（穩定性）

迄今為止的演算法主要以計算複雜度來評價。但排序演算法是一種很基本的演算法，所以不僅使用頻率高，可應用的電腦環境亦十分多樣化。因此，常有人認為，評價基準不要僅憑計算複雜度是很重要的。

首先，來討論有關執行演算法所需的記憶體容量。後文會提到，插入排序（第 12.3 節）和堆積排序（第 12.6 節）幾乎不需要外部記憶體，用給定陣列內部的 swap 操作就能實現排序處理了。此時會說這樣的演算法是 **in-place**。不限於排序，當一個演算法為 in-place，就表示它在例如嵌入式系統等計算機資源有限的環境中是很珍貴的。

另外，當一個排序演算法**穩定**（stable），就表示具有相同值之元素的順序關係在排序前後保持不變。以下舉例說明當排序不穩定時可能會出現的狀況。例如，給定五個學生的英語、數學和國語分數如**圖 12.1** 所示，現在希望按照數學成績降冪排列。此時，小林和佐藤同學的數學成績是一樣的，但排序後的順序卻跟排序前不同，並沒有保持順序。當一個排序演算法是穩定的，那麼相同值之元素的順序關係會保持不變。後面會提到，插入排序（第 12.3 節）和合併排序（第 12.4 節）是穩定的，而快速排序（第 12.5 節）和堆積排序（第 12.6 節）是不穩定的。

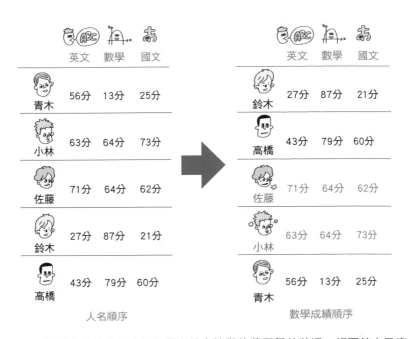

	英文	數學	國文
青木	56分	13分	25分
小林	63分	64分	73分
佐藤	71分	64分	62分
鈴木	27分	87分	21分
高橋	43分	79分	60分

人名順序

	英文	數學	國文
鈴木	27分	87分	21分
高橋	43分	79分	60分
佐藤	71分	64分	62分
小林	63分	64分	73分
青木	56分	13分	25分

數學成績順序

圖 12.1　不穩定的排序是出現如圖中的小林與佐藤同學的狀況，相同值之元素的順序在排序前後並不一致。

12.2.2　哪種排序演算法比較好

　　既然已經構思出那麼多排序演算法，自然而然就會產生一個疑問：「哪種排序演算法比較好呢？」但現今能夠利用的計算機資源已經變得非常豐富，各程式語言的標準函式庫的性能也已提升很多，所以目前在絕大多數的情況，只要使用各語言的標準函式庫就足夠了。在某些情況會希望使用穩定的排序，而在例如 C++ 中，已備妥了以下兩種函式庫。

- 不見得穩定但高速的 std::sort()
- 保證穩定的 std::stable_sort()

　　因此，可以說比起去了解幾十種排序演算法，不如熟悉排序的使用方法更為重要。而且，排序演算法也是學習如何改善計算複雜度、或分治法、隨機演算法的概念等各種演算法技法的好題材。本章將在意識到這一點下進行解說。

12.3 • 排序（1）：插入排序

12.3.1　動作與實現

　　首先來看**插入排序**（insertion sort）。插入排序是一種基於「從原先左起共 i 張牌被排序好的狀態，變成 $i + 1$ 張牌被排序好的狀態」這種思路的排序演算法。假設左起 i 張牌是已經排好的狀態，將第 $i + 1$ 張牌插入適當的位置。

　　如圖 **12.2** 所示，以數列「4, 1, 3, 5, 2」為例追蹤它的動作。首先，保持第一項「4」不變。然後將第二項「1」放到適當位置。具體上是

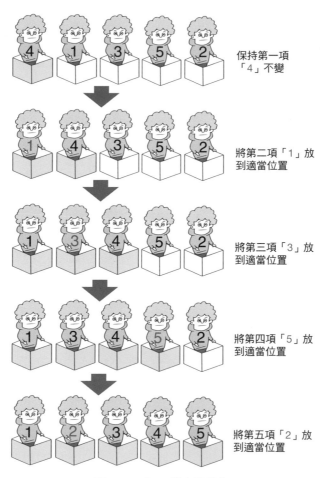

圖 **12.2**　插入排序的動作

放到「4」的前面。然後因為第三項「3」大於「1」且小於「4」，所以放到「1」和「4」之間。然後第四項「5」因為比「4」大，所以保持原來位置不變。最後將第五項「2」放在「1」和「3」之間。如果用 C++ 實現上述的處理，可寫成如程式碼 12.1 的方式。

程式碼 12.1　插入排序的實現

```
1    #include <iostream>
2    #include <vector>
3    using namespace std;
4
5    // 將陣列 a 排序
6    void InsertionSort(vector<int> &a) {
7        int N = (int)a.size();
8        for (int i = 1; i < N;  ++i) {
9            int v = a[i]; //  要插入的值
10
11           // 尋找插入 v 的適當位置 j
12           int j = i;
13           for (; j > 0; --j) {
14               if (a[j-1] > v) { // 比 v 大的往後動 1 格
15                   a[j] = a[j-1];
16               }
17               else break; // 小於等於 v 的話就跳出
18           }
19           a[j] = v; //  最後在第 j 項儲存 v
20       }
21   }
22
23   int main() {
24       // 輸入
25       int N; // 元素數
26       cin >> N;
27       vector<int> a(N);
28       for (int i = 0; i < N;  ++i) cin >> a[i];
29
30       // 插入排序
31       InsertionSort(a);
32   }
```

12.3.2　插入排序的計算複雜度與特性

插入排序在最差情況時的計算複雜度是 $O(N^2)$。具體而言，如果想將待排序的陣列排成 $N, N-1, ..., 1$ 這種降冪排列的方式，那麼各元

素往左移動的次數分別為 $0, 1, ..., N-1$ 次。其總和為

$$0 + 1 + \cdots + N - 1 = \frac{1}{2} N (N - 1)$$

因此，計算複雜度為 $O(N^2)$。另一方面，已知若給定的列是幾乎已經排好的數列，就會以高速運行。在某些情況下，有可能比快速排序的動作更快。此外，插入排序身為 $O(N^2)$ 的排序演算法[註2]，具有下列優良的特性。

- in-place 的排序
- 穩定的排序

12.4 ● 排序（2）：合併排序

12.4.1 動作與實現

上一節的插入排序需要 $O(N^2)$ 的計算複雜度，而本節解說的**合併排序**則是以 $O(N \log N)$ 的計算複雜度運作。合併排序這種排序演算法利用了第 4.6 節介紹的**分治法**。如**圖 12.3** 所示，將陣列一分為二，左右兩邊分別遞迴地排序，再反覆兩兩合併。讓我們想想看具體的動作。

設下列函數為陣列 a 之區間 [left, right) 進行排序時的函數[註3]。

$$\mathtt{MergeSort\ (a,\ left,\ right)}$$

並且將陣列 a 之區間 [left, right) 表示為 a[left:right]。首先，設 mid = (left + right) / 2，並分別遞迴呼叫 MergeSort(a, left, mid) 與 MergeSort(a, mid, right)。如此一來，a[left:right] 的左半部 a[left:mid] 和右半部 a[mid:right] 就各自變成已排列好的狀態。接下來利用已各自排列好的左側 a[left:mid] 和右側 a[mid:right]，使 a[left:right] 全體變成排列完成的狀態。該合併處理具體上是以下述的程序實現。

註2　計算複雜度 $O(N^2)$ 的排序演算法，其他著名的還有泡沫排序、選擇排序等。
註3　區間 [left, right) 的意義請參閱第 5.6 節。

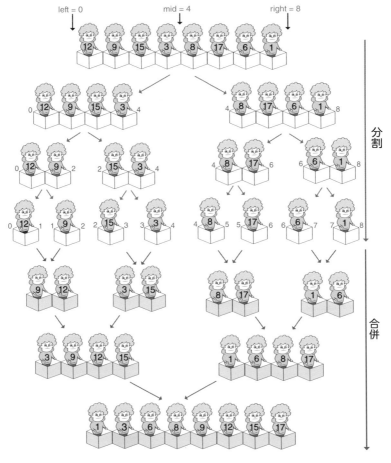

圖 12.3　合併排序的動作

- 預先將左側陣列 a[left:mid] 與右側陣列 a[mid:right] 的內容
  分別複製到外部陣列。
- 比較「左側的最小值」和「右側的最小值」，選擇較小的那一個
  提取出去，並反覆進行直到對應左側的外部陣列和對應右側的
  外部陣列都空了為止（**圖 12.4**）。但如果左側外部陣列與右側外
  部陣列中有一個為空時，就提取另一個的最小值。

　　在這裡作個小技巧，將右側的外部陣列左右翻轉，如圖 12.4 所
示。然後將左右的外部陣列連在一起。如此一來，在合併處理時就不

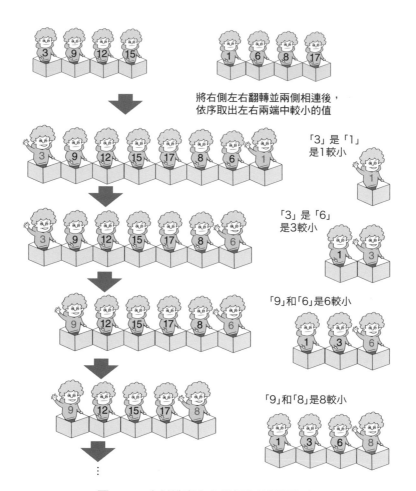

將右側左右翻轉並兩側相連後，
依序取出左右兩端中較小的值

「3」是「1」
是1較小

「3」是「6」
是3較小

「9」和「6」是6較小

「9」和「8」是8較小

圖 12.4　合併排序中合併部分的詳細內容

用去確認左側外部陣列或右側外部陣列是否為空了。換句話說，合併處理變得很簡單明快：「反覆提取已相連之外部陣列兩端中較小的值」。上述過程可用如程式碼 12.2 的方式實現。

程式碼 12.2　合併排序的實現

```
1   #include <iostream>
2   #include <vector>
3   using namespace std;
4
5   // 將陣列 a 之區間 [left, right) 排序
6   // [left, right) 表示第 left, left+1, ..., right-1 個
```

```
7    void MergeSort(vector<int> &a, int left, int right) {
8        if (right - left == 1) return;
9        int mid = left + (right - left) / 2;
10
11       // 將左半部 a[left, mid) 排序
12       MergeSort(a, left, mid);
13
14       // 將右半部 [mid, right) 排序
15       MergeSort(a, mid, right);
16
17       // 先將「左」與「右」的排序結果複製一份（將右側左右翻轉）
18       vector<int> buf;
19       for (int i = left ; i < mid; ++i) buf.push_back(a[i]);
20       for (int i = right - 1; i >= mid; --i) buf.push_back(a[i]);
21
22       // 合併
23       int index_left = 0; // 左側的注標
24       int index_right = (int)buf.size() - 1; // 右側的注標
25       for (int i = left ; i < right; ++i) {
26           // 採用左側
27           if (buf[index_left] <= buf[index_right]) {
28               a[i] = buf[index_left++];
29           }
30           // 採用右側
31           else {
32               a[i] = buf[index_right--];
33           }
34       }
35   }
36
37   int main() {
38       // 輸入
39       int N; // 元素數
40       cin >> N;
41       vector<int> a(N);
42       for (int i = 0; i < N;  ++i) cin >> a[i];
43
44       // 合併排序
45       MergeSort(a, 0, N);
46   }
```

12.4.2 合併排序的計算複雜度與特性

合併排序的計算複雜度為 $O(N \log N)$。直觀上，從圖 12.3 可知，「分割」與「合併」各有 $O(\log N)$ 個步驟，而每個步驟的合併作業各需要 $O(N)$ 的計算複雜度，所以整體為 $O(N \log N)$ 的計算複雜度。

例如，在圖 12.3 中 $N = 8$，分割與合併各由 3 個步驟所組成。在第 12.4.3 節有使用數學公式作的分析。

另外，由於合併排序有程式碼 12.2 中的陣列 buf，所以需要大小 $O(N)$ 的外部記憶體，而不符合 in-place 性。因此，當想要始終高速運行演算法同時又重視軟體的可移植性（例如嵌入式系統）時，往往難以採用合併排序。但是，考量到在接收輸入陣列的時間點就已經需要 $O(N)$ 大小的記憶體，則合併排序所需的記憶體容量不過是接收輸入所需記憶體容量的常數倍。在很多情況下，這種程度的外部記憶體消耗量不成問題。

此外，合併排序的穩定性很多時候頗受歡迎。C++ 標準函式庫提供了 std::sort() 與 std::stable_sort() 作為排序演算法。在實際速度上，前者往往更勝一籌，但後者則保證為穩定的排序。在多數情況下，前者做的是基於快速排序的實現，後者做的是基於合併排序的實現。

12.4.3　合併排序之計算複雜度分析詳述（*）

若合併排序的計算複雜度為 $T(N)$，則以下遞迴關係式成立。$O(N)$ 表示合併部分的計算複雜度。

$$T(1) = O(1)$$
$$T(N) = 2\,T\left(\frac{N}{2}\right) + O(N) \quad (N > 1)$$

讓我們來證明它的解會是 $T(N) = O(N \log N)$。嚴謹來看應該以 $T(N) = T\left(\lfloor \frac{N}{2} \rfloor\right) + T\left(\lceil \frac{N}{2} \rceil\right) + O(N)$ 求解，但這裡為簡便起見不考慮 $\frac{N}{2}$ 的無條件進位、無條件捨去的情形。

現在讓我們更廣義來看，令 a, b 為 $a, b \geq 1$ 的整數，c, d 為正實數，而遞迴關係式為：

$$T(1) = c$$
$$T(N) = aT\left(\frac{N}{b}\right) + dN \quad (N > 1)$$

可想見上述遞迴關係式表示的計算複雜度為：

$$T(N) = \begin{cases} \mathrm{O}(N) & (a < b) \\ \mathrm{O}(N \log N) & (a = b) \\ \mathrm{O}(N^{\log_b a}) & (a > b) \end{cases}$$

這裡為求簡便起見，考慮 N 為可表示成 $N = b^k$ 之整數的情形。反覆使用遞迴關係式後會變成：

$T(N)$

$$= aT\left(\frac{N}{b}\right) + dN$$

$$= a\left(aT\left(\frac{N}{b^2}\right) + d\frac{N}{b}\right) + dN$$

$$= \cdots$$

$$= a\left(a\left(\cdots a\left(aT\left(\frac{N}{b^k}\right) + d\frac{N}{b^{k-1}}\right) + d\frac{N}{b^{k-2}} + \cdots\right) + d\frac{N}{b}\right) + dN$$

$$= ca^k + dN\left(1 + \frac{a}{b} + \left(\frac{a}{b}\right)^2 + \cdots + \left(\frac{a}{b}\right)^{k-1}\right)$$

$$= cN^{\log_b a} + dN\left(1 + \frac{a}{b} + \left(\frac{a}{b}\right)^2 + \cdots + \left(\frac{a}{b}\right)^{k-1}\right)$$

因此，

- $a < b$ 時，$N\left(1 + \frac{a}{b} + \left(\frac{a}{b}\right)^2 + \cdots + \left(\frac{a}{b}\right)^{k-1}\right) = N\left(\frac{1 - \left(\frac{a}{b}\right)^k}{1 - \frac{a}{b}}\right) < \frac{N}{1 - \frac{a}{b}}$，故 T(N)=O(N)

- $a = b$ 時，由 $k = \log_b N$，則 $T(N) = cN + dkN = O(N \log N)$

- $a > b$ 時，$N\left(1 + \frac{a}{b} + \left(\frac{a}{b}\right)^2 + \cdots + \left(\frac{a}{b}\right)^{k-1}\right) = N\frac{\left(\frac{a}{b}\right)^k - 1}{\frac{a}{b} - 1} = \frac{a^k - N}{\frac{a}{b} - 1}$，而 $a^k = b^{k \log_b a} = N^{\log_b a}$，所以 T(N) = $O(N^{\log_b a})$

以合併排序來說，由於 $a = b = 2$，故可知計算複雜度為 $O(N \log N)$。而如果考慮 $a > b$ 和 $a < b$ 的情形，就會發現非常有趣的現象。如圖 **12.5** 所示，讓我們將分治法的計算複雜度用下述方式分解並思考看看。

- 在分治法遞迴的根部分，合併作業所需計算複雜度 $O(N)$
- 從分治法遞迴的根起算深度為 1 的部分，合併作業所需要的計

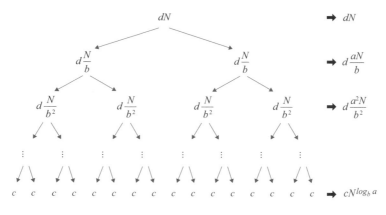

圖 12.5　分治法之遞迴函數的模樣

算時間
⋮

- 分治法遞迴的葉部分所需的總計算時間量級 $O(N^{log_b a})$

當 $a > b$，遞迴的分枝數會變小而使最後是由根的部分主導，所以計算複雜度為 $O(N)$。當 $a < b$，遞迴的分枝數會變大而使最後是由葉的部分主導，所以計算複雜度為 $O(N^{log_b a})$。當 $a = b$，由於兩者均衡，所以圖 12.5 每棵樹的深度的計算複雜度都是 $O(N)$，再乘以樹高 $O(\log N)$，整體的計算複雜度就是 $O(N \log N)$。

12.5 ● 排序（3）：快速排序

12.5.1　動作與實現

快速排序跟合併排序一樣，都會將陣列分割後分別遞迴求解再統整，是一種基於分治法的演算法。最差時間複雜度為 $\Theta(N^2)$ [註4]，而平均時間複雜度則是 $O(N \log N)$。快速排序如**圖 12.6** 所示，從陣列中選出適當的元素 **pivot**，將整個陣列分割成「小於 pivot 的組」與「大於等於 pivot 的組」，然後分別遞迴求解。

將整個陣列以 pivot 前後劃分的部分如**圖 12.7** 所示，將選中的

註4　至今使用的大 O 表示法，是一種計算複雜度有上極限的概念。但這裡由於是採取下極限的觀點，所以使用 Θ 表示法（第 2.7.3 節）。

圖 12.6　快速排序的概念

pivot 移到右端，從左開始依序掃描陣列，一邊將小於 pivot 值的元素往左靠。如果用 C++ 實現上面的處理，可以寫成程式碼 12.3 的方式。請注意，與第 12.4 節的合併排序不同，它不需要外部陣列所以具有 in-place 性。

程式碼 12.3　快速排序的實現

```
1   #include <iostream>
2   #include <vector>
3   using namespace std;
4
5   // 將陣列 a 之區間 [left, right) 排序
6   // [left, right) 表示第 left, left+1, ..., right-1 個
```

```
7    void QuickSort(vector<int> &a, int left, int right) {
8        if (right - left <= 1) return;
9
10       int pivot_index = (left + right) / 2; // 在此適當地取中間點
11       int pivot = a[pivot_index];
12       swap(a[pivot_index], a[right - 1]); // 將 pivot 跟右端 swap
13
14       int i = left; // i 代表已往左靠之小於 pivot 的元素的右端
15       for (int j = left ; j < right - 1; ++j) {
16           if (a[j] < pivot) { // 如果小於 pivot 的話就往左靠
17               swap(a[i++], a[j]);
18           }
19       }
20       swap(a[i], a[right - 1]); // 將 pivot 插入適當位置
21
22       // 遞迴求解
23       QuickSort(a, left, i); // 左半部（小於 pivot）
24       QuickSort(a, i + 1, right); //  右半部（大於等於 pivot）
25   }
26
27   int main() {
28       // 輸入
29       int N; // 元素數
30       cin >> N;
31       vector<int> a(N);
32       for (int i = 0; i < N; ++i) cin >> a[i];
33
34       // 快速排序
35       QuickSort(a, 0, N);
36   }
```

12.5.2　快速排序的計算複雜度與特性

　　快速排序的最差時間複雜度是 $\Theta(N^2)$。具體來說就是每次都選擇最大元素或最小元素作為 pivot 的情況。在這種情況下，如果接收到一個大小為 m 的陣列，那它會被分割成兩個子問題，即大小為 $m-1$ 的問題與大小為 1 的問題。由於遞迴呼叫的次數與輸入陣列的長度一樣多，並且每一步都需要 $\Theta(N)$ 時間，因此整體的計算複雜度為 $\Theta(N^2)$。另一方面，如果每次選擇 pivot 都分成左右均等的子問題，則計算複雜度會是 $\Theta(N \log N)$。而且，事實上，只要稍有偏差就不會變成 $\Theta(N^2)$。例如，即便每次分割的比例是 1:99，如果始終為 1:99，則計算複雜度是 $\Theta(N \log N)$。

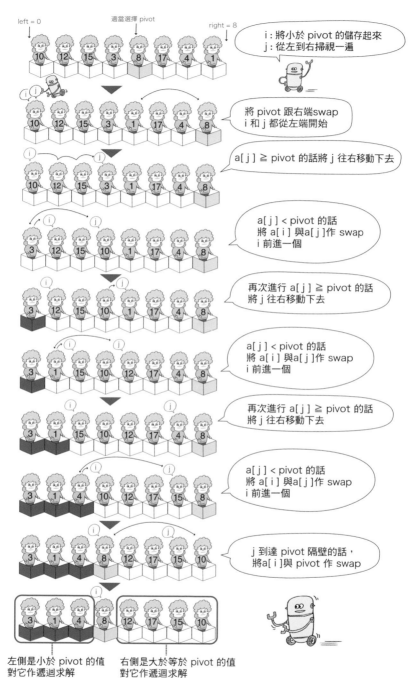

圖 12.7　快速排序的 pivot 詳細求解

附帶一提，快速排序的最差時間複雜度是 $\Theta(N^2)$，但在實用上據說運行得比合併排序還快。C++ 標準函式庫的 std::sort() 很多時候也是以快速排序為基礎。但請注意，在 C++11 以後的版本中，在規格上已明確記載 std::sort() 的最差時間複雜度為 $\Theta(N \log N)$。std::sort() 具體上如何實現，這方面取決於函式庫的實現，例如在 GNU Standard C++ library 中是基於**內省排序**的實現，它是一種混合了堆積排序的方式，會在第 12.6 節解說。

12.5.3　隨機快速排序（＊）

目前為止所介紹的快速排序，對於一般情況來說是很快的，但是它有一個弱點就是對於不懷好意的情況很弱。本節要看的是**隨機快速排序**，它改進了快速排序的這種弱點。

通常，在考慮所設計演算法的平均行為時，會先假設可能的輸入數據是以相等的概率出現。但在現實中，有很多時候是無法期待上述假設會成立的，比如提供輸入數據的一方不懷好意時，或是即便沒惡意但輸入分佈有偏差時。在這種情況下，**隨機化**（randomization）是一種有效的方法。就快速排序來看，關於每次 pivot 的選擇，原本在程式碼 12.3 是設 pivot 為 a[(left+right)/2]，現在由 a[left:right] 以均勻隨機方式來選擇 pivot。將演算法隨機化，可以有效對抗懷有惡意的輸入、或輸入有所偏頗的情況。

經隨機化之隨機快速排序的平均計算複雜度為 $O(N \log N)$，接下來對此進行分析。但為簡單起見，假設陣列 a 中的值都互不相同。另外請注意，像這次一樣演算法本身進行隨機行為時的平均計算複雜度，以及要對一般演算法提供隨機輸入時的平均計算複雜度（第 2.6.2 節），兩者雖然都是平均計算複雜度但意義互不相同。

現在針對隨機快速排序，設一機率變數 X_{ij}，若陣列 a 第 i 個最小元素與第 j 個最小元素會被拿來作比較，則該變數取值 1，否則取值 0。此時，隨機快速排序的平均計算複雜度可以表示為：

$$E[\sum_{0 \le i < j \le N-1} X_{ij}] = \sum_{0 \le i < j \le N-1} E[X_{ij}]$$

其中 $E[X_{ij}]$ 表示第 i 個與第 j 個被拿來作比較的機率。為了求此機率，請思考第 i 個與第 j 個被拿來作比較的條件。在第 i, j 個元素被選為 pivot 之前，先選中第 $i + 1, i + 2, ... j - 1$ 個元素為 pivot 的話，那麼由於第 i, j 個元素各自跑到不同的遞迴函數去，所以不會有兩相比較的狀況發生。相反地，如果在第 $i + 1, i + 2, ..., j - 1$ 個元素被選為 pivot 之前，先選中第 i, j 個元素中的一個作為 pivot，那麼兩者就會作比較了。綜上所述，$E[X_{ij}]$ 表示在第 $i, i + 1, ..., j - 1, j$ 個元素中第 i, j 個任一元素最初就被選中的機率。由此可知，$E[X_{ij}] = \frac{2}{j - i + 1}$，所以：

$$
\begin{aligned}
E\left[\sum_{0 \leq i < j \leq N-1} X_{ij}\right] &= \sum_{0 \leq i < j \leq N-1} \frac{2}{j - i + 1} \\
&< \sum_{0 \leq i \leq N-1, 0 \leq j-i \leq N-1} \frac{2}{j - i + 1} \\
&= \sum_{0 \leq i \leq N-1} \sum_{0 \leq k \leq N-1} \frac{2}{k + 1} \\
&= 2N \sum_{1 \leq k \leq N} \frac{1}{k} \\
&= O(N \log N)
\end{aligned}
$$

由以上討論推導出，隨機快速排序的平均計算複雜度為 $O(N \log N)$。其中使用了下述特性：

$$
1 + \frac{1}{2} + \frac{1}{3} + \cdots + \frac{1}{N} = O(\log N)
$$

這是在作演算法的計算複雜度分析時，時常會出現且很重要的關係表達式（第 2 章的章末問題 2.6）。

12.6 ● 排序（4）：堆積排序

堆積排序活用了第 10.7 節出現的堆積。跟合併排序一樣，即使在最差情況它的計算複雜度仍為 $O(N \log N)$。堆積排序本身並不是一種

穩定的排序，而且在平均速度上也不如快速排序，但是堆積本身就是一種重要的資料結構。堆積在第 14.6.5 節中加速戴克斯特拉法時大顯身手。堆積排序作為使用堆積的使用方式之一也相當有意思。堆積排序依下述方式進行。

- 步驟 1：將給定陣列的元素全都插入堆積中（將 $O(\log N)$ 的操作執行 N 次）
- 步驟 2：將堆積的最大值照順序 pop 出來，從陣列後面開始放（將 $O(\log N)$ 的操作執行 N 次）

由於步驟 1 和 2 的處理都可以用 $O(N \log N)$ 實現，所以整體的計算複雜度也是 $O(N \log N)$。

堆積排序的概念本身就是這麼單純，不過還要再花點心思。堆積的構建本身乍看之下會覺得好像需要外部記憶體，但只要把欲排序的陣列 a 本身變成堆積，這樣一來就能如程式碼 12.4 所示，實現不需要外部記憶體的 in-place 演算法。

另外，程式碼 12.4 針對步驟 1 之堆積構建處理中受到關注的頂點順序，費了一番工夫。事實上也靠它把構建堆積所需的計算複雜度改善到 $O(N)$。這部分的分析略過不表，有興趣的人請參閱參考書目 [9] 中關於堆積排序的章節。

程式碼 12.4　堆積排序的實現

```
1   #include <iostream>
2   #include <vector>
3   using namespace std;
4
5   // 針對以第 i 個頂點為根的子樹，使其滿足堆積條件
6   // 僅考慮 a 當中第 0 個到第 N-1 個為止的部分 a[0:N]
7   void Heapify(vector<int> &a, int i, int N) {
8       int child1 = i * 2 + 1;  // 左邊的子頂點
9       if (child1 >= N) return;  // 沒有子頂點時結束
10
11      // 將子頂點彼此相較
12      if (child1 + 1 < N && a[child1 + 1] > a[child1]) ++child1;
13
14      if (a[child1] <= a[i]) return;  // 倒反的話就結束
15
```

```
16        // swap
17        swap(a[i], a[child1]);
18
19        // 遞迴進行
20        Heapify(a, child1, N);
21    }
22
23    // 將陣列 a 排序
24    void HeapSort(vector<int> &a) {
25        int N = (int)a.size();
26
27        // 步驟 1：將 a 全部作成堆積的階段
28        for (int i = N / 2 - 1; i >= 0; --i) {
29            Heapify(a, i, N);
30        }
31
32        // 步驟 2：從堆積把最大值一個個 pop 出來的階段
33        for (int i = N - 1; i > 0; --i) {
34            swap(a[0], a[i]); // 將堆積的最大值往左靠
35            Heapify(a, 0, i); // 將堆積的大小設為 i
36        }
37    }
38
39    int main() {
40        // 輸入
41        int N; // 元素數
42        cin >> N;
43        vector<int> a(N);
44        for (int i = 0; i < N; ++i) cin >> a[i];
45
46        // 堆積排序
47        HeapSort(a);
48    }
```

12.7 • 排序的計算複雜度下限

到目前為止我們已經看過合併排序、堆積排序等 $O(N \log N)$ 之高速的排序演算法。本節讓我們來思考是否有可能設計出比它們更快的演算法。到目前為止看到的插入排序、合併排序、快速排序、堆積排序等排序演算法，都具有「僅根據輸入元素的比較來決定排序順序」的特性。這種演算法稱為**比較排序演算法**。事實上可以證明，任何比較排序演算法在最差情況時都需要 $\Omega(N \log N)$ [註5] 次的比較。因此，合

註5　此處因為採取計算複雜度有下極限的觀點，所以使用 Ω 表示法（第 2.7.2 節）。

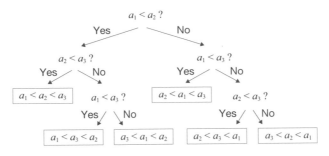

圖 **12.8** 根據比較結果的排序演算法

併排序、堆積排序皆可謂趨近於最佳的比較排序演算法。證明這點並不太難，故將概念表述如下。

首先，比較排序演算法可以看成是一棵二元樹，藉由反覆比大小而推導出最後的順序，如**圖 12.8** 所示。

此時，比較排序演算法的最差計算複雜度對應於二元樹的高度 h。N 個元素的可能排列順序有 $N!$ 種，所以二元樹的葉子數需要 $N!$ 個。所以，必定滿足

$$2^h \geq N!$$

在這裡要使用下列史特靈公式（Stirling's formula）。

$$\lim_{N \to \infty} \frac{N!}{\sqrt{2\pi N}\left(\frac{N}{e}\right)^N} = 1$$

接下來以 e 為對數的底 ，則 $\log_e(N!) \simeq N \log_e N - N + \frac{1}{2} \log_e(2\pi N)$ 成立，故可謂[註6]

$$\log_e(N!) = \Theta(N \log N)$$

根據上式及 $h \geq \log_2(N!) > \log_e(N!)$，故下式成立：

$$h = \Omega(N \log N)$$

由上述可證明，任何比較排序演算法在最差情況時都需要 $\Omega(N \log N)$ 次的比較。

註6 量級表示法 Θ、Ω 中，可以忽略對數底數的差異。

12.8 ● 排序（5）：箱排序

在上一節看到了具有 $O(N \log N)$ 之計算複雜度的合併排序、堆積排序是趨近最快速的比較排序演算法。只要是比較排序演算法，除了常數倍數的差異之外，可說是沒有比這些更快的存在了。

但是，本節介紹的**箱排序**並不是比較排序演算法。在「待排序的陣列 a 各元素值為大於等於 0 且小於 A 的整數值」的假設下，可達到 $O(N + A)$ 的計算複雜度。箱排序使用在第 8.6 節也看過的下述陣列。

表現箱排序之構想的陣列

num[x] ←陣列 a 中有值 x 的元素存在多少個？

可以用它來實現箱排序，如程式碼 12.5 所示。計算複雜度為 $O(N + A)$，特別是在可視為 $A = O(N)$ 的情形時為 $O(N)$。想想合併排序、堆積排序的計算複雜度是 $O(N \log N)$，就會覺得真是夢幻般的計算複雜度。但它適用的情形僅限於作為排序對象之陣列的值為大於等於 0 且小於 A 的整數值，且 A 小到可以視為 $A = O(N)$。即便如此，在例如給定一個集合 $\{0, 1, ..., N-1\}$ 之子集合（大小約等同於 N）的排列（permutation）並想要重新排序時，在實用上也常出現箱排序。在這種情況下，排序速度往往能夠比快速排序還要快。

程式碼 12.5　箱排序的實現

```
1   #include <iostream>
2   #include <vector>
3   using namespace std;
4
5   const int MAX = 100000; // 在此將陣列的值設為小於 100000
6
7   // 箱排序
8   void BucketSort(vector<int> &a) {
9       int N = (int)a.size();
10
11      // 計算各元素的個數
12      // num[v]: v 的個數
13      vector<int> num(MAX, 0);
14      for (int i = 0; i < N;  ++i) {
```

```
15          ++num[a[i]]; // a[i] 計數
16      }
17
18      // 取 num 的累積總和
19      // sum[v]: v 小於等於v之值的個數
20      // 求解值 a[i] 在整體中是第幾個最小值
21      vector<int> sum(MAX, 0);
22      sum[0] = num[0];
23      for (int v = 1; v < MAX; ++v) {
24          sum[v] = sum[v - 1] + num[v];
25      }
26
27      // 根據 sum 作排序處理
28      // a2: a 作完排序後的陣列
29      vector<int> a2(N);
30      for (int i = N - 1; i >= 0;  --i) {
31          a2[--sum[a[i]]] = a[i];
32      }
33      a = a2;
34  }
35
36  int main() {
37      // 輸入
38      int N; //  元素數
39      cin >> N;
40      vector<int> a(N);
41      for (int i = 0; i < N; ++i) cin >> a[i];
42
43      // 箱排序
44      BucketSort(a);
45  }
```

12.9 ● 總結

　　本章透過對幾種排序演算法的介紹，而解說了分治法、其計算複雜度分析、隨機演算法的概念等各種演算法技法。這些演算法技法不僅限於排序，還可以用於解決許多問題。

　　而且，排序本身也時常用作各種演算法的前處理而發揮作用。在第 6 章解說的「陣列的二元搜尋」中就需要作前處理，預先將陣列升冪排序。在設計基於貪婪法的演算法時，很多時候會在一開始依據某些規則，將對象物升冪排列。在電腦繪圖的領域中，繪製各種物體、考慮物體的相互干涉等的時候，往往會按照左（右）·下（上）·裡

（外）依序處理物體註7。這時候會用到排序物體位置關係的概念。

如上所述，排序在許多演算法設計中扮演著基本的角色。

● ● ● ● ● ●   **章末問題**   ● ● ● ● ● ●

12.1 給定 N 個相異的整數 $a_0, a_1, ..., a_{N-1}$。請設計一個演算法，對各個 i 求出 a_i 是第幾個最小值。（難易度★★☆☆☆）

12.2 有 N 家商店，在第 $i(=0, 1, ..., N-1)$ 家商店中，1 瓶 A_i 元的能量飲料最多只能賣 B_i 瓶。請設計一個演算法，在總共想買齊 M 瓶飲料的前提下，求出最少可用多少錢買齊。但設 $\sum_{i=0}^{N-1} B_i \geq M$。（出處：AtCoder Beginner Contest 121 C - Energy Drink Collector，難易度★★☆☆☆）

12.3 設 N, k 為正整數（$k \leq N$）。現有一個空集合 S，要把 N 個相異的整數 $a_0, a_1, ..., a_{N-1}$ 依序插入其中。請設計一個演算法，對於各個 $i = k, k+1, ..., N$，在 S 中已插入第 i 個整數的階段時，輸出 S 所含元素中第 K 個最小值。但請以整體 $O(N \log N)$ 來實現。（難易度★★★☆☆）

12.4 請證明當表示計算複雜度的函數 $T(N)$ 滿足 $T(N) = 2T\left(\frac{N}{2}\right) + O(N^2)$ 時，$T(N) = O(N^2)$。還有，在 $T(N) = 2T\left(\frac{N}{2}\right) + O(N \log N)$ 的情形時又會是如何？（難易度★★★☆☆）

12.5 給定 N 個整數 $a_0, a_1, ..., a_{N-1}$。請設計一個演算法，以 $O(N)$ 求出其中第 k 個最小整數值。（稱為 median of medians 的著名問題，難易度★★★★★）

12.6 給定整數 a, m（$a \geq 0, m \geq 1$）。請設計一個計算複雜度為 $O(\sqrt{m})$ 的演算法，判斷是否有滿足 $a^x \equiv x \pmod{m}$ 的正整數 x 存在，如果存在的話求出 1 個。（出處：AtCoder Tenka1 Programming Contest F - ModularPowerEquation!!，難易度★★★★★）

註7　有興趣的人請查詢 Z 排序法、Z 緩衝法等。

第 13 章

圖（1）：圖搜尋

在第 10 章已介紹過圖。世界上有各式各樣的問題可以藉由表述成有關圖的問題，變得直觀且容易處理。從本章起，將開始解決有關圖的問題。首先，說明圖上的搜尋法。這是所有圖演算法的基礎。另外，如第 3 章及第 4.5 節所說明的全域搜尋也有很多地方可以作為圖搜尋來理解。若能自如地運用圖搜尋，將會大幅擴展演算法設計的範圍。

13.1 ● 學習圖搜尋的意義

從本章開始，將說明具體的圖演算法。首先，來探討**圖搜尋**，它可以說是所有圖演算法的基礎。掌握了圖搜尋技巧的話，不僅可以解決有關圖的問題，對各種目標對象的搜尋也會變得直觀且容易處理。在第 1.2 節中，概述了解決蟲食算的深度優先搜尋及找到迷宮最短路線的廣度優先搜尋的思考方法。像這樣看似與圖無關的問題，也可以把它想成圖上的搜尋問題。再者，若熟悉圖搜尋技巧，亦能得心應手地處理第 10.1.3 節和第 10.1.4 節所定義的下列項目：

- 行走路線、迴圈、路徑
- 連通性

13.2 • 深度優先搜尋與廣度優先搜尋

接下來，說明按照順序搜尋圖 $G = (V, E)$ 的各頂點的方法。乍看之下，可能認為只要依序列出頂點集合 V 所包含的頂點即可。但是，例如思考一下在第 10.2.3 節出現的「表示井字遊戲局面變化的圖」。在該圖中，如果不從井字遊戲的初始盤面開始，按照井字遊戲的規則逐一製作出局面的話，就無法列舉圖的各頂點。本節說明的圖搜尋方法是像這樣從圖上的某個頂點出發，藉由追溯與該頂點連接的邊，依序逐一搜尋頂點。

代表性的圖搜尋方法，包括深度優先搜尋和廣度優先搜尋。首先，為了縱觀深度優先搜尋和廣度優先搜尋兩者共通的思考方法，以下說明圖搜尋的基本形式。問題設定如下：指定圖上代表的 1 個頂點 $s \in V$，搜尋可以從 s 沿著邊到達的各頂點。

回想一下上網瀏覽時的情況，或許較容易理解圖搜尋。讓我們將如**圖 13.1** 的圖，看作是表示網頁的連結關係的圖。首先打開與頂點 0 對應的頁面。這相當於先前所述的問題設定中的「代表頂點」。此時，先讀取與圖 13.1 的頂點 0 對應的網頁。然後，可從頂點 0 追溯到的連結目標有 3 個，即頂點 1、2、4。將這 3 個候選加上「稍後讀取」的含意，並放入集合 todo 中。**圖 13.2** 顯示該狀態，並用紅色表示已讀完的頂點 0，用橘色表示放入集合 todo 中的頂點 1、2、4。

下一步的搜尋裡，在用橘色表示的 todo 的頂點之中，先前進到頂點 1（頂點 2、4 為保留）。讀完頂點 1 後，從此處開始追溯的連結端的頂點有頂點 3、8，因此將它們加到新集合 todo 中（**圖 13.3**）。

然後，關於接下來要從集合 todo 中取出哪個頂點的部分，會展現

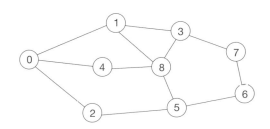

圖 13.1　作為上網瀏覽模型的圖

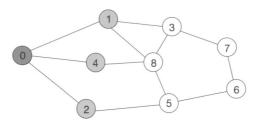

圖 13.2　讀完頂點 0，將頂點 1、2、4 插入到集合 todo 的樣子

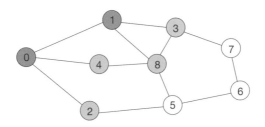

圖 13.3　讀完頂點 1，將新的頂點 3、8 插入到集合 todo 的樣子

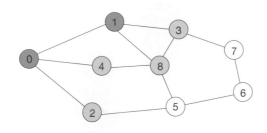

圖 13.4　在讀完頂點 1 的階段所產生的 2 個選項

出因人而異的個性。如**圖 13.4**，大致可分為以下 2 個方針：

- 從剛剛讀過的頂點 1 直接朝追溯到的頂點（3 或 8）前進的方針
- 朝一開始暫時保留的頂點（2 或 4）前進的方針

前者的方針是總之先沿著可追蹤的連結一路前進。另一方面，後者的方針是把「暫時保留的頁面」全部讀完後，再向更深的連結前進。前者對應深度優先搜尋，後者對應廣度優先搜尋。這些搜尋法分別可以使用堆疊、佇列（第 9 章）來實現。前者一往直前的搜尋方針是所謂 LIFO（last-in first-out，後進先出）的堆疊式搜尋，即在集合

todo 中插入新頁面後，立刻將其取出並進行造訪。後者一面歷經全體一面前進的搜尋方針是所謂 FIFO（first-in first-out，先進先出）的佇列式搜尋，即從先插入到集合 todo 的項目開始依序取出並進行造訪。

試著把上述說明描述成具體的演算法吧。管理**表 13.1** 所示的 2 個資料。此處的 seen 是大小為 $|V|$ 的陣列，在初始狀態是將陣列全體初始化為 false。集合 todo 的初始狀態設為空的狀態。

表 13.1　用於圖搜尋的 2 個資料

變數名稱	資料型態	說明
seen	vector<bool>	seen[v]=true 代表頂點 v 曾有過被插入到 todo 的瞬間（也包含已經從 todo 取出的情況）。
todo	stack<int> 或 queue<int>	儲存接下來預定要造訪的頂點。

現在來回顧圖 13.4。在圖搜尋過程中，可知各頂點會處於**表 13.2** 所示的 3 種狀態之一。表中的「顏色」表示圖 13.4 所示頂點的顏色。隨著搜尋步驟的進行，各頂點從「白色」的狀態開始轉變至「橘色」，到最後變為「紅色」。

表 13.2　圖搜尋過程中，有關各頂點 v 之 seen 與 todo 的狀態

顏色	狀態	seen 的狀態	todo 的狀態
白色	尚未在搜尋中發現的狀態（亦未插入到 todo）	seen[v]=false	v 不包含在 todo 中
橘色	預定造訪但尚未造訪的狀態	seen[v]=true	v 包含在 todo 中
紅色	造訪完畢的狀態	seen[v]=true	v 不包含在 todo 中

根據以上內容，若使用 seen 和 todo 這 2 個資料，則圖搜尋可以如程式碼 13.1 來實現。深度優先搜尋和廣度優先搜尋的差異在於進行從集合 todo 取出頂點 v 的作業時，依照什麼樣的策略來選擇 v。若將 todo 設為堆疊，就會變成一往直前地沿著可追蹤的網路連結進行搜尋的深度優先搜尋。若將 todo 設為佇列，則會變成將已加入 todo 的頂點依序讀取完之後才向更深處前進的廣度優先搜尋。另

外，程式碼 13.1 是表示進行廣度優先搜尋的情況。將程式碼 13.1 中的 queue 變更成 stack 的話，就會變成深度優先搜尋。此外，關於表現圖的資料型態 Graph 的實現方法，請參考第 10.3 節。

程式碼 13.1　圖搜尋的實現

```
1  // 在圖 G 進行以頂點 s 為起點的搜尋
2  void search(const Graph &G, int s) {
3      int N = (int)G.size(); //  圖的頂點數
4
5      // 用於圖搜尋的資料結構
6      vector<bool> seen(N, false); // 將全部頂點初始化為「未造訪」
7      queue<int> todo; // 空的狀態（深度優先搜尋的情況下為 stack<int>）
8
9      // 初始條件
10     seen[s] = true; // s 設為搜尋完畢
11     todo.push(s); // todo 成為僅包含 s 的狀態
12
13     // 進行搜尋直到 todo 變空為止
14     while (!todo.empty()) {
15         // 從 todo 取出頂點
16         int v = todo.front();
17         todo.pop();
18
19         //   調查從 v 追溯到的所有頂點
20         for (int x : G[v]) {
21             // 已經發現過的頂點不進行搜尋
22             if (seen[x]) continue;
23
24             // 將新的頂點 x 設為搜尋完畢並插入到 todo
25             seen[x] = true;
26             todo.push(x);
27         }
28     }
29  }
```

在此，第 22 行的「若 seen[x] = true，則跳過這種頂點 x」的處理是很重要的。在圖包含迴圈的情況下，若不執行這項處理，會陷入無限迴圈。

13.3 • 使用遞迴函數的深度優先搜尋

在上一節裡，作為深度優先搜尋和廣度優先搜尋共通的實現方

法，介紹了使用表 13.1 所示之資料 seen、todo 的實現方法。但是，深度優先搜尋與第 4 章說明過的遞迴函數之間很適合互相搭配，許多時候可以透過使用遞迴函數而使實現更簡潔。另外，透過使用遞迴函數，如第 13.4 節所見，「行進順序」和「回歸順序」的重要概念也會更明確。

使用遞迴函數的深度優先搜尋，可以如程式碼 13.2 來實現。這會對圖 $G = (V, E)$ 的頂點進行全域搜尋。程式碼 13.2 中的函數 dfs(G, v) 是實施「在可由頂點 v 追溯到的頂點當中，造訪所有尚未造訪過的頂點」的深度優先搜尋。一般來說，在圖 G 中，就算對某一個頂點 $v \in V$ 呼叫 dfs(G, v)，也不一定能搜尋到所有頂點。因此，在程式碼 13.2 中，藉由 main 函數內第 33 行至第 36 行的 for 迴圈來呼叫函數 dfs，直到沒有未造訪頂點為止。後續會探討各式各樣有關圖的例題，但其中大部分只需將程式碼 13.2 稍加修改即可解決。

程式碼 13.2　使用遞迴函數的深度優先搜尋的實現基本形式

```cpp
1   #include <iostream>
2   #include <vector>
3   using namespace std;
4   using Graph = vector<vector<int>>;
5
6   // 深度優先搜尋
7   vector<bool> seen;
8   void dfs(const Graph &G, int v) {
9       seen[v] = true; // 將 v 設為造訪完畢
10
11      // 有關可從 v 到達的各頂點 next_v
12      for (auto next_v : G[v]) {
13          if (seen[next_v]) continue; // 如果 next_v 為搜尋完畢的話不進行搜尋
14          dfs(G, next_v); //  遞迴搜尋
15      }
16  }
17
18  int main() {
19      // 頂點數與邊數
20      int N, M;
21      cin >> N >> M;
22
23      // 接收圖輸入（此處假定為有向圖）
24      Graph G(N);
25      for (int i = 0; i < M; ++i) {
```

```
26          int a, b;
27          cin >> a >> b;
28          G[a].push_back(b);
29      }
30
31      // 搜尋
32      seen.assign(N, false); // 初始狀態下，全部頂點為未造訪
33      for (int v = 0; v < N; ++v) {
34          if (seen[v]) continue; // 如果已造訪完畢的話不進行搜尋
35          dfs(G, v);
36      }
37  }
```

此處，讓我們以**圖 13.5** 的圖（有向圖）為例，詳細追蹤一下依照程式碼 13.2 進行的深度優先搜尋的動向。其中，與各頂點 $v \in V$ 相鄰的頂點集合 $G[v]$，是按照頂點編號從小到大的順序排列。形成如**圖 13.6** 所示的動向。

- 步驟 1：首先呼叫 dfs(G, 0)。進入頂點 0，頂點 0 變為搜尋完畢。此時，與頂點 0 相鄰的頂點 5 也變成「預定搜尋」的狀態。
- 步驟 2：接著，進入可從頂點 0 到達的頂點 5，之後，因為不存在可以從頂點 5 到達的頂點，所以暫時從遞迴函數 dfs 中跳出。
- 步驟 3：接著，回到原來的 main 函數的第 33 行至第 36 行的 for 迴圈，重新呼叫 dfs(G, 1)，進入頂點 1。
- 步驟 4：與頂點 1 相鄰的頂點有 3 和 6 兩種。首先，進入頂點編號較小的 3。

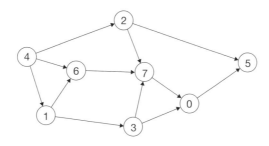

圖 13.5　用於確認深度優先搜尋動作的圖

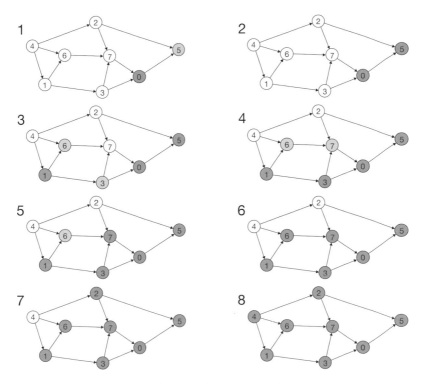

圖 13.6　對具體的圖進行深度優先搜尋的動向

- 步驟 5：與頂點 3 相鄰的頂點有 0 和 7 兩種，頂點 0 已經處於
  seen[0] = true 的狀態，所以進入頂點 7。
- 步驟 6：雖然從頂點 7 可以到達頂點 0，但是頂點 0 仍然已是
  seen[0] = true 的狀態，所以跳出關於頂點 7 的遞迴函數 dfs(G,
  7)，接著也跳出 dfs(G, 3)，回到函數 dfs(G, 1) 內。然後，前
  進到能夠從頂點 1 到達的另一個頂點 6。
- 步驟 7：由於能夠從頂點 6 到達的頂點全部搜尋完畢，所以結束
  關於頂點 6 的處理，再次回到頂點 1，但是能夠從頂點 1 到達的
  頂點也全部搜尋完畢，所以跳出函數 dfs(G, 1)，回到 main 函
  數內。重新呼叫 dfs(G, 2)，進入頂點 2。
- 步驟 8：由於能夠從頂點 2 到達的頂點全部搜尋完畢，所以馬上
  跳出 dfs(G, 2) 回到 main 函數內。v=3 時，由於已是 seen[3]
  = true，所以進到v=4 時的狀況，呼叫dfs(G, 4)，進入頂點4。

- 結束：能夠從頂點 4 到達的頂點全部搜尋完畢，所以也馬上跳出 dfs(G, 4)。v = 5, 6, 7 時的情況也已經搜尋完畢，因此結束疊代處理。

13.4 ● 「行進順序」和「回歸順序」

在此，我們來深入探討深度優先搜尋的搜尋順序吧。本節所進行的考察，在學習第 13.9 節所探討的拓撲排序和第 13.10 節所探討的「樹上的動態規畫法」時，也有助於理解。

本節為了簡單起見，思考將搜尋對象的圖設為有根樹，進行以根為起點的深度優先搜尋。首先，注意下列時間點是一致的。

- 在程式碼 13.1 中，頂點 v 從 todo 中取出的時間點
- 在程式碼 13.2 中，呼叫遞迴函數 dfs(G, v) 的時間點

按照這個時間點的先後順序，對各頂點進行編號，形成如**圖 13.7**左邊所示。這稱為**行進順序**（pre-order，前序）。此外，也來考察有關各頂點 v「從遞迴函數 dfs(G, v) 跳出的時間點」吧。按照這個時間點的先後順序對各頂點進行編號，形成如圖 13.7 右邊所示。這稱為**回歸順序**（post-order，後序）。

對照「行進順序」和「回歸順序」，可以充分理解深度優先搜尋所做的行動，是將有根樹包圍住繞行一周。對於各頂點 v，以下狀況成立。

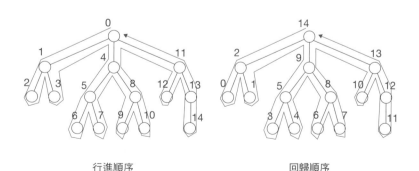

行進順序　　　　　　　　　回歸順序

圖 13.7 有根樹的行進順序和回歸順序

- 行進順序中，身為 v 子孫的頂點全部都在 v 之後出現
- 回歸順序中，身為 v 子孫的頂點全部都在 v 之前出現

這個性質在第 13.9 節中求「DAG 拓撲排序順序」時也發揮了重要的作用。

13.5 ● 作為最短路線演算法的廣度優先搜尋

接下來，深入探討廣度優先搜尋。廣度優先搜尋也可以視為求出從搜尋起點的頂點 s 到各頂點的最短路線的演算法。首先，於程式碼 13.3 顯示廣度優先搜尋的實現例。這是在意識到「藉由廣度優先搜尋，也能求出從起點 s 到各頂點的最短路線長度」這樣的狀況後，對程式碼 13.1 稍加修改後的內容。函數 BFS(G，s) 是以圖 G 上的 1 個頂點 $s \in V$ 為起點，來實施廣度優先搜尋。

程式碼 13.3 中使用的變數 dist、que 分別對應表 13.1 中的 seen、todo。陣列 dist 在演算法結束時，儲存從頂點 s 到各頂點的最短路線長度。在廣度優先搜尋中，從頂點 v 向未造訪的頂點 x 進行搜尋時，dist[x] 的值變為 dist[v]+1（第 29 行）。

另外，陣列 dist 是在初始狀態下將陣列整體初始化為 -1。因此，陣列 dist 也可以同時發揮表 13.1 中的陣列 seen 所承擔的作用。具體而言，dist[v] == -1 和 seen[v] == false 具有相同意義。que 是將表 13.1 中的 todo 設為佇列的型態。

程式碼 13.3　廣度優先搜尋實現的基本形式

```
1   #include <iostream>
2   #include <vector>
3   #include <queue>
4   using namespace std;
5   using Graph = vector<vector<int>>;
6
7   // 輸入：圖 G 和搜尋起點 s
8   // 輸出：表示從 s 到各頂點的最短路線長度的陣列
9   vector<int> BFS(const Graph &G, int s) {
10      int N = (int)G.size(); //   頂點數
```

```
11        vector<int> dist(N, -1); //   將全部頂點初始化為「未造訪」
12        queue<int> que;
13
14        // 初始條件（以頂點 0 作為初始頂點）
15        dist[s] = 0;
16        que.push(s); // 使頂點 0 變成橘色頂點
17
18        // 開始 BFS（進行搜尋直到佇列變空為止）
19        while (!que.empty()) {
20            int v = que.front(); //   從佇列取出開頭頂點
21            que.pop();
22
23            // 調查從 v 追溯到的所有頂點
24            for (int x : G[v]) {
25                // 已經發現過的頂點不進行搜尋
26                if (dist[x] != -1) continue;
27
28                // 更新有關新的白色頂點 x 的距離資訊並插入到佇列
29                dist[x] = dist[v] + 1;
30                que.push(x);
31            }
32        }
33        return dist;
34    }
35
36    int main() {
37        // 頂點數和邊數
38        int N, M;
39        cin >> N >> M;
40
41        // 接收圖輸入（此處假定為無向圖）
42        Graph G(N);
43        for (int i = 0; i < M; ++i) {
44            int a, b;
45            cin >> a >> b;
46            G[a].push_back(b);
47            G[b].push_back(a);
48        }
49
50        // 以頂點 0 為起點的 BFS
51        vector<int> dist = BFS(G, 0);
52
53        // 輸出結果（看見各頂點與頂點 0 相距的距離）
54        for (int v = 0; v < N; ++v) cout << v << ": " << dist[v] <<
                endl;
55    }
```

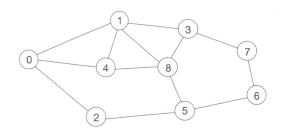

圖 13.8　用於確認廣度優先搜尋動作的圖

接下來，以圖 13.8 的圖為例，詳細追蹤依照程式碼 13.3 進行的廣度優先搜尋的動向。在深度優先搜尋中，使用了有向圖，但這次是使用無向圖。形成如圖 13.9 的動向。另外，圖中各頂點的顏色（白色、橘色、紅色）與表 13.2 所示相同。

- 步驟 0：首先將作為搜尋起點的頂點 0 插入佇列。此時 dist[0] = 0，所以在頂點 0 上標記 0 的值。
- 步驟 1：將頂點 0 從佇列中取出並造訪，將與頂點 0 相鄰的頂點 1、2、4 插入佇列中。此時，頂點 1、2、4 的 dist 值分別皆為 1，因此標記 1 的值。
- 步驟 2：從佇列中取出頂點 1。與頂點 1 相鄰的頂點 0、3、4、8 之中，將白色頂點 3、8 插入佇列中。此時，頂點 3、8 的 dist 值為 2（=dist[1] + 1）。
- 步驟 3：從佇列中取出頂點 4。因為與頂點 4 相鄰的頂點 0、1、8 中沒有白色頂點，所以不將新的頂點插入到佇列而結束步驟。
- 步驟 4：從佇列中取出頂點 2。將與頂點 2 相鄰的頂點 0、5 中的白色頂點 5 新插入佇列中。此時，頂點 5 的 dist 值為 2（=dist[2] + 1）。
- 步驟 5：從佇列中取出頂點 3。將與頂點 3 相鄰的頂點 1、7、8 中的白色頂點 7 插入佇列中。此時，頂點 7 的 dist 值為 3（=dist[3] + 1）。
- 步驟 6：從佇列中取出頂點 8。不將新的頂點插入到佇列而結束步驟。
- 步驟 7：從佇列中取出頂點 5。將白色頂點 6 新插入佇列中，頂

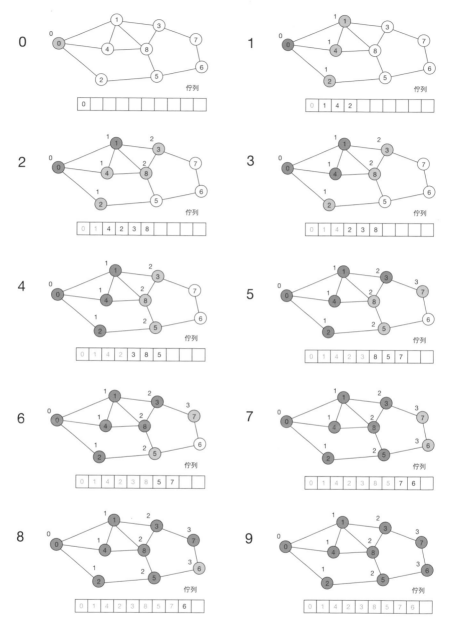

圖 13.9　對具體的圖進行廣度優先搜尋的動向

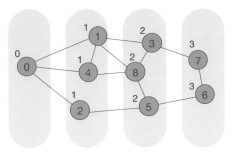

圖 **13.10** 根據廣度優先搜尋求得的 dist 的樣子

點 6 的 dist 值為 3（=dist[5] + 1）。

- 步驟 8：從佇列中取出頂點 7。
- 步驟 9：從佇列中取出頂點 6。
- 結束：佇列已清空，故結束處理。

以上的廣度優先搜尋結束時，對於各頂點 v，dist[v] 的值表示從起點 s 到頂點 v 的最短路線長度。圖 **13.10** 顯示用 dist 值將頂點分類過的樣子。可知就圖 G 的任意邊 $e=(u, v)$ 而言，dist[u] 和 dist[v] 的差為 1 以下。另外，廣度優先搜尋可說是從較小的 dist 值開始，按照順序來搜尋的演算法。這個演算法是從起點 s 出發，搜尋 dist 值為 1 的所有頂點，結束的話，就搜尋 dist 值為 2 的所有頂點，結束的話，就搜尋 dist 值為 3 的所有頂點，之後反覆進行這種步驟。

13.6 • 深度優先搜尋和廣度優先搜尋的計算複雜度

接著來評估深度優先搜尋、廣度優先搜尋的計算複雜度。在描述針對圖 $G = (V, E)$ 的演算法的計算複雜度時，通常是將頂點數 $|V|$、邊數 $|E|$ 兩者當成輸入規模。

根據處理的圖性質，有可以假定 $|E|=\Theta(|V|2)$ 的情況，也有可以假定 $|E|=O(|V|)$ 的情況[註1]。如前者的圖稱為**密集圖**（dense graph），如後

註 1　有關 Θ 符號的定義請參照第 2.7.3 節。

者的圖稱為**稀疏圖**（sparse graph）。例如，思考所有頂點間都有邊的單純圖（稱為**完全圖**〔complete graph〕）作為密集圖的例子時，下式成立（無向圖的情況下）。

$$|E| = \frac{|V|(|V|-1)}{2}$$

另一方面，例如，思考各頂點所連接的邊數最多為 k 條的圖作為稀疏圖的例子時，下式成立。

$$|E| \leq \frac{k|V|}{2}$$

像這樣，根據處理的圖性質不同，$|V|$ 和 $|E|$ 的「平衡」也不同，所以在表示圖演算法的計算複雜度時，將 $|V|$ 和 $|E|$ 兩者當成輸入規模。那麼，無論是深度優先搜尋還是廣度優先搜尋，都可知以下事實。

- 著眼於各頂點 v 時，它們最多被搜尋 1 次（因為同一頂點不會被再次搜尋）。
- 著眼於各邊 $e=(u, v)$ 時，它們最多被搜尋 1 次（因為邊 e 的起點 u 不會被再次搜尋）。

因此，深度優先搜尋、廣度優先搜尋的計算複雜度皆為 $O(|V|+|E|)$。可知不論是對頂點數 $|V|$ 還是對邊數 $|E|$ 都是線性時間。這代表也可以用同等於將圖作為輸入而接收時的計算複雜度，來實施圖搜尋。

13.7 ● 圖搜尋例（1）：求 s-t 路徑

接著，我們運用圖搜尋，來解決與圖相關的具體問題。很多問題，無論使用深度優先搜尋還是廣度優先搜尋都能夠解決，但是這裡主要顯示根據深度優先搜尋的解法。

首先，思考當給予有向圖 $G=(V, E)$ 和圖 G 上的 2 個頂點 $s, t \in V$ 時，判定如**圖 13.11** 的 s-t 路徑是否存在的問題。這可以說是判定從頂點 s 出發是否可以到達頂點 t 的問題。

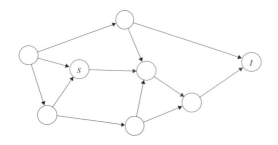

圖 **13.11** 判定 s-t 路徑是否存在的問題

無論使用深度優先搜尋還是廣度優先搜尋，都可以藉由進行以頂點 s 為起點的圖搜尋，並調查在該過程中是否造訪過頂點 t 來解決問題。使用深度優先搜尋的實現如程式碼 13.4 所示。也請務必針對廣度優先搜尋來實現看看（章末問題 13.2）。另外，計算複雜度為 $O(|V|+|E|)$。

程式碼 13.4　使用深度優先搜尋判定是否有 s-t 路徑

```
1   #include <iostream>
2   #include <vector>
3   using namespace std;
4   using Graph = vector<vector<int>>;
5
6   // 深度優先搜尋
7   vector<bool> seen;
8   void dfs(const Graph &G, int v) {
9       seen[v] = true; // 將 v 設為造訪完畢
10
11      // 有關可從 v 到達的各頂點 next_v
12      for (auto next_v : G[v]) {
13          if (seen[next_v]) continue; // 如果 next_v 為搜尋完畢的話不進行搜尋
14          dfs(G, next_v); //  遞迴搜尋
15      }
16  }
17
18  int main() {
19      // 頂點數與邊數，s 與 t
20      int N, M, s, t;
21      cin >> N >> M >> s >> t;
22
23      // 接收圖輸入
24      Graph G(N);
25      for (int i = 0; i < M;  ++i) {
```

```
26        int a, b;
27        cin >> a >> b;
28        G[a].push_back(b);
29    }
30
31    // 以頂點 s 為開始的搜尋
32    seen.assign(N, false); // 將全部頂點初始化為「未造訪」
33    dfs(G, s);
34
35    // 是否能到達 t
36    if (seen[t]) cout << "Yes" << endl;
37    else cout << "No" << endl;
38 }
```

13.8 ● 圖搜尋例（2）：二部圖判定

接下來，思考判定給予的無向圖是否為**二部圖**（bipartite graph）的問題。所謂二部圖是指，可以將各頂點分別塗成白色或黑色，且滿足「白色的頂點彼此之間不相鄰，黑色的頂點彼此之間也不相鄰」的條件的圖。換言之，二部圖是指如**圖 13.12** 般，將圖分割成左右類別，且可使同一類別內的頂點之間處於沒有邊的狀態。

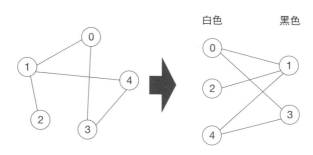

圖 13.12　二部圖

來思考一種方法，判定給予的圖 G 是否是二部圖。G 不連通的情況下，判定「所有的連通成分是否是二部圖」即可，所以只考慮 G 是連通的情況就可以了。首先，選擇 G 的一個頂點 v，因為就算將 v 塗成白色也不失普遍性，所以塗成白色。此時，可知有關與 v 相鄰的頂點，需要全部塗成黑色。同樣地，藉由反覆進行以下操作，最終所有的頂點會呈被塗成白色或黑色的狀態。

- 與白色頂點相鄰的頂點塗成黑色
- 與黑色頂點相鄰的頂點塗成白色

在這個過程中，如果檢測出「兩個端點為同色的邊」，則確定不是二部圖。相反的，如果沒有產生這種狀態而結束搜尋處理的話，確定是二部圖。

基於以上考察，將根據深度優先搜尋進行的二部圖判定的實現，顯示在程式碼 13.5。在此，陣列 color 的各值為 1 時，表示確定用黑色，為 0 時，表示確定用白色，為 -1 時，表示尚未搜尋。對於各頂點 v，color[v] == -1 和 seen[v] == false 是等價的。計算複雜度為 $O(|V|+|E|)$。

程式碼 13.5　二部圖判定

```cpp
#include <iostream>
#include <vector>
using namespace std;
using Graph = vector<vector<int>>;

// 二部圖判定
vector<int> color;
bool dfs(const Graph &G, int v, int cur = 0) {
    color[v] = cur;
    for (auto next_v : G[v]) {
        // 相鄰頂點已經確定顏色時
        if (color[next_v] != -1) {
            // 當相同顏色相鄰時，不是二部圖
            if (color[next_v] == cur) return false;

            // 已確定顏色時不進行搜尋
            continue;
        }

        // 改變相鄰頂點的顏色，並遞迴搜尋
        // false 返回的話，將 false 回傳
        if (!dfs(G, next_v  , 1 - cur)) return false;
    }
    return true;
}

int main() {
    // 頂點數與邊數
    int N, M;
    cin >> N >> M;
```

```
31
32        // 接收圖輸入
33        Graph G(N);
34        for (int i = 0; i < M; ++i) {
35            int a, b;
36            cin >> a >> b;
37            G[a].push_back(b);
38            G[b].push_back(a);
39        }
40
41        // 搜尋
42        color.assign(N, -1);
43        bool is_bipartite = true;
44        for (int v = 0; v < N; ++v) {
45            if (color[v] != -1) continue; // 當 v 搜尋完畢時不進行搜尋
46            if (!dfs(G, v)) is_bipartite = false;
47        }
48
49        if (is_bipartite) cout << "Yes" << endl;
50        else cout << "No" << endl;
51    }
```

13.9 ● 圖搜尋例（3）：拓撲排序

拓撲排序是如**圖 13.13** 所示，對於給予的有向圖，將各頂點沿著邊的方向編序並重新排列。作為應用例，可以舉出像 make 等組建系

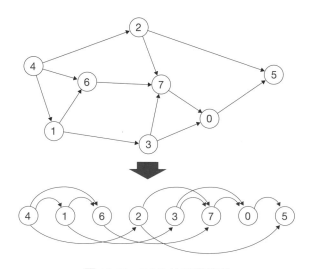

圖 13.13 DAG 的拓撲排序

統中可以看到的解決依賴關係的處理。注意並非任何有向圖都是可拓撲排序的。在包含有向迴圈[註2]的有向圖中，不能將有向迴圈中的頂點編序。為了使拓撲排序可行，給予的圖 G 不具有有向迴圈是必要（且充分）的。這樣的有向圖稱為 **DAG**（Directed Acyclic Graph：有向無環圖）。另外，拓撲排序的順序通常不是唯一的，可以考慮多種方式。

實際上，給予 DAG 時，求拓撲分類順序的演算法，只要在顯示「使用遞迴函數的深度優先搜尋」的程式碼 13.2 上稍加修改就可以實現。關於各頂點 $v \in V$ 的「遞迴函數 dfs(G, v) 被呼叫的瞬間（行進順序）」用 v-in 表示，「結束遞迴函數 dfs(G, v) 的瞬間（回歸順序）」用 v-out 表示。將對圖 13.13 的圖應用程式碼 13.2 時發生的事件，按照時間順序進行整理的話，會如下所示。

0-in → 5-in → 5-out → 0-out
→ 1-in → 3-in → 7-in → 7-out → 3-out → 6-in → 6-out → 1-out
→ 2-in → 2-out
→ 4-in → 4-out

在此，例如著眼於 1-out，可知對於可從頂點 1 追溯的頂點（5, 0, 7, 3, 6），5-out、0-out、7-out、3-out、6-out 全部比 1-out 先結束。也就是可知在頂點 5、0、7、6 的遞迴函數全部結束後，頂點 1 的遞迴函數才結束。一般來說，就任意頂點 v 而言，在可從 v 追溯到的所有頂點結束遞迴函數後，頂點 v 的遞迴函數才結束。根據這個性質，可說有如下事實。

> **拓撲排序概念**
> 　　按照深度優先搜尋中跳出遞迴函數的順序來排列頂點，且藉由以相反順序重新排列，可以得到拓撲排序的順序。

註2　參照第 10.1.3 節。

由以上的考察，將使用深度優先搜尋的拓撲分類的實現顯示於程式碼 13.6。計算複雜度為 $O(|V|+|E|)$。

程式碼 13.6　拓撲排序的實現

```cpp
#include <iostream>
#include <vector>
#include <algorithm>
using namespace std;
using Graph = vector<vector<int>>;

// 進行拓撲排序
vector<bool> seen;
vector<int> order; // 表示拓撲排序的順序
void rec(const Graph &G, int v) {
    seen[v] = true;
    for (auto next_v : G[v]) {
        if (seen[next_v]) continue; // 如果已造訪完畢的話不進行搜尋
        rec(G, next_v);
    }

    // 記錄 v-out
    order.push_back(v);
}

int main() {
    int N, M;
    cin >> N >> M; // 頂點數與枝數
    Graph G(N); // 頂點數 N 的圖
    for (int i = 0; i < M; ++i) {
        int a, b;
        cin >> a >> b;
        G[a].push_back(b);
    }

    // 搜尋
    seen.assign(N, false); // 初始狀態下，全部頂點為未造訪
    order.clear(); // 拓撲排序的順序
    for (int v = 0; v < N; ++v) {
        if (seen[v]) continue; // 如果已造訪完畢的話不進行搜尋
        rec(G, v);
    }
    reverse(order.begin(), order.end()); // 以相反順序

    // 輸出
    for (auto v : order) cout << v << " -> ";
    cout << endl;
}
```

13.10 • 圖搜尋例（4）：樹上的動態規畫法（*）

在解有關樹的問題時，很多情況下是不會特別以有根為前提的。在無根樹中，沒有像「哪個頂點是否為哪個頂點的父頂點」這樣的關係性。但是，為了方便起見，對無根樹也任意決定一個根而形成有根樹，藉此常使樹變得更直觀（第 18.2 節的「加權最大穩定集合問題」等）。**圖 13.14** 是表示對於無根樹，透過以藍色箭頭所示的頂點為根，形成右側的有根樹。可知藉由在樹上指定根，會產生所謂「哪個頂點是哪個頂點的父頂點，哪個頂點是哪個頂點的子頂點」這樣的「系統樹」的結構。

在此，對於無根樹，思考求出「藉由決定某 1 個頂點作為根而形成的有根樹的形狀」的問題。具體來說，試著對各頂點 v 求出以下的值。

- 頂點 v 的深度
- 以頂點 v 為根的子樹的大小（子樹所含的頂點數）

另外，無根樹的輸入資料是以以下形式提供的。

N
$a_0\ b_0$
$a_1\ b_1$
$\vdots$
$a_{N-1}\ b_{N-1}$

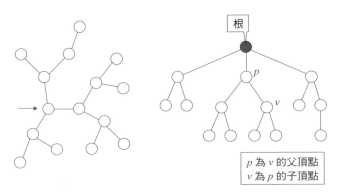

圖 13.14 　藉由從無根樹選擇 1 頂點來做成有根樹的樣子

這個輸入形式與第 10.3 節所示的幾乎相同，但是因為當頂點數為 N，邊數為 M 時，$M = N-1$ 總是成立，所以省略 M（第 10 章的章末問題 10.5）。

接著，為了要求出因指定根而形成的有根樹會變成怎樣，採用深度優先搜尋的話，就很清楚了。使用廣度優先搜尋也可以，但是在各頂點返回時，常有想進行統整子頂點資訊的處理的狀況，所以這種情況下比較適合深度優先搜尋。對樹進行深度優先搜尋時，利用「樹沒有循環」的事實，可以稍微使實現更簡潔。具體而言，可以去掉在程式碼 13.2 中登場的陣列 seen，並如程式碼 13.7 所示來實現。p 表示 v 的父頂點。但是，注意實際上在進行搜尋之前，並不知道 p 是 v 的父頂點。

程式碼 13.7　無根樹的掃描的實現基本形式

```
using Graph = vector<vector<int>>;

// 樹上的搜尋
// v: 現在搜尋中的頂點、p: v 的父頂點（當v為根時 p = -1）
void dfs(const Graph &G, int v, in t p = -1) {
    for (auto c : G[v]) {
        if (c == p) continue; // 防止搜尋朝父頂點的方向逆向

        // c 在 v 的各子頂點移動，此時 c 的父頂點為 v
        dfs(G, c, v);
    }
}
```

接著，可以透過稍微修改程式碼 13.7 來解決有關有根樹的各種問題。首先，關於各頂點 v 的深度，是如程式碼 13.8 所示，透過在遞迴函數的參數中追加深度的資訊而求得。

程式碼 13.8　求出將無根樹當成有根樹時的各頂點深度

```
using Graph = vector<vector<int>>;
vector<int> depth; // 方便上將答案儲存於全域

// d: 頂點 v 的深度（當 v 為根時 d = 0）
void dfs(const Graph &G, int v, in t p = -1, int d = 0) {
    depth[v] = d;
    for (auto c : G[v]) {
```

```
8          if (c == p) continue; // 防止搜尋朝父頂點的方向逆向
9          dfs(G, c, v, d + 1); // 將 d 增加 1 並朝向子頂點
10    }
11 }
```

接下來，思考以各頂點 v 為根的子樹的大小 subtree_size [v]。這可以透過下面的遞迴關係式求得。加 1 表示頂點 v 自己。

子樹的大小的遞迴關係式（動態規畫法）

$$\text{subtree\_size}[v] = 1 + \sum_{c\,:\,(v\text{的子頂點})} \text{subtree\_size}[c]$$

要注意的是，為了求出 subtree_size[v]，有必要對頂點 v 的各子頂點 c 確定 subtree_size[c]。因此這個處理會在回歸時進行。另外，這種「使用有關子頂點的資訊，來對父頂點的資訊進行更新」的處理，也可以看成是對樹應用動態規畫法。總結以上處理，可以如程式碼 13.9 所示進行實現。計算複雜度為 $O(|V|)$。

最後，回顧一下如何求出「深度」和「子樹的大小」。考慮到求出各個值的時間點，可說如下。

● 各頂點的深度：在行進時求得
● 以各頂點為根時的子樹的大小：在回歸時求得

已認知到行進順序的處理，適合「將有關父頂點的資訊分送給子頂點」的狀況，已認知到回歸順序的處理，適合「收集子頂點的資訊以更新父頂點的資訊」的狀況。靈活地區分使用吧。

程式碼 13.9　求出將無根樹做成有根樹時，各頂點深度和子樹的大小

```
1  #include <iostream>
2  #include <vector>
3  using namespace std;
4  using Graph = vector<vector<int>>;
5
6  // 樹上的搜尋
7  vector<int> depth;
```

```
 8   vector<int> subtree_size;
 9   void dfs(const Graph &G, int v, in t p = -1, int d = 0) {
10       depth[v] = d;
11       for (auto c : G[v]) {
12           if (c == p) continue; // 防止朝父頂點的方向逆向搜尋
13           dfs(G, c, v, d + 1);
14       }
15
16       // 回歸時，求出子樹大小
17       subtree_size[v] = 1; // 自己
18       for (auto c : G[v]) {
19           if (c == p) continue;
20
21           // 將以子頂點為根的子樹大小加入計算
22           subtree_size[v] += subtree_size[c];
23       }
24   }
25
26   int main() {
27       // 頂點數（由於是樹所以邊數確定為 N - 1）
28       int N;
29       cin >> N;
30
31       // 接收圖輸入
32       Graph G(N);
33       for (int i = 0; i  < N - 1; ++i) {
34           int a, b;
35           cin >> a >> b;
36           G[a].push_back(b);
37           G[b].push_back(a);
38       }
39
40       // 搜尋
41       int root = 0; // 假設以頂點 0 為根
42       depth.assign(N, 0);
43       subtree_size.assign(N, 0);
44       dfs(G, root);
45
46       // 結果
47       for (int v = 0; v < N; ++v) {
48           cout << v << ": depth = " << depth[v]
49           << ", subtree_size = " << subtree_size[v] << endl;
50       }
51   }
```

13.11 ● 總結

在本章中，詳細說明了深度優先搜尋和廣度優先搜尋當作圖搜尋的方法。這些是成為所有圖演算法基礎的重要知識。在第 14 章將說明的最短路線演算法可以看成是將廣度優先搜尋普遍化，而第 16 章說明的網路流中，圖搜尋技法經常作為副程式而發揮作用。

最後，簡單闡述一下之後的章節中將登場的有關圖的主題。第 14 章研究了各邊有權重的加權圖，並解說更高階的最短路線演算法。進一步在第 15 章將介紹最小生成樹的問題，並介紹基於貪婪法的克魯斯卡法。最後在第 16 章中，將介紹可稱為圖演算法精華的網路流理論。

● ● ● ● ● ● ● ● 　章末問題　 ● ● ● ● ● ● ●

13.1 在第 11.7 節中，使用 Union-Find 解決了計算無向圖的連通成分的個數的問題。請使用深度優先搜尋或者廣度優先搜尋來解答同樣的問題。(難度★☆☆☆☆)

13.2 在程式碼 13.4 中，判定對於圖 $G = (V, E)$ 上的 2 個頂點 $s, t \in V$，是否存在 s-t 路徑。請以廣度優先搜尋來實現此問題。(難度★★☆☆☆)

13.3 在程式碼 13.5 中，判定無向圖 $G = (V, E)$ 是否為二部圖。請以廣度優先搜尋來實現此問題。(難度★★☆☆☆)

13.4 關於 1.2.2 節中所看到的迷宮，請將迷宮的大小設為 $H \times W$，設計以 $O(HW)$ 求出從起點到終點的最短路線的演算法。(難度★★☆☆☆)

13.5 請以廣度優先搜尋來實現程式碼 13.6 的拓撲排序。(難度★★★★☆)

13.6 請設計一種演算法，判定有向圖 $G = (V, E)$ 是否包含有向迴圈，如果包含，則求出 1 個具體迴圈。(難度★★★★☆)

第 14 章

圖（2）：
最短路線問題

在第 13 章中，我們看過對無權重圖透過廣度優先搜尋來求得最短路線。本章則將針對在圖的各邊有權重時的最短路線問題統整更普遍的解法。藉此，飛躍性地擴展了對現實世界中問題的應用範圍。而且，對於圖上的最短路線問題的各種演算法，可以說是第 5 章中說明的動態規畫法的直接應用。此外，可適用於當圖各邊的權重為非負數時的戴克斯特拉法，是以第 7 章說明的貪婪法為基礎的演算法。

14.1 • 最短路線問題是什麼？

最短路線問題，顧名思義，就是求圖上長度最短的行走路線（walk）的問題。在本章中，圖的各邊 e 的權重將寫成 $l(e)$，路線 W、迴圈 C、路徑 P 的長度將分別寫成 $l(W)$、$l(C)$、$l(P)$。

在本章中，行走路線（walk）、迴圈（cycle）、路徑（path）等概念隨處可見。不確定這些定義的讀者，請確認第 10.1.3 節。

最短路線問題，不僅廣泛用在汽車導航或鐵路轉乘導覽服務的應用上，在理論上也是很重要的問題。首先，整理有關本章整體共有的問題設定和各概念。

14.1.1 加權有向圖

在本章將思考有關加權有向圖。無權重圖可以看成是各邊權重為 1 的加權圖。另外，無向圖可以認為是展開雙向的邊 (u, v)、(v, u) 來

對應各邊 $e = (u, v)$ 的有向圖。因此，加權有向圖可以說是普遍性較高的研究對象。而且，連接相同頂點對且相互逆向的有向邊 (u, v)、(v, u) 也可以具有不同的權重。為了把所需時間會依前進的方向而變化，例如騎自行車通過斜坡時的狀況進行建模，這樣的圖會很有效。

14.1.2　單一起點最短路線問題

除了第 14.7 節以外，本章討論的問題是**單一起點最短路線問題**。單一起點最短路線問題是指：給予有向圖 $G = (V, E)$ 上的 1 點 $s \in V$，求出從 s 到各點 $v \in V$ 的最短路線的問題。**圖 14.1** 顯示了具體的加權有向圖的範例，和在該圖中將 $s = 0$ 作為起點時，到各頂點的最短路線長度（紅字）及最短路線（紅粗邊）。

將通往各頂點的最短路線重疊的話，可以看到以頂點 s（=0）為根的有根樹。

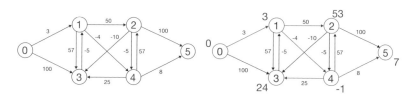

以頂點 s（=0）為起點到
各頂點的最短路線

圖 14.1　單一起點最短路線問題的範例。例如從頂點 s（=0）到頂點 5 的最短路線長度為 7，具體的最短路線為 0 → 1 → 4 → 5。

14.1.3　負邊和負迴圈

具有負數權重的邊稱為**負邊**。本章也將思考帶有負邊的圖。負邊可以想成是表示藉由通過此邊，可獲得帶有減少成本的額外好處這樣的情況。另外，長度為負數的迴圈稱為**負迴圈**（negative cycle）。具有負迴圈的圖需要注意最短路線問題的處理。因為透過多繞負迴圈幾圈，無論路線長度要變多短都可以。例如，在**圖 14.2** 中，考慮從頂點 0 到頂點 4 的最短路線時，迴圈 1 → 2 → 3 → 1 的權重為 -4，因

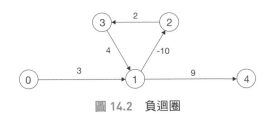

圖 14.2　負迴圈

此，可以知道藉由多繞幾圈，無論想將路線長度縮到多短都可以。

　　但是，即使是有負邊的圖，也不一定具有負迴圈。沒有負迴圈的圖可以求出最短路線。另外，即使是具有負迴圈的圖，在無法從起點到達負迴圈的情況下，可以忽略負迴圈（實現上需要稍微注意）。並且，即使在可以從起點到達負迴圈的情況下，對於無法從該負迴圈到達的頂點 v，可以求出從起點到 v 的最短路線。第 14.5 節說明的貝爾曼‧福特法，是當存在有可以從起點到達的負迴圈時報告這一情況，在沒有這樣的負迴圈時則求出通往各頂點的最短路線。另外，在知道圖沒有負邊的情況下，透過在 14.6 節說明的戴克斯特拉法，可以更快地求出最短路線。

14.2 ● 最短路線問題的整理

　　在第 13.5 節中，以廣度優先搜尋解決了無權重圖上的最短路線問題。另外，在第 5 章的動態規畫法中，針對幾個最佳化問題，將它們視為求圖的最短路線的問題來解答。在第 5 章中登場的圖特徵為不具備有向迴圈。由於不具備有向迴圈，所以狀態不會進入迴圈，且明確地定下拓樸排序的順序（第 13.9 節）。我們已在第 13.9 節看到過把這種圖稱為 DAG。在思考 DAG 上的最短路線問題時，一看就知道「最好從哪一邊開始依序鬆弛」，藉由按照該順序執行鬆弛處理，而依序求出了通往各頂點的最短路線（第 5.3.1 節）。

　　但是，在有迴圈的圖上，最好從哪一邊開始依序鬆弛並不明確，因此需要更高階的演算法。有關即使對這樣的圖也可以求出最短路線的演算法，本章將就貝爾曼‧福特法和戴克斯特拉法來進行解說。首先將能夠

表 14.1　最短路線問題的整理

圖的特性	方法	計算複雜度	備註
亦含有負數權重的邊的圖	貝爾曼‧福特法	$O(|V||E|)$	因為從哪個頂點依序確定最短路線並不明確，所以進行 $|V|$ 次迴圈
所有邊的權重都非負數的圖	戴克斯特拉法	$O(|V|2)$ 或 $O(|E|\log|V|)$	雖然沒有事先決定從哪個頂點依序確定最短路線，但經過計算，在進行的過程中會自動決定
DAG	動態規畫法	$O(|V|+|E|)$	事先就決定從哪個頂點依序確定最短路線
無權重的圖	廣度優先搜尋	$O(|V|+|E|)$	請參照第 13 章

應用這些演算法的圖性質等進行整理，如**表 14.1** 所示[註1]。

14.3 • 鬆弛

在此，對動態計劃法的說明中引入的**鬆弛**（第 5.3.1 節）的思考方式進行深入探討。首先，將在第 5.3.1 節中引入的函數 chmin 再次呈現於程式碼 14.1。函數 chmin 的處理內容如下述。

1. 暫定出最小值 a

2. 與新的最小值候選 b 進行比較

3. 如果 $a > b$，則將 a 更新為 b

但是，程式碼 14.1 的函數 chmin 擴充了第 5.3.1 節的函數 chmin 的功能，用布林值（true 或 false）回傳是否進行了更新。

程式碼 14.1　用於鬆弛的函數 chmin

```
1   template<class T> bool chmin(T& a, T b) {
2       if (a > b) {
3           a = b;
4           return true;
5       }
6       else return false;
7   }
```

註 1　除此之外，對圖的各邊權重為 0 或 1 時的計算複雜度 $O(|V|+|E|)$ 的解法等也廣為人知。請以「0-1 BFS」上網搜尋看看。

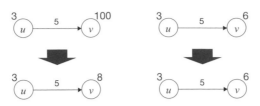

圖 14.3　鬆弛的樣子。在此是進行有關邊 (u, v)（長度為 5）的鬆弛，有必要的話就更新 $d[v]$ 的值。左邊的狀況下，與 $d[v]=100$ 相比，$d[u]+5=8$ 較小，所以將 $d[v]$ 的值更新為 8。右邊的狀況下，$d[v]=6$ 是比 $d[u]+5=8$ 還小，所以不會特別更新，而是維持現狀。

　　本章說明的最短路線演算法，皆為管理 $d[v]$，這是推測從起點 s 到各個頂點 v 的最短路線長度的值，並反覆進行針對各邊的鬆弛。在演算法開始時，將最短路線長度推測值 $d[v]$ 的初始值設為下式。

$$d[v] = \begin{cases} \infty & (v \neq s) \\ 0 & (v = s) \end{cases}$$

關於邊 $e=(u, v)$ 的鬆弛是指如下處理。

chmin($d[v],d[u]+l(e)$)

　　如圖 14.3 所示，對於 $d[v]$，如果 $d[u]+l(e)$ 比較小的話，就更新為 $d[u]+l(e)$。在演算法開始時，最短路線長度推測值 $d[v]$ 對起點 s 以外的頂點 v 為 ∞ 值，並透過反覆對各邊進行鬆弛處理而逐漸減少。最後，對任意頂點 v，$d[v]$ 會收斂到實際上的最短路線長度（後面將其表示為 $d^*[v]$）。

　　接著，針對最短路線問題和鬆弛所具的意義，來簡單地說明一下它的意象。首先，最短路線問題也可以解釋為如**圖 14.4** 所示，對由幾個頂點和連接這些頂點的多條繩所構成的對象，抓住特定的頂點 s，並拉緊剩下的各個頂點時，求出各個頂點離 s 有多遠的問題[註2]。

　　接下來，思考有關鬆弛所具的意義。我們來思考一下將最短路線

註2　實際上，這個問題被稱為最短路線問題的對偶問題，與原來的最短路線問題等價。具體而言，是求「各頂點彼此的距離不超過某個限制值的範圍內，各頂點能從 s 離開多遠」的最大化問題。關於這個對偶問題，會在第 14.8 節裡深入研究。

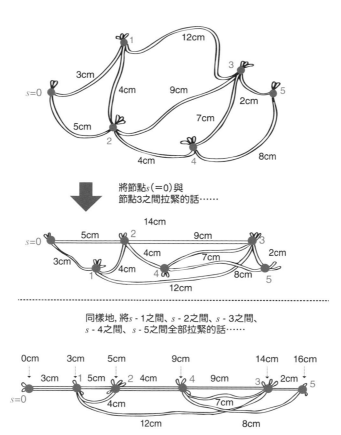

圖 14.4 解釋求最短路線時，將繩子繃緊的樣子。

演算法所管理的最短路線長度推測值 $d[v]$，繪製在數軸上。將頂點 v 配置在數軸上的座標 $d[v]$。在此，將配置在座標 $d[v]$ 的頂點 v，特別稱為節點 v。演算法的初始狀態下，只有節點 s 在座標 0 的地點（$d[s]=0$），其他節點 v 在無限遠的地點（$d[v]=\infty$）。關於邊 $e=(u, v)$ 的鬆弛，可說是將節點 v 的位置 $d[v]$ 進行如下述移動的處理。

- 如果節點 v 的位置 $d[v]$ 在比節點 u 的位置 $d[u]$ 右邊距離 $l(e)$ 以上，則一邊將節點 v 拉向節點 u 的方向，一邊用長度為 $l(e)$ 的繩子將節點 u 和節點 v 之間連接並拉緊
- 此時，節點 v 的位置 $d[v]$ 被更新為 $d[v]+l(e)$

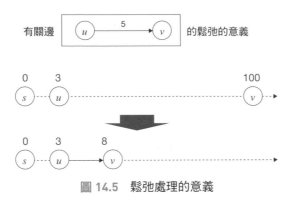

有關邊 $u \xrightarrow{5} v$ 的鬆弛的意義

圖 **14.5** 鬆弛處理的意義

　　圖 **14.5** 顯示一例。在進行鬆弛前，節點 v 的位置（$d[v] = 100$）是在比節點 u 的位置（$d[u] = 3$）只向右進 $l(e) = 5$ 的位置（$d[u] + l(e) = 8$）還要更右邊的狀況。此時，透過進行有關邊 $e = (u, v)$ 的鬆弛，節點 v 的位置 $d[v]$ 被更新為 $d[u]+l(e)=8$。

　　此後要探討的最短路線演算法都是透過反覆進行鬆弛，逐漸將各節點朝節點 s 方向拉近的演算法。如果變成「無論對哪一個邊進行鬆弛，節點的位置都不會更新的狀態」，那麼演算法就可以結束。

　　在此，讓我們回想一下剛才的「求最短路線可以解釋為拉緊繩子」的觀察（圖 14.4）。可以知道，在反覆進行鬆弛處理一段時間之後，已確定的各節點 v 的位置 $d[v]$，與從 s 到 v 的最短路線長度 $d*[v]$ 一致。另外，如果進一步深入上述關於繩子的討論，就會出現勢能（potential）這一概念。在第 14.8 節中，將對有興趣的讀者進行解說。

14.4 ● DAG 上的最短路線問題：動態規畫法

　　首先，考慮圖為 DAG 的情況。我們已經在第 5.2 節裡解決了這樣的 DAG 的最短路線問題。具體而言，在**圖 14.6** 這樣的圖中，將從頂點 0 到各個頂點的最短路線長，根據動態規畫法依序求出。當時，討論了「接收轉移形式」和「分發轉移形式」雙方，但無論如何重要的是要滿足以下性質。

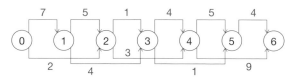

圖 14.6 表示 Frog 問題的圖

> **DAG 中鬆弛處理的順序的要點**
>
> 　對各邊 $e = (u, v)$ 實施鬆弛處理時，頂點 u 的 $d[u]$ 會收斂到真正的最短路線長度。

　為了保證這個性質而變得重要的，是在第 13.9 節中也登場過的拓撲排序。透過對 DAG 整體的拓撲排序，可以讓應該鬆弛的邊的順序變得明顯。按照根據拓撲排序得到的頂點順序，以「接收轉移形式」或著「分發轉移形式」決定的順序將邊進行鬆弛，藉此可以求出到達各頂點的最短路線長度[註3]。拓撲排序和各邊的鬆弛處理都能夠以 $O(|V|+|E|)$ 的計算複雜度來執行，所以整體的計算複雜度也變成 $O(|V|+|E|)$。

　另外，第 5.2 節中對於如圖 14.6 那樣的圖解答最短路線問題時，顯然沒有進行拓撲排序。這是因為事前就很清楚拓撲排序的順序了（即頂點編號順序）。

14.5 ● 單一起點最短路線問題：貝爾曼·福特法

　上一節，針對不具備有向迴圈的有向圖思考了最短路線問題。在本節，將考慮即使對包含了有向迴圈的有向圖，也能求出最短路線的演算法。本節所介紹的**貝爾曼·福特**（Bellman-Ford）法是，如果存在可從起點 s 到達的負迴圈，就報告這一情況，如果不存在負迴圈，就求出通往各頂點 v 的最短路線的演算法。另外，在保證邊的權重全部是非負數的情況下，下一節學習的戴克斯特拉法是有效的。

註3　另外，如果使用記錄化遞迴，也可以綜合執行「拓撲排序」、「按照得到的頂點順序進行鬆弛」的 2 個步驟的處理。

14.5.1 貝爾曼・福特法的概念

包含有向迴圈的圖與 DAG 上的最短路線問題不同，不知道有效的邊鬆弛順序。因此，讓我們反覆進行「對各邊一律鬆弛（不論順序）」這樣的操作，直到最短路線長度推測值 $d[v]$ 不再被更新為止（**圖 14.7**）。事實上，在不具有從起點 s 可以到達的負迴圈的情況下，會顯示藉由最高 $|V|-1$ 次的疊代，$d[v]$ 的值收斂到真正的最短路線長度 $d^*[v]$（參照第 14.5.3 節）。也就是說，即使進行第 $|V|$ 次疊代，$d[v]$ 的值也不會更新。由於對各邊的鬆弛需要 $O(|E|)$ 的計算複雜度，且進行 $O(|V|)$ 次疊代，故貝爾曼・福特法的計算複雜度是 $O(|V||E|)$。

反過來說，如果具有能夠從起點 s 到達的負迴圈，也可以顯示出在第 $|V|$ 次疊代時，存在有某條邊 $e = (u,v)$，且透過有關邊 e 的鬆弛使 $d[v]$ 的值被更新（參照第 14.5.3 節）。

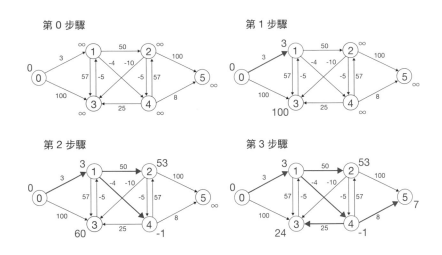

圖 14.7　貝爾曼・福特法的執行例。解決以頂點 0 為起點的單一起點最短路線問題。另外，1 次疊代中的邊鬆弛順序為邊 (2,3)、(2,4)、(2,5)、(4,2)、(4,3)、(4,5)、(3,1)、(1,2)、(1,3)、(1,4)、(0,1)、(0,3)。雖然這是一個效率非常低的順序，但可以了解到，藉由反覆進行還是能求出通往每個頂點的最短路線。在各疊代中，求出最短路線的部分用紅色粗體表示（注意，實際上，不到演算法結束為止是無法確定哪裡是最短路線的）。另外，此圖的情況是在第 3 次疊代求出最短路線（注意，實際上，在實施第 4 次疊代且確認未發生更新之前，不會確定這件事）。

14.5.2 貝爾曼．福特法的實現

貝爾曼．福特法可以如程式碼 14.2 來實現[註4]。輸入形式如下。N 表示圖的頂點數，M 表示邊數，s 表示起點編號。另外，第 i(=0,1,...,M-1) 條邊表示從頂點 a_i 到頂點 b_i 以權重 w_i 連結。

> $N\ M\ s$
> $a_0\ b_0\ w_0$
> $a_1\ b_1\ w_1$
> $\vdots$
> $a_{M-1}\ b_{M-1}\ w_{M-1}$

程式碼 14.2 進行以下處理。

- 將「對各邊一律鬆弛」的操作進行 $|V|$ 次疊代（如果沒有負迴圈，則第 $|V|$ 次操作應該不會發生更新）
- 如果第 $|V|$ 次操作中發生了更新，就代表存在從起點 s 可以到達的負迴圈，故報告這一情況

另外，這裡對於不能從起點 s 到達的負迴圈是不理會的。具體而言，根據第 48 行的處理，不會進行從起點 s 無法到達的頂點的鬆弛。然後到最後，如果確定不存在從起點 s 可以到達的負迴圈，則輸出通往各個頂點 v 的最短路線長 d[v]（第 69 行）。但是，$d[v]$ = INF 時，代表不可能從 s 到達 v，因此報告此情況（第 70 行）。

另外，作為為了使演算法提早結束的措施，加入了「如果沒有發生更新，則確定求得最短路線，因此停止疊代（第 59 行）」的處理。

程式碼 14.2　貝爾曼．福特法的實現

```
1   #include <iostream>
2   #include <vector>
3   using namespace std;
```

註4　雖然是細微的注意點，但是此處的實現裡，在某個疊代中，對某個頂點 u 的最短路線推測值 $d[u]$ 被更新時，有可能會將這個值用在同一疊代中以 u 為起點的邊的鬆弛上。實際上是可以期待藉此而減少疊代次數，但是原來的貝爾曼．福特法中，同一疊代時是使用更新前的推測值。

```
4
5      //  表示無限大的值
6      const long long INF = 1LL << 60; // 使用十分大的值（在此是 2^60）
7
8      //  表示邊的型態，在此將表示權重的型態設為 long long 型態
9      struct Edge {
10         int to; // 相鄰頂點編號
11         long long w; // 權重
12         Edge(int to, long long w) : to(to), w(w) {}
13     };
14
15     //  表示加權圖形的型態
16     using Graph = vector<vector<Edge>>;
17
18     //  實施鬆弛的函數
19     template<class T> bool chmin(T& a, T b) {
20         if (a > b) {
21             a = b;
22             return true;
23         }
24         else return false;
25     }
26
27     int main() {
28         // 頂點數、邊數、起點
29         int N, M, s;
30         cin >> N >> M >> s;
31
32         // 圖
33         Graph G(N);
34         for (int i = 0; i < M; ++i) {
35             int a, b, w;
36             cin >> a >> b >> w;
37             G[a].push_back(Edge(b, w));
38         }
39
40         // 貝爾曼‧福特法
41         bool exist_negative_cycle = false; // 是否具有負迴圈
42         vector<long long> dist(N, INF);
43         dist[s] = 0;
44         for (int iter = 0; iter < N; ++iter) {
45             bool update = false; // 表示更新是否發生的旗標
46             for (int v = 0; v < N;  ++v) {
47                 // dist[v] = INF 的時候，不進行從頂點 v 的鬆弛
48                 if (dist[v] == INF) continue;
49
50                 for (auto e : G[v]) {
51                     // 進行鬆弛處理，若有更新則將 update 設為 true
```

```
52              if (chmin(dist[e.to], dist[v] + e.w)) {
53                  update = true;
54              }
55          }
56      }
57
58      // 若沒有進行更新，則已求得最短路線
59      if (!update) break;
60
61      // 若在第 N 次疊代有進行更新，則具有負迴圈
62      if (iter == N - 1 && update) exist_negative_cycle = true;
63  }
64
65  // 輸出結果
66  if (exist_negative_cycle) cout << "NEGATIVE CYCLE" << endl;
67  else {
68      for (int v = 0; v < N; ++v) {
69          if (dist[v] < INF) cout << dist[v] << endl;
70          else cout << "INF" << endl;
71      }
72  }
73 }
```

14.5.3　貝爾曼・福特法的正確性（＊）

以下將證明「在不具有可以從起點 s 到達的負迴圈的圖中，演算法透過最多 $|V|$-1 次的疊代而收斂」以及「在具有可以從起點 s 到達的負迴圈的圖中，第 $|V|$ 次疊代時必然會發生更新」。

首先，注意在不具有可到達的負迴圈的圖中，可以將求長度最小的路線（行走）的最短路線問題考量為求長度最小的路徑的最短路線問題。通道與路線不同，具有同一頂點不能通過 2 次以上的限制。

在沒有可到達的負迴圈的圖上，思考長度最小的路線時，沒有必要進行通過同一頂點 2 次以上這樣的無用動作。更正確地來說，藉由去除包含在路線中的迴圈，即使進行設為通道的操作，長度也不會增加（**圖 14.8**）。由此可知，圖不具有負迴圈時，最短路線問題的研究對象只限於路徑即可。也就是說，在路線中，只需考慮包含在路線中的邊數最多為 $|V|$-1 以下。這代表在貝爾曼・福特法中，如果將「對各邊一律鬆弛」的處理進行最大為 $|V|$-1 次的疊代，就可以求出從起點 s 可以到達的所有頂點的最短路線長度。

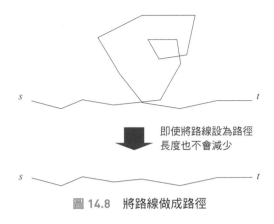

即使將路線設為路徑
長度也不會減少

圖 14.8　將路線做成路徑

　　接著，證明當存在可以從起點 s 到達的負迴圈時，第 $|V|$ 次疊代時一定會發生更新。將可以從起點 s 到達的負迴圈 P 的各頂點設為 $v_0, v_1, \ldots, v_{k-1}, v_0$。若假設 P 所包含的所有邊都沒有進行更新的話，下式會成立。

$$
\begin{aligned}
l(P) &= \sum_{i=0}^{k-1} l((v_i, v_{i+1})) \qquad (\text{設 } v_k = v_0) \\
&\geq \sum_{i=0}^{k-1} (d[v_{i+1}] - d[v_i]) \\
&= 0
\end{aligned}
$$

　　這與 P 是負迴圈的事實矛盾。因此，證明了存在可以從起點 s 到達的負迴圈時，第 $|V|$ 次疊代時必定會發生更新。

14.6 ● 單一起點最短路線問題：戴克斯特拉法

　　上一節的貝爾曼‧福特法思考了包含負邊的圖。但是，在知道所有邊的權重皆非負數的情況下，存在更有效率的解法。本節學習的**戴克斯特拉**（Dijkstra）**法**就是這樣的演算法。

14.6.1　2 種戴克斯特拉法

實現戴克斯特拉法時，依據所使用的是哪一種資料結構，計算複雜度會有所不同。

在本節裡，介紹以下 2 個種類。

- 簡單地實現時，計算複雜度 $O(|V|^2)$ 的方法
- 使用堆積（第 10.7 節）時，計算複雜度 $O(|E|\log|V|)$ 的方法

在密集圖 ($|E|=\Theta(|V|^2)$) 中，使用前者的 $O(|V|^2)$ 方法更有利，在稀疏圖 ($|E|=O(|V|)$) 中，使用後者的 $O(|E|\log|V|)$ 方法更有利。無論哪種情況，都比貝爾曼・福特法的 $O(|E||V|)$ 有所改善[註5]。

14.6.2　簡單的戴克斯特拉法

首先，介紹簡單安裝時的計算複雜度 $O(|V|^2)$ 的方法。關於使用堆積的 $O(|E|\log|V|)$ 的解法，將在第 14.6.5 節中重新說明。戴克斯特拉法是基於第 7 章所述的貪婪法的演算法。正如已經反覆敘述的那樣，在不限定是 DAG 的一般圖中，不會事先判明適當的邊鬆弛順序。但是，實際上，在知道各邊為非負數的情況下，會形成一種結構，在將最短路線推測值 $d[v]$ 的值動態更新的過程中，自動決定應該進行鬆弛的頂點順序。

在戴克斯特拉法中，是管理「確定已求出最短路線的頂點的集合 S」。在戴克斯特拉法開始時，初始化如下。

- $d[s]=0$
- $S=\{s\}$

有關包含在 S 中的頂點 v，注意 $d[v]$ 的值已經收斂到真正的最短路線長度 $d^*[v]$。然後，著眼於每次疊代裡「尚未包含在 S 的頂點 v 中，$d[v]$ 的值為最小的頂點」。事實上，在那種頂點 v，$d[v]=d^*[v]$ 已經成立（稍後證明）。然後，將頂點 v 新插入到 S，對以頂點 v 為起點的各邊進行鬆弛。重複以上處理，直到所有頂點插入到 S 為止（**圖 14.9**）。

註 5　另外，眾所周知，如果進一步下工夫的話，計算複雜度可以成為 $O(|E|+|V|\log|V|)$，則無論密集圖還是稀疏圖，都能漸漸地變得高速。但在實用上速度慢這點也為人所知。感興趣的讀者，請閱讀參考書目 [9] 中關於費波那契堆積的章節。

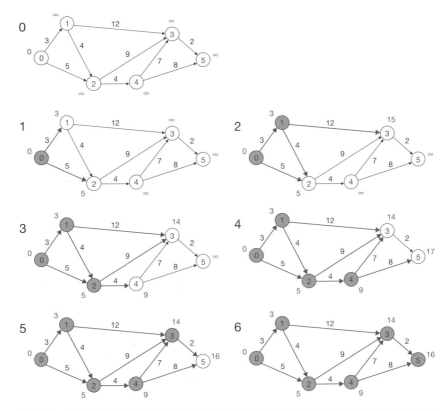

圖 14.9　戴克斯特拉法的執行例。解決以頂點 0 為起點的單一起點最短路線問
　　　　題。在各步驟中，使用完畢的頂點集合 S 和完成鬆弛的邊顯示為紅色。
　　　　例如，在步驟 2 結束的時間點，使用完畢的頂點集合 S 中未包含的有
　　　　頂點 2（dist[2]=5）、頂點 3（dist[3]=15）、頂點 4（dist[4]= ∞）、
　　　　頂點 5（dist[5]= ∞）這 4 個。其中，dist 的值最小的為頂點 2，因此
　　　　在步驟 3 中，將頂點 2 新插入 S，對以頂點 2 為起點的各邊進行鬆弛。

　　以上步驟可以如程式碼 14.3 來實現。在實現上，為了有效率地管
理頂點 v 是否被包含在 S 中，使用了 std::vector<bool> 型態的變數
$used$。關於各頂點 v，used [v] == true 對應於 $v \in S$。另外，此時
v 稱為「使用完畢」。程式碼 14.3 的計算複雜度，每次的疊代（$O(|V|)$
次）中，對 $dist$ 值為最小的頂點進行線性搜尋的部分（$O(|V|)$）是瓶
頸，整體為 $O(|V|^2)$。

程式碼 14.3　戴克斯特拉法的實現

```cpp
1   #include <iostream>
2   #include <vector>
3   using namespace std;
4
5   // 表示無限大的值
6   const long long INF = 1LL << 60; // 使用十分大的值（在此是 2^60 ）
7
8   // 表示邊的型態，在此將表示權重的型態設為 long long 型態
9   struct Edge {
10      int to; // 相鄰頂點編號
11      long long w; // 權重
12      Edge(int to, long long w) : to(to), w(w) {}
13  };
14
15  // 表示加權圖形的型態
16  using Graph = vector<vector<Edge>>;
17
18  // 實施鬆弛的函數
19  template<class T> bool chmin(T& a, T b) {
20      if (a > b) {
21          a = b;
22          return true;
23      }
24      else return false;
25  }
26
27  int main() {
28      // 頂點數、邊數、起點
29      int N, M, s;
30      cin >> N >> M >> s;
31
32      // 圖
33      Graph G(N);
34      for (int i = 0; i < M;  ++i) {
35          int a, b, w;
36          cin >> a >> b >> w;
37          G[a].push_back(Edge(b, w));
38      }
39
40      // 戴克斯特拉法
41      vector<bool> used(N, false);
42      vector<long long> dist(N, INF);
43      dist[s] = 0;
44      for (int iter = 0; iter < N; ++iter) {
45          // 在未「使用完畢」的頂點之中，尋找 dist 值為最小的頂點
46          long long min_dist = INF;
47          int min_v = -1;
```

```
48          for (int v = 0; v < N;  ++v) {
49              if (!used[v] && dist[v] < min_dist) {
50                  min_dist = dist[v];
51                  min_v = v;
52              }
53          }
54
55          // 如果沒有找到那樣的頂點就結束
56          if (min_v == -1) break;
57
58          // 將以 min_v 為起點的各邊進行鬆弛
59          for (auto e : G[min_v]) {
60              chmin(dist[e.to], dist[min_v] + e.w);
61          }
62          used[min_v] = true; // 將 min_v 設為「使用完畢」
63      }
64
65      // 輸出結果
66      for (int v = 0; v < N; ++v) {
67          if (dist[v] < INF) cout << dist[v] << endl;
68          else cout << "INF" << endl;
69      }
70  }
```

14.6.3 戴克斯特拉法的直觀意象

　　針對戴克斯特拉法的直觀意象來描述一下。如在第 14.3 節中所看到的那樣，試著將最短路線演算法對應到「拉緊繩子的操作」來思考看看（**圖 14.10**）。想像將節點 s 固定，一邊將從 s 伸出來的繩子用右手抓成一把，一邊穩定地往右邊移動。

　　例如，在圖 14.10 中，思考節點 s、1、2 被固定的瞬間（從上數第 3 張圖）。此時，關於 s-1 間、s-2 間，已經是處於繃緊的狀態。然後，固定節點 s、1、2，從節點 2 的位置開始，將「右手的一把」一點點向右移動。此時，節點 s、1、2 之後被抓住的是節點 4（圖 14.10 從上數第 4 張圖）。在這個瞬間，s-4 間也處於繃緊的狀態。戴克斯特拉法可以將這種「將各節點從左到右依序拉緊的動作」作為演算法來實現。「戴克斯特拉法中的步驟」與「拉緊繩子的操作」之間的對應，如**表 14.2** 所示。

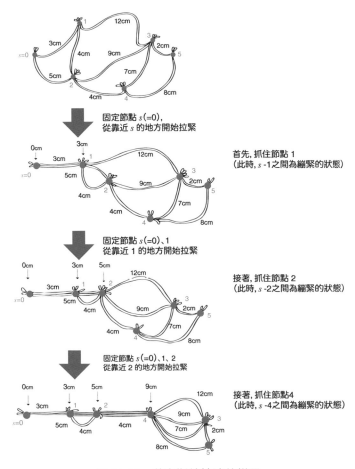

固定節點 s(=0)，
從靠近 s 的地方開始拉緊

首先，抓住節點 1
（此時，s -1 之間為繃緊的狀態）

固定節點 s(=0)、1
從靠近 1 的地方開始拉緊

接著，抓住節點 2
（此時，s -2 之間為繃緊的狀態）

固定節點 s(=0)、1、2
從靠近 2 的地方開始拉緊

接著，抓住節點4
（此時，s -4 之間為繃緊的狀態）

圖 14.10　戴克斯特拉法的樣子

表 14.2　戴克斯特拉法的步驟與「拉緊繩子的操作」之間的對應

戴克斯特拉法中的步驟	拉緊繩子的操作
在未「使用完畢」的頂點之中，搜尋 d[v] 值為最小的頂點 v	節點 v 被抓到「右手的一把」中
將以頂點 v 為起點的各邊進行鬆弛	使「右手的一把」進一步向右邊移動，藉此拉緊節點 v 和其他節點之間的繩子

14.6.4　戴克斯特拉法的正確性（*）

　　用數學歸納法來證明戴克斯特拉法的正確性（在未使用完畢的頂點之中的 d[v] 最小的頂點 v，d[v]=d*[v] 成立）。具體來說，假設在

戴克斯特拉法的各個階段中，對所有使用完畢的頂點 u，$d[u]= d^*[u]$ 會成立，證明在未使用完畢的頂點中，取 $d[v]$ 為最小的頂點 v 時，$d[v]=d^*[v]$ 會成立。

將從起點 s 到頂點 v 的最短路線中的一個設為 P，設 P 中在 v 之前的頂點為 u。將 u 分為使用完畢的情況和未使用完畢的情況來思考。

首先，頂點 u 使用完畢時，根據歸納法的假設，$d[u]=d^*[u]$ 成立。依照演算法的步驟，由於已經進行對邊 (u,v) 的鬆弛，所以 $d[v] \le d^*[u]+l(e)=d^*[v]$ 成立。由此導出 $d[v]=d^*[v]$。

接下來，思考頂點 u 未使用完畢的情況。在路線 P 中，從 s 開始按順序，將最初的未使用完畢的頂點設為 x（**圖 14.11**）。這時，根據和剛才一樣的討論，下式會成立。

$$d[x]=d^*[x]$$

另外，要注意在從 s 到 v 的最短路線 P 中，即使將從 s 到 x 的部分切割取出，它仍是從 s 到 x 的最短路線。在此，由於圖 G 的各邊權重非負數，所以下式成立。

$$d[x] \le d^*[v]$$

並且，在未使用完畢的頂點中，d 的值最小的頂點為 v，所以如下式。

$$d[v] \le d^*[x]$$

綜上所述，如下式的關係會成立，導出 $d[v]=d^*[v]$。

$$d[v] \le d\ [x]=d^*[x] \le d^*[v]$$

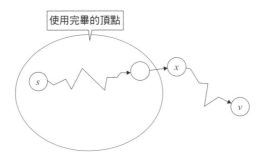

使用完畢的頂點

圖 14.11 證明戴克斯特拉法的樣子

14.6.5 稀疏圖的情況：使用堆積的加速（＊）

先前實現了計算複雜度為 $O(|V|^2)$ 的戴克斯特拉法。接著，來實現使用堆積且計算複雜度為 $O(|E|\log|V|)$ 的戴克斯特拉法。這在當圖為稀疏圖時（$|E|=O(|V|)$ 時），計算複雜度會是 $O(|V|\log|V|)$。與剛才的 $O(|V|^2)$ 相比，達成了加速。但是，圖為密集圖時（考量 $|E|=\Theta(|V|^2)$ 時），計算複雜度會變成 $\Theta(|V|^2\log|V|)$。這種情況下，使用簡單的計算複雜度為 $O(|V|^2)$ 的戴克斯特拉法會更快。

接著，程式碼 14.3 所示的戴克斯特拉法中，可以使用堆積來提高效率的部分如下。

以戴克斯特拉法的加速為目標的部分

在未使用完畢的頂點 v 之中，求 $d[v]$ 的值最小的頂點的部分

程式碼 14.3 中，為了實現這一部分的處理，實施了線性搜尋（第 3.2 節）。這部分的處理如**表 14.3** 所示使用堆積（第 10.7 節）來實現。另外，堆積的各元素為以下組合。

- 未使用完畢的頂點 v
- 該頂點 v 的 $d[v]$

以 $d[v]$ 為鍵值。不過，堆積通常會取得鍵值為最大的元素，但是在這裡變更為取得鍵值最小的元素。如果按照表 14.3 進行整理的話，可以知道有關取得 d 值最小的元素的部分確實有被加速。但是，作為代價，各邊的鬆弛處理需要花費額外的時間。結果是，這一部分會成為瓶頸，整體的計算複雜度變成 $O(|E|\log|V|)$。

表 14.3　針對戴克斯特拉法的堆積的活用

必要的處理	方法	計算複雜度	下工夫前的計算複雜度
從未使用完畢的頂點取出 $d[v]$ 最小的頂點	去掉堆積的根，整理堆積	$O(\log|V|)$	$O(|V|)$
對邊 e=(u,v) 進行鬆弛	當 d[v] 的值被更新時，在堆積中反映該變更	$O(\log|V|)$	$O(1)$

最後，對在堆積上如何著手變更 $d[v]$ 值的處理進行補充[註6]。一個可以想到的方法是，擴充堆積的功能，形成可以隨機存取堆積中的特定元素的狀態，並可變更它的鍵值。更改鍵值後，整理成滿足堆積條件。因為需要整理堆積，所以計算複雜度是 $O(\log|V|)$。許多書籍介紹了這種方法，但實現非常複雜。

因此，我們來介紹一下不擴充堆積的功能就可以實現的簡易方法。這是將更新後的 $d[v]$ 的值新插入到堆積中，以取代將堆積的鍵值 $d[v]$ 進行更新的方法。此時，堆積中對於相同的頂點 v，可以存在多種元素 $(v,d_1[v])$、$(v,d_2[v])$。但是，從堆積取出的元素是其中 $d[v]$ 值為最小且最新的元素。由於 $d[v]$ 值較舊的元素只會作為「垃圾」而殘留，所以沒問題。令人擔心的是，堆積含有大量垃圾導致增加計算複雜度的可能性。但是，由於將邊進行鬆弛的次數是 $|E|$ 次，堆積大小最高是 $|E|$。由 $|E| \le |V|^2$ 推得 $\log|E| \le 2\log|V|$，所以堆積的查詢處理所需的計算複雜度最終為 $O(\log|V|)$。由以上可知，即使使用含有垃圾的堆積，計算複雜度也不會惡化。

加上以上措施來實現戴克斯特拉法的話，可以寫成如程式碼 14.4。在此，以 C++ 的標準庫 std::priority_queue 作為堆積使用。由於 std :: priority_queue 預設做法是取得最大值，因此要指定成取得最小值。另外，從堆積中取出頂點 v 時，當它是垃圾的狀況下，注意頂點 v 已經處於「使用完畢」的狀態。因此，判斷從堆積中取出的元素是否是垃圾，如果是垃圾，則省略以頂點 v 為起點的各邊的鬆弛（第 60 行）。

此外，可能有很多人會覺得實現戴克斯特拉法的程式碼 14.4，和第 13.5 節中實現過的廣度優先搜尋的程式碼 13.3 相似。實際上，除了第 60 行的垃圾處理，只將廣度優先搜尋中的 std::queue 變更為 std::priority_queue。這表示戴克斯特拉法亦可被稱為「短距離的優先搜尋」。這種搜尋有時被稱作「最佳優先搜尋」。

註6　注意在第 10.7 節介紹的堆積的實現中，不支援變更堆積中特定元素的鍵值的處理。

程式碼14.4　使用堆積的戴克斯特拉法的實現

```cpp
1   #include <iostream>
2   #include <vector>
3   #include <queue>
4   using namespace std;
5
6   // 表示無限大的值（在此是 2^60）
7   const long long INF = 1LL << 60;
8
9   // 表示邊的型態，在此將表示權重的型態設為 long long 型態
10  struct Edge {
11      int to; // 相鄰頂點編號
12      long long w; // 權重
13      Edge(int to, long long w) : to(to), w(w) {}
14  };
15
16  // 表示加權圖的型態
17  using Graph = vector<vector<Edge>>;
18
19  // 實施鬆弛的函數
20  template<class T> bool chmin(T& a, T b) {
21      if (a > b) {
22          a = b;
23          return true;
24      }
25      else return false;
26  }
27
28  int main() {
29      // 頂點數、邊數、起點
30      int N, M, s;
31      cin >> N >> M >> s;
32
33      // 圖
34      Graph G(N);
35      for (int i = 0; i < M;   ++i) {
36          int a, b, w;
37          cin >> a >> b >> w;
38          G[a].push_back(Edge(b, w));
39      }
40
41      // 戴克斯特拉法
42      vector<long long> dist(N, INF);
43      dist[s] = 0;
44
45      // 作成以 (d[v], v) 的組合為元素的堆積
```

```
46          priority_queue<pair<long long, int>,
47                          vector<pair<long long, int>>,
48                          greater<pair<long long, int>>> que;
49          que.push(make_pair(dist[s], s));
50
51          // 開始戴克斯特拉法的疊代
52          while (!que.empty()) {
53              // v: 在未使用完畢的頂點中，d[v]為最小的頂點
54              // d: 對於 v 的鍵值
55              int v = que.top().second;
56              long long d = que.top().first;
57              que.pop();
58
59              // d > dist[v] 代表 (d, v) 是垃圾
60              if (d > dist[v]) continue;
61
62              // 將各個以頂點 v 為起點的邊進行鬆弛
63              for (auto e : G[v]) {
64                  if (chmin(dist[e.to], dist[v] + e.w)) {
65                      // 有更新的話，新插入到堆積中
66                      que.push(make_pair(dist[e.to], e.to));
67                  }
68              }
69          }
70
71          // 輸出結果
72          for (int v = 0; v < N; ++v) {
73              if (dist[v] < INF) cout << dist[v] << endl;
74              else cout << "INF" << endl;
75          }
76      }
```

14.7 ● 全點對間最短路線問題：弗洛伊德‧瓦歇爾法

迄今為止討論的最短路線問題都是單一起點最短路線問題，也就是求出從圖上的 1 個頂點 s 到各頂點的最短路線長度。現在改變關注方向，思考對圖上的全部頂點對之間，求最短路線長度的**全點對間最短路線問題**。

讓我們思考一下根據動態規畫來解決全點對間最短路線問題。這裡要介紹的被稱為**弗洛伊德‧瓦歇爾**（Floyd-Warshall）**法**，計算複雜度為 $O(|V|^3)$。雖然可能會覺得突如其來，但部分問題定義如下。

dp[k][i][j] ←在僅能以頂點 $0,1,\cdots,k-1$ 為中繼頂點通過的情況下，從頂點 i 到頂點 j 的最短路線長度

首先，初始條件可以表示如下。

$$d[0][i][j] = \begin{cases} 0 & (\mathrm{i} = \mathrm{j}) \\ l(e) & (\text{存在有邊 } e = (i,j)) \\ \infty & (\text{其他}) \end{cases}$$

接下來，思考使用 dp[k][i][j](i=0, $\cdots$, $|V|-1$，j=0, $\cdots$, $|V|-1$) 的值，來更新 dp[k+1][i][j] (i=0, $\cdots$, $|V|-1$，j=0, $\cdots$, $|V|-1$) 的值。這可以透過考慮以下兩種情況來解決（**圖 14.12**）。

- 不使用新的可用頂點 k 的情況：dp[k][i][j]
- 使用新的可用頂點 k 的情況：dp[k][i][k]+dp[k][k][j]

在這兩種選項裡，採用值較小的選項。由上可知關係式如下。

$$dp[k+1][i][j]=\min (dp[k][i][j], dp[k][i][k] + dp[k][k][j])$$

實現以上處理的話，可以寫成如程式碼 14.5 那樣。在此，實際上不需要使陣列 dp 為三維，從 k 到 k+1 的更新可以在 in-place 中實現。另外，程式碼 14.5 的核心部分僅為第 26～29 行的 4 行。可以非常簡

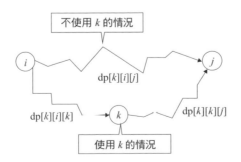

圖 14.12 弗洛伊德・瓦歇爾法更新的樣子

潔地進行實現[註7]。此外，弗洛伊德・瓦歇爾法還可以判斷是否存在負迴圈。如果 dp [v][v]<0 的頂點 v 存在的話，就會存在負迴圈。

程式碼 14.5　弗洛伊德・瓦歇爾法的實現

```
1    #include <iostream>
2    #include <vector>
3    using namespace std;
4
5    // 表示無限大的值
6    const long long INF = 1LL << 60;
7
8    int main() {
9        // 頂點數、邊數
10       int N, M;
11       cin >> N >> M;
12
13       // dp 陣列（以 INF 初始化）
14       vector<vector<long long>> dp(N, vector<long long>(N, INF));
15
16       // dp 初始條件
17       for (int e = 0; e < M; ++e) {
18           int a, b;
19           long long w;
20           cin >> a >> b >> w;
21           dp[a][b] = w;
22       }
23       for (int v = 0; v < N; ++v) dp[v][v] = 0;
24
25       // dp 變換（弗洛伊德・瓦歇爾法）
26       for (int k = 0; k < N; ++k)
27         for (int i = 0; i < N;  ++i)
28           for (int j = 0; j < N; ++j)
29               dp[i][j] = min(dp[i][j], dp[i][k] + dp[k][j]);
30
31       // 輸出結果
32       // 如果 dp[v][v] < 0，則存在有負迴路
33       bool exist_negative_cycle = false;
34       for (int v = 0; v < N;  ++v) {
35           if (dp[v][v] < 0) exist_negative_cycle = true;
36       }
37       if (exist_negative_cycle) {
```

註7　關於弗洛伊德・瓦歇爾法的核心部分，可能很多讀者會覺得 for 語句的結構和矩陣乘積計算相似。實際上，這個部分屬於被稱為**熱帶線性代數**的領域，可以看成實現了某種矩陣的乘方計算。有興趣的讀者請閱讀例如 L. Pachter and B. Sturmfels 所著 "Algebraic Statistics for Computational Biology" 中 Tropical arithmetic and dynamic programming 的章節。

```
38              cout << "NEGATIVE CYCLE" << endl;
39          }
40          else {
41              for (int i = 0; i < N; ++i) {
42                  for (int j = 0; j < N; ++j) {
43                      if (j) cout << " ";
44                      if (dp[i][j] < INF/2) cout << dp[i][j];
45                      else cout << "INF";
46                  }
47                  cout << endl;
48              }
49          }
50      }
```

14.8 ● 參考：勢能和差分約束系統（＊）

給對最短路線演算法的理論背景感興趣的讀者，補充「勢能」（potential）這一概念。讓我們回想一下圖 14.4 所示的「拉緊繩子的問題」。不限於各節點間被拉緊的情況，若有作為各節點的位置關係的稱為勢能。更正確來說，當對各頂點 v 確定值 $p[v]$ 時，對任意邊 $e = (u,v)$ 滿足下式的 p 即稱為勢能。

$$p[v] - p[u] \leq l(e)$$

於是，關於勢能，以下的命題會成立。這表示，以 p 為勢能求 $p[v] - p[s]$ 的最大值的問題，是求以 s 為起點到 v 的最短路線長度的問題的**對偶問題**（dual problem）[註8]。

最短路線問題的最佳性的證據

設從頂點 s 可以到達頂點 v。此時，下式成立。

$$d^*[v] = \max\{p[v] - p[s] \mid p \text{ 為勢能}\}$$

用這種對偶性的話，可對如下的**差分約束系統**（system of difference constraints）的最佳化問題，構築適當的圖，並應用最短路線演算法來解決。

註8　本書中省略對偶問題的定義，有興趣的讀者請閱讀參考書目 [18][22][23] 等。

$$\begin{aligned}
\text{最大化} \quad & x_t - x_s \\
\text{條件} \quad & x_{v_1} - x_{u_1} \leq d_1 \\
& x_{v_1} - x_{u_1} \leq d_2 \\
& \cdots \\
& x_{v_m} - x_{u_m} \leq d_m
\end{aligned}$$

這裡，先證明上述性質。首先，對於從起點 s 到頂點 v 的任意路線 P，下式會成立。

$$l(P) = \sum_{e:P \text{ 的邊}} l(e) \geq \sum_{e:P \text{ 的邊}} (p[e \text{ 的終點}] - p[e \text{ 的起點}]) = p[v] - p[s]$$

這是對於任意路線 P，勢能 p 都成立，所以，特別取從頂點 s 到頂點 v 的最短路線作為 P，由此可知下式。

$$d^*[v] \geq \max\{p[v] - p[s] \mid p \text{ 為勢能}\}$$

另一方面，由於 d^* 本身就是勢能，所以下式成立。

$$d^*[v] = d^*[v] - d^*[s] \leq \max\{p[v] - p[s] \mid p \text{ 為勢能}\}$$

把這些加起來，可導出下列關係式。

$$d^*[v] = \max\{p[v] - p[s] \mid p \text{ 為勢能}\}$$

14.9 ● 總結

在本章中，總結了經典且知名的解法，來求圖上最短路線的問題。第 5 章解說的動態規畫法、第 7 章解說的貪婪法、第 13 章解說的圖搜尋、第 10.7 節解說的堆積等，到目前為止說明過的各種演算法設計技法和資料結構在解題時很常發揮作用。最短路線問題不僅是實用上的重要問題，在理論上也占有一席之地。

14.1 給予不含有向迴圈的有向圖 $G = (V, E)$。請設計一種演算法，以 $O(|V|+|E|)$ 求出 G 的有向路徑中最長的長度。（出處：AtCoder Educational DP Contest G - Longest Path，難易度★★★☆☆）

14.2 給予加權有向圖 $G = (V, E)$。設 $V=\{0,1, ..., N-1\}$。請求出從圖 G 上的頂點 0 到頂點 $N-1$ 的最長路線的長度。但是在可以無限增大的情況下，請輸出 inf。（出處：AtCoder Beginner Contest 061 D - Score Attack，難易度★★★☆☆）

14.3 給予有向圖 $G = (V, E)$ 和 2 頂點 $s,t \in V$。在從 s 到 t 的路徑之中，請就長度為 3 的倍數的路徑，考量路徑長度求出最小值。（出處：AtCoder Beginner Contest 132 E - Hopscotch Addict，難易度★★★☆☆）

14.4 給予如下的 $H \times W$ 的地圖。「.」表示通道，「#」表示牆壁。想要從 s 開始，一邊上下左右移動，一邊前往 g。可以進到「.」區塊，但不能進到「#」區塊。現在，想要透過破壞幾個「#」區塊，使得從 s 可以到達 g。請設計一種演算法，以 $O(HW)$ 求出需要破壞的「#」區塊的個數的最小值。（出處：AtCoder Regular Contest 005 C- 器具損壞！高橋同學，難易度★★★☆☆）

```
 1 │ 10 10
 2 │ s.........
 3 │ #########.
 4 │ #.......#.
 5 │ #..####.#.
 6 │ ##....#.#.
 7 │ #####.#.#.
 8 │ g##.#.#.#.
 9 │ ###.#.#.#.
10 │ ###.#.#.#.
11 │ #.....#...
```

14.5 給予正整數 K。請設計一種演算法，在十進位制表示的 K 的倍數中，考量各個位數的和，以 $O(K)$ 求出最小值。（出處：AtCoder Regular Contest 084 D - Small Multiple， 難易度 ★★★★★）

第 **15** 章

圖（3）：
最小生成樹問題

　　本章將處理網路設計中的基本問題之一的「最小生成樹問題」。設欲用通訊電纜把幾個通訊據點連接起來，使所有建築物之間可以通訊。最小生成樹問題詢問的就是以最小成本實現它的方法。

　　本章也將說明克魯斯卡法這個用以解決最小生成樹問題的演算法。克魯斯卡法是基於第 7 章所述的貪婪法。在第 7 章，描述過可藉由貪婪法導出最佳解的問題，很可能它的結構本身內含有好的性質。最小生成樹問題正是這樣的問題，在背後具有十分深奧且優美的理論。本章將介紹這種優美結構的一部分。

15.1 ● 最小生成樹問題是什麼？

　　設想有一個連通的加權無向圖 $G = (V, E)$。另外，在本章中，將圖的各邊 e 的權重寫成 $w(e)$。在身為 G 的子圖且為樹的圖中，將能連接 G 的全部頂點的圖稱為**生成樹**（spanning tree）。生成樹 T 的**權重**定義為生成樹所包含的邊 e 的權重 $w(e)$ 的總和，以 $w(T)$ 來表示。

　　本章所說明的**最小生成樹問題**，就是求權重最小的生成樹的問題（**圖 15.1**）。這個問題可以想成是考慮用電纜連接 N 個地點時，如何用最小長度的電纜連接全部地點。

最小生成樹問題

給予一個連通的加權無向圖 $G = (V, E)$。請求出考量 G 的生成樹 T 的權重 $w(T)$ 的最小值。

例如，對於圖 15.1 的圖，答案為 31。

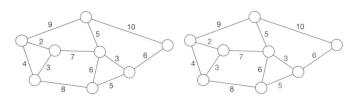

圖 15.1　最小生成樹問題

15.2 ● 克魯斯卡法

最小生成樹問題事實上是藉由誰都能最先想到的簡單的貪婪法，來得到最佳解。這被稱為**克魯斯卡（Kruskal）法**[註1]。

求最小生成樹的克魯斯卡法

邊集合 T 設為空集合

將各邊按權重從小到大的順序排序，且設為 $e_0, e_1, ..., e_{M-1}$

對各個 $i = 0, 1, ... , M-1$：

如果在將邊 e_i 加入 T 時會形成迴圈的話：

捨棄邊 e_i

如果沒有形成迴圈：

將邊 e_i 加入 T

T 成為所求的最小生成樹。

以下呈現克魯斯卡法的動作（**圖 15.2**）。

● 初始狀態：邊集合 T 設為空集合。

註1　求最小生成樹的演算法，除克魯斯卡法以外，還可以考慮普林法等各式各樣的演算法。

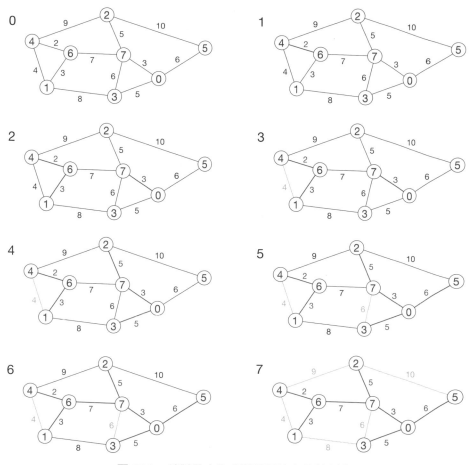

圖 15.2　針對最小生成樹問題的克魯斯卡法

- 步驟 1：將權重最小的邊（連接頂點 4 和頂點 6 的邊，權重 2）
  加入 T。

- 步驟 2：權重第 2 小的邊是權重 3。權重 3 的邊有 2 條，把它們
  一併加入 T。

- 步驟 3：下一個權重最小的邊是權重 4 的邊（連接頂點 1 和頂點 4
  的邊）。但是，如果將這一邊加入 T，就會形成迴圈，所以捨棄。

- 步驟 4：下一個權重最小的邊是權重 5 的邊。權重 5 的邊有 2
  條，都加入 T。

- 步驟 5：下一個權重最小的邊是權重 6 的邊。權重 6 的邊有 2

條，其中一條（連接頂點 0 和頂點 5 的邊）加入 T，另一條（連接頂點 3 和頂點 7 的邊）形成迴圈，因此捨棄。

- 步驟 6：下一個權重最小的邊是權重 7 的邊。將權重 7 的邊（連接頂點 6 和頂點 7 的）加入 T。此時，T 成為最小生成樹。
- 步驟 7：將剩下的邊也按照順序查看，因為任一條加入 T 的話都會形成迴圈，所以捨棄。

15.3 ● 克魯斯卡法的實現

我們先來試著實現克魯斯卡法，之後再進行克魯斯卡法的正確性的證明。首先，將圖 G 的各邊依照邊的權重從小到大的順序來排序。然後，按照權重從小到大的順序將邊加入 T，如果因為新加入的邊形成迴圈的話，則捨棄。

在實現上，藉由使用第 11 章中說明的 Union-Find，可以有效率地實現。Union-Find 的各頂點對應於圖 G 的各頂點。克魯斯卡法開始時，Union-Find 的各頂點呈單獨形成不同組別的狀態。

將新的邊 $e = (u, v)$ 加入 T 時，對與頂點 u、v 對應的 Union-Find 上的 2 個頂點 u'、v' 實施合併處理 unite(u', v')。另外，可以根據 u' 和 v' 是否屬於同一組，來判斷是否因為將新的邊 $e = (u, v)$ 加到 T 中而形成迴圈。根據以上考察，克魯斯卡法可以如程式碼 15.1 來實現。但是，程式碼中使用的 Union-Find 已在第 11 章中進行過說明，所以省略記述。由於計算複雜度如下，因此，整體為 $O(|E|\log|V|)$。

- 將邊按照權重從小到大的順序排序的部分：$O(|E|\log|V|)$
- 依序處理各邊的部分：$O(|E|\, \alpha\, |V|)$

程式碼 15.1　克魯斯卡法的實現

```
1    #include <iostream>
2    #include <vector>
3    #include <algorithm>
4    using namespace std;
5
```

```
6    // 省略 Union-Find 的實現
7
8    // 將邊 e = (u, v) 以 {w(e), {u, v}} 表示
9    using Edge = pair<int, pair<int,int>>;
10
11   int main() {
12       // 輸入
13       int N, M; // 頂點數和邊數
14       cin >> N >> M;
15       vector<Edge> edges(M); // 邊集合
16       for (int i = 0; i < M; ++i) {
17           int u, v, w; // w 是權重
18           cin >> u >> v >> w;
19           edges[i] = Edge(w, make_pair(u, v));
20       }
21
22       // 將各邊按照邊的權重從小到大的順序進行排序
23       // pair 是預設以（第一元素，第二元素）的字典順序來比較
24       sort(edges.begin(), edges.end());
25
26       // 克魯斯卡法
27       long long res = 0;
28       UnionFind uf(N);
29       for (int i = 0; i < M; ++i) {
30           int w = edges[i].first;
31           int u = edges[i].second.first;
32           int v = edges[i].second.second;
33
34           // 當因為邊 (u, v) 的加入而形成迴路時，不進行追加
35           if (uf.issame(u, v)) continue;
36
37           // 加入邊 (u, v)
38           res += w;
39           uf.unite(u, v);
40       }
41       cout << res << endl;
42   }
```

15.4 ● 生成樹的結構

克魯斯卡法是基於自然的貪婪法的演算法，但為何能求出最佳解並不是很明顯，因此接下來要證明克魯斯卡法的正確性。首先，在尋求克魯斯卡法的正確性之前，先研究一下生成樹所具有的結構。

15.4.1　切割

首先，定義圖的切割（cut）。圖 $G = (V, E)$ 的切割[註2] 是指頂點集合 V 的分割 (X, Y)。但 X、Y 不能都是空集合。並且，必須滿足 $X \cup Y = V$，$X \cap Y = \emptyset$。連接 X 所含的頂點和 Y 所含的頂點的邊，稱為**切割邊**（cut edge）[註3]，切割邊整體的集合稱為**切割集**（cut set）（**圖 15.3**）。

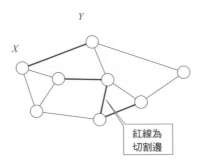

圖 15.3　圖的切割和切割邊

15.4.2　基本迴圈

接著，取 1 個連通的無向圖 $G = (V, E)$ 的生成樹作為 T。在此，取 1 條不包含在 T 中的邊 e 的話，會由 e 和 T 形成 1 個迴圈。這被稱為關於 T 和 e 的基本迴圈（**圖 15.4**）。注意，此時如**圖 15.5**所示，拿掉基本迴圈上的一條邊 f（$\neq e$），並如下式操作的話，T' 將成為新的生成樹。

$$T' = T + e - f$$

對於最小生成樹，可以導出以下性質。

> **有關最小生成樹的基本迴圈性質**
>
> 　在連通的加權無向圖 G 中，把 T 設為最小生成樹。取 1 條不包含在 T 中的邊 e，將關於 T 和 e 的基本迴圈設為 C。此時，C 所包含的邊之中，邊 e 是權重最大的邊。

註2　有向圖、無向圖都可以定義切割。
註3　在有向圖中，定義為以 X 側的頂點為起點，以 Y 側的頂點為終點的邊。

292　第15章　圖（3）：最小生成樹問題

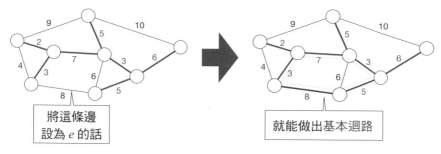

圖 15.4 生成樹的基本迴圈

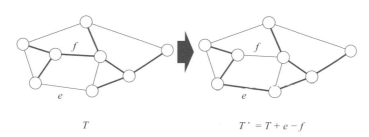

圖 15.5 生成樹的微小變形

將 C 所包含的 e 以外的任意邊設為 f。此時，$T' = T + e - f$ 也形成生成樹。由於 T 是最小生成樹，所以如下式。

$$w(T) \leq w(T') = w(T) + w(e) - w(f)$$

由以上內容，即可導出 $w(e) \geq w(f)$。

15.4.3 基本切割集

取 1 個包含在 T 中的邊 e，藉由將 e 從 T 中去除而使樹被分割為 2 個子樹，將這 2 個子樹的頂點集合設為 X、Y。(X, Y) 形成切割，因此可以思考連帶的切割集。這稱為關於 T 和 e 的**基本切割集**（**圖 15.6**）。

對於基本切割集，也可以導出與基本迴圈同樣的性質。首先，取 1 個基本切割集上的邊 f（$\neq e$）並設 $T' = T - e + f$ 的話，T' 也會形成生成樹。由此，可以導出以下性質。我把這個性質的證明作為章末問題 15.1。

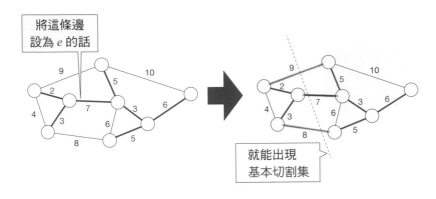

圖 15.6　生成樹的基本切割集

關於最小生成樹的基本切割集的性質

　　在連通的加權無向圖 G 中，把 T 設為最小生成樹。拿掉 1 條包含在 T 中的邊 e，將關於 T、e 的基本切割集設為 C。此時，C 所包含的邊之中，邊 e 是權重最小的邊。

15.5 ● 克魯斯卡法的正確性（*）

　　讓我們根據目前為止討論過的生成樹的性質，來證明克魯斯卡法的正確性。以下性質將最小生成樹的最佳性改用容易理解的條件來說明。

最小生成樹的最佳性條件

　　給予一個連通的加權無向圖 $G = (V, E)$。對於 G 的生成樹 T，以下 2 個條件是等價的[註a]。

　　A：T 是最小生成樹

　　B：對於不包含在 T 中的任意邊 e，在 T 和 e 組成的基本迴圈中，e 的權重為最大。

尤其因為藉由克魯斯卡法求得的生成樹滿足條件 B，所以是最小生成樹。

註 a 「對於 T 所包含的任何邊 e，在關於 T 和 e 的基本切割集中，e 的權重最小」也與這些條件等價。

　　條件 B 代表將生成樹 T 稍微變形後，產生的生成樹 T' 的權重比 T 大。也就是說，這表示「在以生成樹整體為定義域，想要求出權重函數最小值的問題中，T 位於該權重函數的谷底」的狀況。這種「局部的最佳解」稱為**局部最佳解**（local optimal solution）。局部最佳解一般不一定是整體的最佳解。如**圖 15.7** 所示，真正的最佳解有可能在另一個地方。另一方面，上述關於最小生成樹的最佳性條件的命題，是主張在最小生成樹問題中，局部最佳解在整體而言也是最佳解[註4]。

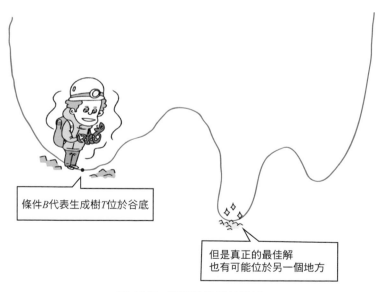

條件B代表生成樹T位於谷底

但是真正的最佳解也有可能位於另一個地方

圖 15.7　局部最佳解的樣子

註 4　如果具有凸分析相關的背景，在生成樹的這一性質中，應該能感覺到離散凸性的一部分。

有關「A⇒B」，如上述已說明的內容。再來將證明「B⇒A」成立。為此，證明關於生成樹的以下性質。

> **生成樹之間的邊交換**
> 　在連通的加權無向圖 $G = (V, E)$ 中，將 2 個不同的生成樹設為 S、T。然後取 1 條包含在 S 但不包含在 T 中的邊 e。此時，存在有包含在 T 但不包含在 S 中的邊 f，並使 $S' = S - e + f$ 也成為生成樹。

如**圖 15.8** 所示，有 2 條邊被包含在下述的兩者中。

- 關於 S、e 的基本切割集
- 關於 T、e 的基本迴圈

其中一條為邊 e。另一條邊設為 f。此時，滿足 $f \notin S$，$f \in T$，且 $S' = S - e + f$ 也會成為生成樹[註5]。

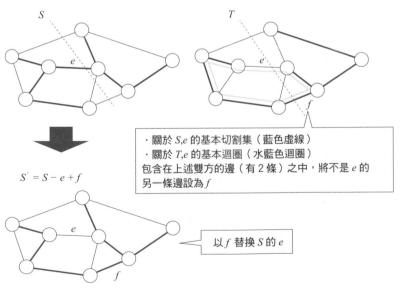

·關於 S,e 的基本切割集（藍色虛線）
·關於 T,e 的基本迴圈（水藍色迴圈）
包含在上述雙方的邊（有 2 條）之中，將不是 e 的另一條邊設為 f

$S' = S - e + f$

以 f 替換 S 的 e

圖 15.8　生成樹之間的邊交換

註5　與此同時，$T + e - f$ 也會成為生成樹。

以上關於「生成樹之間的邊交換」的命題，含義如下。設 T 為某個生成樹時，可以透過將任意生成樹 S 稍微變形為 S' 來接近 T。具體而言，「包含在 T 但不包含在 S 中的邊的條數」（以後稱為 S 和 T 的距離）只會減少 1。當它最終成為 0 時，$S = T$。

使用這個性質，回到最小生成樹的最佳性條件，來證明「B⇒A」。證明設 T 為滿足條件 B 的生成樹時，對於任意的生成樹 S，$w(T) \leq w(S)$ 會成立。對於生成樹 S、T，如有關「生成樹之間的邊交換」的命題所示，選出邊 e、f，並設 $S' = S - e + f$。由於邊 f 是關於 T、e 的基本迴圈上的邊，因此根據條件 B，下式會成立。

$$w(f) \leq w(e)$$

因此，如下式。

$$w(S') = w(S) - w(e) + w(f) \leq w(S)$$

在此，我們注意到 S' 和 T 的距離比 S 和 T 的距離小。因此，透過對 S' 和 T 反覆進行同樣的操作，可以得到收斂到 T 的生成樹列 $S,$ S', S'', ...,T。對此，下式成立。

$$w(S) \geq w(S') \geq w(S'') \geq ... \geq w(T)$$

根據以上內容，證明了生成樹 T 滿足條件 B 時，對於任意的生成樹 S，會滿足 $w(T) \leq w(S)$。

最後，介紹本章所考察的最小生成樹問題中，存在有非常深奧的理論背景。本章迄今為止的討論，可以推及到**擬陣**（matroid）。擬陣可以想成是表示離散的凸集合。也可以思考將擬陣進一步擴展的 **M 凸集合**（M-convex set）。有興趣的讀者請透過例如參考書目 [18] 等，嘗試學習**離散凸分析**（discrete convex analysis）。

15.6 ● 總結

在本章中，解決了最小生成樹問題，也是網路設計中最基本的問題之一。解決最小生成樹問題的克魯斯卡法是根據第 7 章解說的貪婪法，並有效地利用了第 11 章中登場的 Union-Find。

最小生成樹問題，不僅只定位在「有關圖的問題之一」上，背後還有著非常深奧且優美的理論。能夠只用生成樹的局部性質來描述最小生成樹的最佳性條件，無非顯示了最小生成樹問題所具有的結構的豐富性。下一章將闡述的網路流理論，在背後也存在著一個深奧而優美的理論。

● ● ● ● ● ● ● ● 章末問題 ● ● ● ● ● ● ●

15.1 請證明第 15.4.3 節介紹的「關於最小生成樹的基本切割集的性質」。(難易度★★☆☆☆)

15.2 給予連通的加權無向圖 $G = (V, E)$。請設計一種演算法，從 G 的生成樹之中，以 $O(|E|\log|V|)$ 求出生成樹所包含的邊的權重的中位數的最小值。(出處：JAG Practice Contest for ACM - ICPC Asia Regional 2012 C - Median Tree，難易度★★★★☆)

15.3 給予連通的加權無向圖 $G = (V, E)$。可能會存在有多個 G 的最小生成樹。請設計一種演算法，求出無論考慮其中的哪一個最小生成樹，都一定會被包含在內的所有邊。計算複雜度可以花費 $O(|V||E|\,\alpha\,(|V|))$ 左右。(出處：ACM - ICPC Asia 2014 F - There is No Alternative，難易度★★★★☆)

第 16 章

圖（4）：
網路流

　　總算到了要解說網路流理論的時候了，它可以說是「能夠徹底被解決」問題的代表。就算在圖演算法中，網路流理論仍具有特別優美而精采的體系，是本書的精華部分。雖然網路流理論的一個動機，是以思考運輸網路中交通量的問題而發展起來的，卻應用在各種領域的問題上，取得了豐富的成果。本章將介紹其中的一部分。

16.1 • 學習網路流的意義

　　關於**網路流**的一系列問題，象徵著「可在多項式時間內高效解決的問題」的存在。如後面第 17 章所述，世上的許多問題被認為無法在多項式時間內來解決。但是，在那些問題中閃耀著的「可高效解答」的問題中，想來是隱藏著有趣的性質或結構，網路流便凝聚了那樣有趣的結構。此外，它也具有連通度（第 16.2 節）、二部匹配（第 16.5 節）、項目選擇（第 16.7 節）等多種應用。確實，實務上發生的問題，雖然乍看之下是能夠公式化成網路流來解決的問題，但由於必須考慮特殊的限制條件，無法解決的狀況也很多。但是，到一定程度的限制條件為止，網路流都具有能夠表現的靈活性，能夠應用的情況也很多。就如同對棒球的打擊手來說，錯過能夠打出安打的好球十分可惜一樣，對演算法設計者來說，錯過能以網路流高效解決的問題也非常可惜。

　　本章將以**最大流問題**（max-flow problem）和**最小切割問題**（min-cut problem）為中心進行解說。另外，本章是就有向圖來思考，但無向圖也可以看作有向圖來處理。

16.2 ● 圖的連通度

在處理最大流問題本身之前，先思考有關圖的連通度的問題。這在最大流問題上，可以看作是將各邊的容量設為 1 的特殊情況（關於容量將在第 16.3 節重新敘述）。

16.2.1　邊連通度

在圖 16.1 左邊的圖中，針對頂點 s 到頂點 t，最多可以取出多少條互不共用邊的 s-t 路徑呢？答案如圖 16.1 右邊所示，是 2 條。這個值叫做圖的關於兩頂點 s、t 的**邊連通度**（edge-connectivity）。作為評估圖網路穩健性的因素，邊連通度從以前就一直被大量研究。另外，將互不共用邊的狀況稱為**邊互斥**（edge-disjoint）。

那麼，為什麼在**圖 16.1** 的圖中，可以說 s-t 間的邊連通度為 2 呢？儘管能直接明顯看出，但這裡仍想展示證據。在此，如**圖 16.2** 所示，可以證明從頂點集合 $S = \{s, 1, 2, 3, 4, 5\}$ 中伸出的邊只有 2 條。由於所有 s-t 路徑都需要脫離這個頂點集合 S，所以不可能取得比 2 條更多的邊互斥的 s-t 路徑。

另外，頂點集合 V 的分割 (S, T) 稱為**切割**（cut），而起點位於 S 側且終點位於 T 側的邊的集合，稱為關於切割 (S, T) 的**切割集**（cutset）（圖 16.2）[註1]。又，切割 (S, T) 的**容量**（capacity）被定義為切割集中包含的邊的條數，用 $c(S, T)$ 來表示。

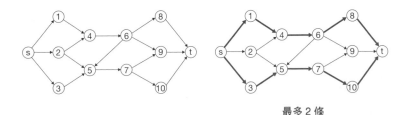

最多 2 條

圖 16.1　求出邊連通度的問題。此圖的解答是 2。

註1　切割在第 15.4 節中也出現過。

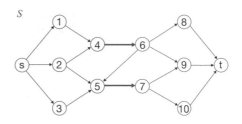

圖 16.2　有關頂點集合 $S = \{s, 1, 2, 3, 4, 5\}$，和 $T = V - S$ 的切割集是 $\{(4, 6), (5, 7)\}$。$c(S,T)=2$ 證明不可能取得比 2 條還多的 s-t 路徑。另外，請注意邊 $(6,5)$ 因為邊的方向相反，所以不包含在切割集 (S, T) 中。

16.2.2　最小切割問題

　　在圖 16.1 的圖中，針對認為達到了最大條數的邊互斥 s-t 路徑集合，正好發現了切割集，可以證明實際達到了最大條數。那麼，在一般的圖中，對於被認為是最大條數的邊互斥 s-t 路徑集合，是否也能正好找到作為證據的切割集呢？從這樣的疑問中，可以思考以下的**最小切割問題**（min-cut problem）。在此，滿足 $s \in S$，$t \in T$ 的切割 (S, T) 特別稱為 s-t 切割。

> **最小切割問題（在邊的容量為 1 的情況下）**
>
> 　　給予有向圖 $G = (V, E)$ 和兩頂點 $s, t \in V$。求 s-t 切割之中，容量最小的切割。

　　最小切割問題也可以說是藉由在圖 G 上去除最小條數的邊，來分開 s-t 之間的問題。下面這個是相對顯而易見的性質。

> **關於邊連通度問題的弱對偶性**
>
> 　　邊互斥的 s-t 路徑的最大條數 $\leq$ s-t 切割的最小容量

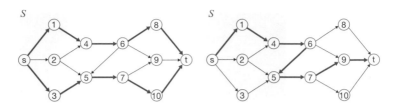

有 2 條 s-t 路徑，
從 S={s,1,2,3} 出來的邊
至少有 2 條
（實際上是 4 條，c(S,T)=4）

雖然 s-t 路徑只有 1 條，
但有時也會藉由 1 條路徑
而從 S 出來 2 次以上。
（實際上 c(S,T)=2）

圖 16.3　有 k 條邊互斥的 s-t 路徑時，沿著這條路徑從 S 出來的邊至少有 k 條以
　　　　上。例如，左圖中有 2 條 s-t 路徑，各從 S 出來 1 次。此外，從 S 中出
　　　　來的邊還有 2 條，合計共 4 條，所以容量為 c(S,T)=4。另外，在右圖
　　　　中，s-t 路徑只有 1 條，但從 S 出來 2 次。除此之外沒有從 S 出來的邊，
　　　　所以 c(S,T)=2。

　　這個性質可以表示如下。對於任意的邊互斥的 s-t 路徑的集合（設
為 k 條），思考任意的 s-t 切割 (S,T) 時，可以表示成 $c(S,T) \geq k$。如
圖 16.3 所示，對於 s-t 切割 (S,T)，由於被上述 k 條邊互斥的 s-t 路徑
橫貫，所以可知 s-t 切割 (S,T) 中包含的邊至少為 k 條以上。因此，
$c(S,T) \geq k$ 成立。

　　這種性質叫做**弱對偶性**（weak duality）。弱對偶性代表下述意義：
當有一個集合是 k 條邊互斥的 s-t 路徑的集合時，如果存在某個 s-t 切
割，且容量正好是 k 的話，下面的事實就會成立。

- 邊互斥的 s-t 路徑的最大條數 = k
- s-t 切割的最小容量 = k

　　也就是說，這種情況下可以確定，實際上得到的由 k 條邊互斥的 s-t
路徑構成的集合，會達到所想的最大尺寸。並且，也知道邊互斥的 s-t
路徑的最大條數和 s-t 切割的最小容量是一致的。事實上，以上情況
在任意圖中都成立。這種性質叫做**強對偶性**（strong duality）。另外，

求邊連通度的問題和最小切割問題互相為**對偶問題**^{註 2}。

> **關於邊連通度問題的強對偶性**
>
> 　邊互斥的 s-t 路徑的最大條數 = s-t 切割的最小容量

　　這個定理，是早在比 1956 年由福特・富爾克森提出對一般的最大流問題的解法更之前，就被明格爾（Menger）在 1927 年證明了。下一節將證明明格爾定理，顯示求出實際最大條數的邊互斥 s-t 路徑集合的演算法。

16.2.3　求邊連通度的演算法和強對偶性的證明

　　那麼，來思考實際上在給予有向圖 G = (V, E) 和兩個頂點 s、t ∈ S 時，求出邊互斥的 s-t 路徑最大條數的演算法吧。在這裡說明的方法，可以看作是將第 16.4 節實現的福特・富爾克森法，應用於各邊容量為 1 的圖。

　　事實上，邊互斥的 s-t 路徑最大條數可以透過所謂基於貪婪法的演算法來求得，也就是反覆進行「在追加時能夠取得 s-t 路徑的話就進行獲取」的處理。在無法取得更多 s-t 路徑時，演算法停止運行，並保證在這個階段事實上達到了最大條數。為了保證達到最大數量，要有效地利用上述最小切割問題的對偶性。

　　然而，可能會覺得用簡單的貪婪法似乎無法順利進行。例如，取**圖 16.4** 左邊的圖所示的 s-t 路徑的話，好像就無法再取得更多 s-t 路徑了。在這種時候，如圖 16.4 右側所示，將已經用在某條 s-t 路徑的邊逆向來取得路徑，結果可以增加 s-t 路徑。可以想成路徑從雙向通過的邊的部分會抵消。像這樣，允許已經用在某條 s-t 路徑的邊逆向下，可新追加的 s-t 路徑稱為**擴充路徑**（augmenting path）。

　　在思考有關擴充路徑時，如果考慮**殘餘圖**（residual graph）會更直觀。如**圖 16.5** 所示，取 s-t 路徑時，重新思考一個圖，對於路徑上的各邊，改拉成逆向的邊。這個叫做殘餘圖。然後，繼續取得 s-t 路

註 2　如第 14.8 節介紹過的，在最短路線問題和勢能相關問題之間，強對偶性也成立。

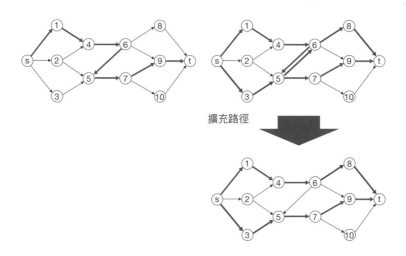

圖 16.4　相對左邊的 *s-t* 路徑，右上的藍色路徑為擴充路徑。連接頂點 5、6 的部分抵消，結果會留下 2 條 *s-t* 路徑。

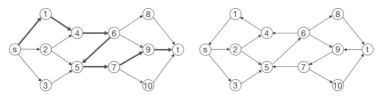

關於左圖 *s-t* 路徑的殘餘圖
（注意邊 5→6 前進）

圖 16.5　殘餘圖的作法。注意在殘餘圖中，可以取得對應於圖 16.4 所示的擴充路徑的 *s-t* 路徑（s → 3 → 5 → 6 → 8 → t）。

徑，直到殘餘圖上沒有 *s-t* 路徑為止。當殘餘圖上沒有 *s-t* 路徑時，事實上可以表示達到了最大條數（後述）。綜上所述，求圖 *G* 的邊互斥 *s-t* 路徑的最大條數的演算法可以記述如下。關於具體的實現方法，將在第 16.4 節中，以作為針對各邊容量為普遍的圖的福特・富爾克森法來呈現。

求兩頂點 *s*-*t* 間的邊連通度的演算法

將表示路徑條數的變數 f 初始化為 $f \leftarrow 0$

將殘餘圖 G' 初始化為原始圖 G

while 在 G' 中，存在 *s*-*t* 路徑 P 的話：

把 f 加 1

將 G' 更新為關於 P 的殘餘圖

f 為所求的邊連通度

接著來證明假設在該演算法結束時，可以得到 k 條邊互斥的 *s*-*t* 路徑 $P_1, P_2, \cdots, P_k$，以此為基礎，可以構成容量 k 的切割。藉此來確定邊互斥 *s*-*t* 路徑的最大條數為 k。如**圖 16.6** 所示，殘餘圖 G' 中，將可以從 s 到達的頂點集合設為 S，並設 $T = V - S$。G' 上不存在 *s*-*t*

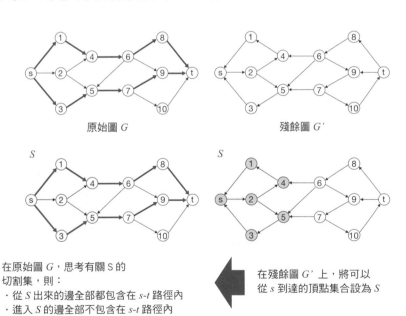

原始圖 G　　　　　　　　　　殘餘圖 G'

S　　　　　　　　　　　　　　S

在原始圖 G，思考有關 S 的
切割集，則：
・從 S 出來的邊全部都包含在 *s*-*t* 路徑內
・進入 S 的邊全部不包含在 *s*-*t* 路徑內

在殘餘圖 G' 上，將可以
從 s 到達的頂點集合設為 S

圖 16.6　左上的 2 條 *s*-*t* 路徑達到最大條數的證明。殘餘圖 G' 中，將可以從 s 到達的頂點集合設為 S。請注意頂點 1、3 也可能經由頂點 4、5 而到達。此時，在原始圖 G，$c(S,T)=2$。

路徑，因此 $s \in S$，$t \in T$。另外，關於原始圖 G 和 S，以下事項成立。

- 原始圖 G 中，從 S 出來的任意邊 $e = (u,v)$（$u \in S$，$v \in T$）包含在 k 條 s-t 路徑 P_1, P_2,⋯, P_k 的任一個中（否則，v 在殘餘圖上也可以從頂點 s 到達，與 $v \in T$ 矛盾）。
- 原始圖 G 中，不論哪個 s-t 路徑 P_1, P_2,⋯, P_k 中都不包含進入 S 的任意邊 $e = (u,v)$（$u \in T$，$v \in S$）（否則，在殘餘圖上邊 e 的方向相反，故從頂點 s 也可以到達頂點 u，與 $u \in T$ 矛盾）。

由上述可知，$v \in S$，$v \in T$ 這樣的邊 $e = (u,v)$ 分別和 P_1, P_2,⋯, P_k 一一對應，所以 $c(S,T) = k$。這代表著，當上述演算法結束時得到的 k 條邊互斥的 s-t 路徑 P_1, P_2,⋯, P_k 達到了最大條數。

最後，要注意上述演算法在有限次數的疊代中結束。透過每一次的疊代，邊互斥的 s-t 路徑的條數會一條一條增加，所以如果將邊互斥的 s-t 路徑的最大條數設為 k 時，在 k 次的疊代後就會結束。另外，k 最大會被抑制在 $O(|V|)$（從頂點 s 出來的邊數最大為 $|V| - 1$ 條），並且，由於各疊代中找出 s-t 路徑的處理可以用 $O(|E|)$ 進行，所以整體的計算複雜度為 $O(|V||E|)$。

16.3 • 最大流問題和最小切割問題

16.3.1　最大流問題是什麼？

上一節中，針對有向圖 $G = (V, E)$ 和兩頂點 s、$t \in V$，顯示了求最大條數的邊互斥 s-t 路徑的演算法。在本節中，將思考一般狀況下，各邊 e 具有**容量**（capacity）$c(e)$ 的最大流問題。

所謂**最大流問題**，指的是例如在**圖 16.7** 的物流路線中，思考從供給地的地點 s 往需求地的地點 t 儘可能多運送「貨物」的方法的問題。但是，各邊 e 都設有表示運量「上限」的容量 $c(e)$（$c(e)$ 為整數）。例如，從頂點 1 到頂點 3 可以運送的流量是 37，從頂點 1 到頂點 2 運送的流量只有 4。另外，物流不能滯留在頂點 s、t 以外的頂點。也就是說，例如著眼於頂點 3 時，如果從頂點 s 和頂點 1 有總計為 f 的

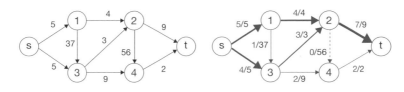

最大流量：9

圖 16.7　附帶容量的有向圖的最大流量問題，右側顯示了最佳解的其中之一。
各邊的流量用紅字表示。另外，用紅色箭頭的粗細使流量的大小視覺
化。例如，從頂點 3 到頂點 4 的流量是 2。關於邊 (s,1)、(1,2)、(3,2)、
(4,t)，可知流量是與上限一致而呈飽和狀態。除此之外的邊在流量上還
有餘裕。

流量，就必須向頂點 2 和頂點 4 送出總計為 f 的流量。在以上的限制
下，最大能將多少流量從頂點 s 向頂點 t 送出呢？答案如圖 16.7 右邊
所示為 9。另外，各邊 e 有表示流量的值 $x(e)$，當滿足以下條件時，x
稱為**流**（flow）或**容許流**。

- 對任意邊 e，$0 \le x(e) \le c(e)$
- 在 s、t 以外的任意頂點 v 中，進入 v 的邊 e 的 $x(e)$ 的總和，與
  從 v 出去的邊 e 的 $x(e)$ 的總和相等

此時，將各邊 e 的 $x(e)$ 稱為邊 e 的**流量**，將從頂點 s 出來的邊 e
的 $x(e)$ 的總和稱為流量 x 的**總流量**。總流量為最大的流稱為**最大流**
（max-flow），求最大流的問題稱為**最大流問題**（max-flow problem）。

16.3.2　流的性質

通常，在最大流問題中，各邊 e 的容量 $c(e)$ 為正整數值。因此，
上一節有關邊連通度的問題，可以想成在最大流問題中，各邊容量是
1 的問題。求邊連通度的問題中，「邊互斥」這個條件相當於 2 以上的
流量不能流過容量為 1 的邊。

流 x 滿足以下性質。對於滿足 $s \in S$、$t \in T$ 的任意切割 (S,T)，將
從 S 出去到 T 的各邊 e 的流量 $x(e)$ 的總和，減掉從 T 進入 S 的各邊 e
的流量 $x(e)$ 的總和後，得到的值與流 x 的總流量一致（**圖 16.8**）。這
個性質可以在形式上透過流的定義來證明，但是如果將流理解為水流

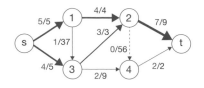

最大流量：9

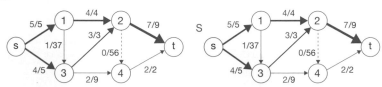

從頂點集合 $S=\{s,1,3\}$ 來看的流量為 4 + 3 + 2 = 9

從頂點集合 $S=\{s,3\}$ 來看的流量為 5 - 1 + 3 + 2 = 9

圖 16.8　總容量為 9 的流中，無論怎麼取頂點集合 S，從 S 流出的流量減掉進入 S 的流量的值都為 9。特別就右側說明，作為進入 S 的流量，流過邊 (1,3) 的僅有 1，但流出的流量總和為 10，所以相抵為 10-1=9 流量。

的話，無論在哪裏觀察，流量都是一定的，這一點應該可以直覺地接受。

16.3.3　與最小切割問題的對偶性

對於求邊連通度的問題，藉由思考它的對偶問題，也就是最小切割問題，就可以凸顯「最佳性的證據」。同樣地，對於一般的最大流量問題，作為它的對偶問題，也可以思考最小切割問題（有加權邊的版本）。

首先，在圖 16.7 中，如何證明流量 9 的流是最佳解呢？那就是如**圖 16.9** 所示，從頂點集合 $S = \{s,1,3,4\}$ 出去的邊的容量總和為 9。也就是說，任何流的總流量都不會超過 9。另一方面，由於實際得到了總流量為 9 的流，所以確定這是最佳解。

到目前為止的流程，與上節有關邊連通度的問題相同。和邊連通度的情況一樣，將以下的最小切割問題公式化。另外，在各邊附帶容量的圖中，將 s-t 切割 (S,T) 的容量，定義為 s-t 切割 (S,T) 所含的邊 e 的容量 $c(e)$ 的總和，以 $c(S,T)$ 表示。

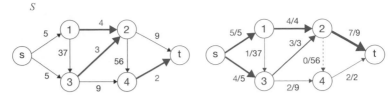

從 *S* 出去的邊的容量和 = 9

圖 16.9　令頂點集合的子集合 $S = \{s,1,3,4\}$，$T = V - S$，被包含在 S 和 T 的切割集中的邊為 (1,2)、(3,2)、(4,t) 這 3 條，它們的容量總和為 9。這裡要注意，邊 (2,4) 不包含在這個切割集中（邊的方向相反）。

最小切割問題

　　給予附帶容量的有向圖 $G = (V, E)$ 和兩頂點 s、$t \in V$。求 s-t 切割中，容量最小的切割。

然後和邊連通度的情況一樣，以下的**強對偶性**（稱為**最大流最小切割定理**）成立。

最大流最小切割定理（強對偶性）

　　最大流的總流量 = s-t 切割的最小容量

證明流程與求邊連通度的問題完全一樣。重複進行「在殘餘圖上找到的 s-t 路徑上，使能流過的流盡可能流過」的處理，直到殘餘圖上 s-t 路徑消失為止。

這個演算法叫做**福特‧富爾克森**（Ford-Fulkerson）**法**。假設福特‧富爾克森法結束時，求出總流量 F 的流 x。事實上，這時可以表示構成了某個 s-t 切割，且它的容量為 F。像這樣，就可以顯示最大流的總流量和 s-t 切割的最小容量都等於 F 的事實。下一節將具體說明福特‧富爾克森法。

16.3.4 福特・富爾克森法

將在求邊連通度的問題中定義過的殘餘圖，也定義在邊具有容量的圖上。當在具有容量 $c(e)$ 的邊 $e = (u,v)$ 上，流過大小為 $x(e)$（$0<x(e)\le c(e)$）的流時，邊 e 呈以下狀態。

- 在從 u 向 v 的方向，可以再流過 $c(e) - x(e)$ 的流量（當 $x(e)=c(e)$ 時無法流過）
- 在從 v 到 u 的方向，可以流過一些流來回推。最大可回推流量 $x(e)$

因此，在殘餘圖中，關於各邊 $e = (u,v)$，從 u 到 v 的方向設置具有 $c(e) - x(e)$ 容量的邊。並且，即使在 $c(e) = x(e)$ 的情況下，只要把邊的容量設為 0，實現就會變得簡潔。接著，在從 v 到 u 的方向上，原始圖中不存在邊 $e' = (v,u)$ 時，設置容量 $x(e)$ 的邊。當 e' 存在時，設置容量 $c(e') + x(e)$ 的邊。這樣形成的圖叫做殘餘圖（**圖 16.10**）。

然後，到殘餘圖上沒有 $s\text{-}t$ 路徑為止，找出殘餘圖上的 1 條 $s\text{-}t$ 路徑 P，將流在 P 上流過。具體而言，是將包含在 P 中的邊的容量的最小值設為 f，在 P 上流過大小為 f 的流。這裡要注意 f 是整數。總結起來，求圖 $G = (V, E)$ 的最大流的福特・富爾克森法可以記述如下。**圖 16.11** 顯示了福特・富爾克森法的執行例。

如果沿著邊 $e = (u, v)$ 只流過 $x(e)$ 的流的話…

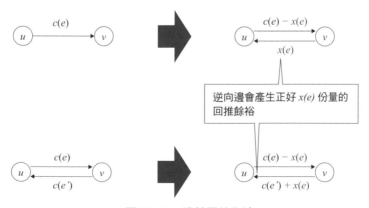

逆向邊會產生正好 $x(e)$ 份量的回推餘裕

圖 16.10　殘餘圖的作法

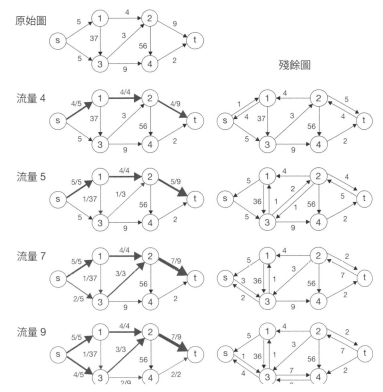

圖 16.11 福特‧富爾克森法的執行例。首先，沿著路徑 $s \to 1 \to 2 \to t$ 流過流量 4 的流。此時殘餘圖變成如右側圖。接著，沿著路徑 $s \to 1 \to 3 \to 2 \to t$ 流過流量 1 的流。再來，沿著路徑 $s \to 3 \to 2 \to t$ 流過流量 2 的流。最後，沿著路徑 $s \to 3 \to 4 \to t$ 流過流量 2 的流後，殘餘圖上沒有 s-t 路徑。因此，最大流量為 9。

求最大流的福特‧富爾克森法

將表示流的流量的變數 F 初始化為 $F \leftarrow 0$

將殘餘圖 G' 初始化為原始圖 G

while 在殘餘圖 G' 中存在 s-t 路徑 P 的話：

　　將 f 設為路徑 P 上各邊容量的最小值

　　使 $F += f$

> 在路徑 P 上流過大小為 f 的流
>
> 將殘餘圖 G' 如圖 16.10 所示進行更新
>
> F 為所求的最大流量

　　要證明演算法結束時的 F 達到最大流量，方法與上一節求邊連通度的問題時完全相同。接著證明殘餘圖 G' 中，將從 s 可以到達的頂點集合設為 S，且 $T = V - S$ 時，切割 (S,T) 的容量為 F（**圖 16.12**）。這個切割，是演算法結束時所得到的流達到了最大流量的證據。

　　另外，根據福特・富爾克森法的流的構成方法，所得到的最大流的各邊流量明顯是整數值。這特別代表存在有最大流問題的最佳解，且各邊的流量為整數。

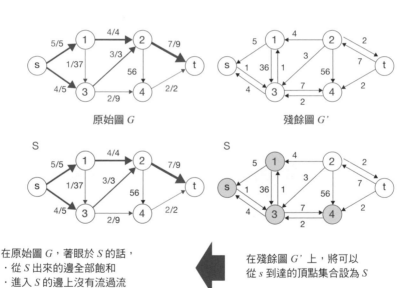

原始圖 G　　　　　　　殘餘圖 G'

在原始圖 G，著眼於 S 的話，
・從 S 出來的邊全部飽和
・進入 S 的邊上沒有流過流

在殘餘圖 G' 上，將可以
從 s 到達的頂點集合設為 S

圖 16.12　證明對於在福特・富爾克森法結束時得到的流，可以得到與它的總流量相同容量的切割。殘餘圖 G' 上，將可以從 s 到達的頂點集合設為 $S = \{s,1,3,4\}$）。在原始圖 G 中，是呈從 S 出來的邊 $(1,2)$、$(3,2)$、$(4,t)$ 全部飽和，在進入 S 的邊 $(2,4)$ 上沒有流過流的狀態。因此，切割 (S,T) 的容量，與所得到的流的總流量相等。

最後，來評估福特‧富爾克森法的計算複雜度。設最大流的值為F時，總流量會藉由各疊代而漸漸增加最少1以上，所以疊代次數控制在F次。由於每次疊代都需要$O(|E|)$的計算複雜度，所以整體的計算複雜度是$O(F\,|E|)$。事實上，這個計算複雜度並非多項式時間演算法。簡單地說明理由的話，$|V|$和$|E|$是表示「個數」的量，F是表示「數值」的量（參照第17.5.2節）。像這樣與數值有關的計算複雜度，雖然是多項式但實際上不是多項式時間，將它稱為**偽多項式時間**（pseudo-polynomial time）。

然而，自從提出福特‧富爾克森法以來，許多更快速的最大流演算法都被設計出來了。1970年，由埃德蒙茲‧卡普（Edmonds-Karp）、迪尼茨（Dinic）獨立開發了多項式時間演算法。在2013年，奧林（Orlin）還開發了$O(|V||E|)$的演算法。對這些演算法感興趣的讀者，請閱讀參考書目[19]、[20]和[21]。

16.4 • 福特‧富爾克森法的實現

現在，讓我們試著實現福特‧富爾克森法吧。首先，想到將殘餘圖做成如**圖16.13**那樣。要注意對於邊$e = (u,v)$，在流過流時，不僅需要變更邊e的容量，還需要變更逆向的邊$e' = (v,u)$的容量。另外，在實現上，圖G中即使不存在相對於邊$e = (u,v)$的逆邊$e' = (v,u)$，但為了方便，也假設存在容量為0的邊$e' = (v,u)$。綜上所述，在實現福特‧富爾克森法上，以下這點是難處所在。

對於各邊$e = (u,v)$，必須能夠取得逆向的邊$e' = (v,u)$

如果沿著邊$e = (u, v)$流過只有$x(e)$的流的話…

圖16.13 殘餘圖的作法

有關於此，作如下對應。另外，關於圖 G 的各頂點 v，用 $G[v]$ 表示儲存以 v 為起點的各邊的陣列。

> **使逆邊 $e' = (v,u)$ 可以從邊 $e = (u,v)$ 取得**
>
> 　接受圖 G 的輸入時，將邊 $e = (u,v)$ 插入陣列 $G[u]$ 的最後面，同時對於陣列 $G[v]$，也將容量 0 的逆邊 $e' = (v,u)$ 插入陣列 $G[v]$ 的最後面。在此，邊 e 具有「表示在 $G[v]$ 中 e' 相當於第幾個元素的變數 rev」，e' 也具有同樣的變數。
>
> 　此時，邊 $e = (u,v)$ 的逆邊可以用 $G[v][e.rev]$ 來表示。

　綜上所述，福特・富爾克森法可以如程式碼 16.1 來實現。另外，假定用以下形式給予輸入資料。

$N\ M$

$a_0\ b_0\ c_0$

$a_1\ b_1\ c_1$

⋮

$a_{M-1}\ b_{M-1}\ c_{M-1}$

　N 表示圖的頂點數，M 表示邊數。另外，第 i（$= 0, 1, \cdots, M-1$）條邊表示從頂點 a_i 到頂點 b_i 以容量 c_i 連接在一起。另外，程式碼 16.1 中，設 $s = 0$，$t = 1$，最終輸出 s-t 間最大流的值。

程式碼 16.1　福特・富爾克森法的實現

```
1  #include <iostream>
2  #include <vector>
3  using namespace std;
4
5  // 表示圖的結構
6  struct Graph {
7      // 表示邊的結構
```

```
8         // rev: 逆邊 (to, from) 在 G[to] 中是第幾個元素
9         // cap: 邊 (from, to) 的容量
10        struct Edge {
11            int rev, from, to, cap;
12            Edge(int r, int f, int t, int c) :
13                rev(r), from(f), to(t), cap(c) {}
14        };
15
16        // 相鄰清單
17        vector<vector<Edge>> list;
18
19        // N: 頂點數
20        Graph(int N = 0) : list(N) { }
21
22        // 取得圖的頂點數
23        size_t size() {
24            return list.size();
25        }
26
27        // 將 Graph 實例設為 G,
28        // G.list[v] 可以寫成 G[v]
29        vector<Edge> &operator [] (int i) {
30            return list[i];
31        }
32
33        // 取得邊 e = (u, v) 的逆邊 (v, u)
34        Edge& redge(const Edge &e) {
35            return list[e.to][e.rev];
36        }
37
38        // 邊 e = (u, v) 上流過流量為 f 的流
39        // e = (u, v) 的流量減少剛好 f
40        // 此時逆邊 (v, u) 的流量增加
41        void run_flow(Edge &e, int f) {
42            e.cap -= f;
43            redge(e).cap += f;
44        }
45
46        // 拉出從頂點 from 到頂點 to 且容量為 cap 的邊
47        // 此時,也拉出從 to 到 from 且容量為 0 的邊
48        void addedge(int from, int to, int cap) {
49            int fromrev = (int)list[from].size();
50            int torev = (int)list[to].size();
51            list[from].push_back(Edge(torev, from, to, cap));
52            list[to].push_back(Edge(fromrev, to, from, 0));
53        }
54    };
55
```

```
56    struct FordFulkerson {
57        static const int INF = 1 << 30; // 適當地表示無限大的值
58        vector<bool> seen;
59
60        FordFulkerson() { }
61
62        // 在殘餘圖上找出 s-t 路徑（深度優先搜尋）
63        // 回傳值為 s-t 路徑上容量的最小值（若沒找到則為 0）
64        // f: 從 s 到達 v 的過程中各邊容量的最小值
65        int fodfs(Graph &G, int v, int t, int f) {
66            // 到達終點 t 的話就返回
67            if (v == t) return f;
68
69            // 深度優先搜尋
70            seen[v] = true;
71            for (auto &e : G[v]) {
72                if (seen[e.to]) continue;
73
74                // 實際上不存在容量 0 的邊
75                if (e.cap == 0) continue;
76
77                // 尋找 s-t 路徑
78                // 找到的話，flow 為路徑上的最小容量
79                // 沒找到的話 f = 0
80                int flow = fodfs(G, e.to, t, min(f, e.cap));
81
82                // 沒找到 s-t 路徑的話，嘗試下一條邊
83                if (flow == 0) continue;
84
85                // 在邊 e 上流過容量 flow 的流
86                G.run_flow(e, flow);
87
88                // 找到 s-t 路徑的話，回傳路徑上的最小容量
89                return flow;
90            }
91
92            // 顯示沒找到 s-t 路徑
93            return 0;
94        }
95
96        // 求圖 G 的 s-t 間的最大流量
97        // 但是在返回時，G 成為殘餘圖形
98        int solve(Graph &G, int s, int t) {
99            int res = 0;
100
101            // 反覆進行直到殘餘圖中沒有 s-t 路徑為止
102            while (true) {
103                seen.assign((int)G.size(), 0);
```

```
104              int flow = fodfs(G, s, t, INF);
105
106              // 沒找到 s-t 路徑的話就結束
107              if (flow == 0) return res;
108
109              // 加總計算答案
110              res += flow;
111          }
112
113          // no reach
114          return 0;
115      }
116  };
117
118  int main() {
119      // 輸入圖
120      // N: 頂點數, M: 邊數
121      int N, M;
122      cin >> N >> M;
123      Graph G(N);
124      for (int i = 0; i < M;  ++i) {
125          int u, v, c;
126          cin >> u >> v >> c;
127
128          // 拉出容量 c 的邊 (u, v)
129          G.addedge(u, v, c);
130      }
131
132      // 福特·富爾克森法
133      FordFulkerson ff;
134      int s = 0, t = N - 1;
135      cout << ff.solve(G, s, t) << endl;
136  }
```

16.5 ● 應用例（1）：二部匹配

以下是**二部匹配**作為網路流的典型應用例。如**圖 16.14** 左邊所示，假設有幾個男性和女性，在可以配對的兩個人之間設邊。當要儘可能多地配對，但是要禁止同一個人屬於多個對時，最多能配對多少對呢？這個答案為 4 組。

像這樣考察 2 個類別間的關係的問題很重要，且有以下多種應用。

- 網際網路廣告領域的「使用者」和「廣告」的匹配
- 推薦系統中的「使用者」和「商品」的匹配

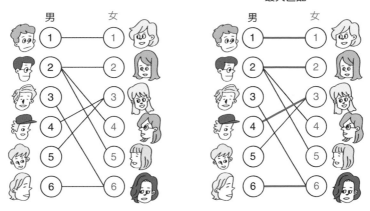

圖 16.14　二部匹配問題的概念圖

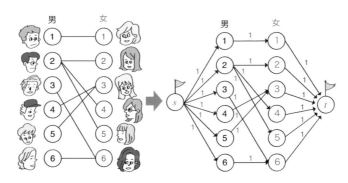

圖 16.15　從二部匹配問題歸約為最大流問題的樣子

- 員工輪班分配中的「員工」和「班別」匹配
- 卡車配送計畫中的「貨物」和「卡車」的匹配
- 團隊對抗賽中的「我方成員」和「對方成員」的匹配

　　接著，關於上述的二部匹配問題，如**圖 16.15** 所示，可以透過準備新的頂點 s、t 並製作圖網路來解決。原始二部圖中的邊沒有方向，但是在新的圖網路中會規定邊的方向，並將各邊的容量設為 1。

　　像這樣作出的圖中，將最大流在 s-t 之間流過。然後，如果再次去除頂點 s、t，則可求出最大的二部匹配（**圖 16.16**）。

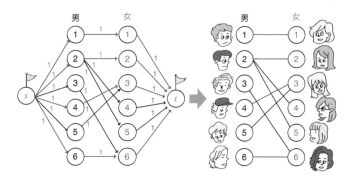

圖 16.16 從最大流構成原始二部匹配的樣子

16.6 ● 應用例（2）：點連通度

最大流問題和最小切割問題，在歷史上作為評估網路穩健性的問題被廣泛研究。在第 16.2 節中，解出了求有向圖的兩個頂點 s、t 之間最多能取得多少條邊互斥路徑（邊連接度）的問題（在圖 **16.17** 中再次揭載）。邊連接度為 k，代表著即使破壞了任意 k-1 條邊，仍可以確保 s-t 間的連接。因此，可以認為邊連接度是評估在「網路的破壞發生在『邊』」這種故障模型中，網路的耐故障性。

另一方面，考慮到「網路的破壞發生在『頂點』」這種故障模型中的耐故障性的話，會變怎麼樣呢？從這個疑問中產生的是**點連通度**（vertex-connectivity）。定義**點互斥**（vertex-disjoint）這一概念作為對應邊互斥的概念。兩條路徑為點互斥，指的是不共享頂點。其實，在點故障模型中，也成立強對偶性，即點互斥的 s-t 路徑的最大條數，

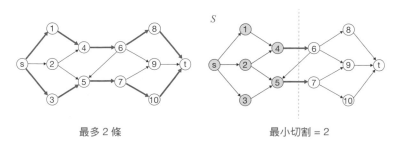

最多 2 條　　　　　　　　　　　　最小切割 = 2

圖 16.17 再次揭載求邊連通度的問題。在 s-t 之間最多可取得 2 條邊互斥的路徑。且 s-t 切割容量的最小值為 2。

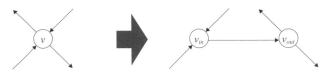

圖 16.18 將求點連通度的問題，歸約成求邊連通度的問題的方法。使頂點分裂
成 2 個。

相等於為了分割 s-t 間所需破壞的頂點數的最小值。這個值稱為點連
通度。

　　求點連通度的問題，可以歸約為求邊連通度的問題來解決。如圖
16.18 所示，使各頂點 v 分裂為 2 個頂點 v_{in} 和 v_{out}。v_{in} 是只複製進入
v 的邊，v_{out} 是只複製離開 v 的邊。並且，從頂點 v_{in} 向頂點 v_{out} 拉出
邊。原始圖的點連通度，與這樣新作出的圖的點連通度一致。

16.7 ● 應用例（3）：項目選擇問題

　　最後，我們把乍看之下似乎與圖完全無關的問題歸約成網路流來
解決。假設有 N 個按鈕，按下第 i（$= 0, 1, \cdots, N-1$）個按鈕時可以
得到 g_i 的收益。設 g_i 也可以取負值。在不按按鈕的情況下，想成會
得到 0 的收益。對於每一個按鈕，可以選擇「按」或「不按」。根據
這個選擇所得的總收益，是各按鍵所得收益的總和。讓我們思考一下
求出總收益的最大值的問題。

　　但是，在沒有任何限制的情況下，得到的收益的最大值很明顯是
如下式。

$$\sum_{i=0}^{N-1} \max(g_i, 0)$$

因此，思考有幾個以下形式的限制條件的情況。

> **項目選擇問題中考慮的限制條件**
> 　　如果按了第 u 個按鈕，就必須要按第 v 個按鈕。

讓我們思考在這個限制下，使所得到的總收益最大的問題。這種問題，從 1960 年代開始，在採礦領域被稱為**露天採礦問題**（open-pit mining problem），似乎曾是歷史上的熱門主題。採礦區域有 N 處，分別估算了採礦收益（有時與採礦成本相抵會為負），在幾個區域之間，可能要考慮「為了在區域 A 採礦，區域 B 也必須預先進行採礦」這樣的限制[註3]。

回到有關按鈕的問題。首先，重新思考各按鈕的規格，如表 16.1。具體而言，是將收益最大化的問題換成成本最小化的問題。當 $g_i \geq 0$ 時，藉由按下按鈕可以獲得 g_i 的收益，可以解釋為「按下按鈕會花費 0 的基本成本，不按下按鈕則會花費 g_i 的成本」。當 $g_i < 0$ 時，可以解釋為「按下按鈕會花費 $|g_i|$ 的成本，不按下按鈕則花費 0 的基本成本」。

表 16.1　按鈕的規格

按鈕的性質	按下按鈕時的成本	不按下按鈕時的成本
$g_i \geq 0$	0	g_i
$g_i < 0$	$|g_i|$	0

接下來，思考有關限制條件的處理方法。為了簡單起見，思考有 2 個按鈕 0、1 的狀況。在此，設選擇按下按鈕 0、1 時的成本為 a_0、a_1，選擇不按下按鈕 0、1 時的成本為 b_0、b_1（這些都是非負整數）。並且，設為按下按鈕 0 時，也必須按下按鈕 1。此時，各選擇的成本可以整理成如**表 16.2** 所示。這次因為只有兩個按鈕，所以只要調查 $2^2=4$ 種模式就可以求出最佳解。但是，有 N 個按鈕的話，會變成要調查 2^N 種而無法負荷。因此，來思考看看以下的巧妙想法是否能實現。

表 16.2　各選擇的成本

	按下按鈕 1	不按下按鈕 1
按下按鈕 0	a_0+a_1	∞[註4]
不按下按鈕 0	b_0+b_1	b_0+b_1

註3　在參考書目 [10] 中有該內容的記載。
註4　將實施被禁止事項的成本想成是 ∞。

欲構成頂點集合中具有 $\{s,t,0,1\}$ 的圖，並滿足以下條件。

- 一起按下按鈕 0、1 時的成本與 $S=\{s,0,1\}$，$T = V - S$ 的切割容量一致
- 僅按下按鈕 0 時的成本與 $S=\{s,0\}$，$T = V - S$ 的切割容量一致
- 僅按下按鈕 1 時的成本與 $S=\{s,1\}$、$T = V - S$ 的切割容量一致
- 按鈕都不按下時的成本與 $S=\{s\}$、$T = V - S$ 的切割容量一致

將實現這個概念的顯示在**圖 16.19**。

分別拉出以下的邊。

- 從頂點 s 到頂點 0、1，容量分別為 b_0、b_1 的邊
- 頂點 0、1 到頂點 t，容量分別為 a_0、a_1 的邊
- 從頂點 0 到頂點 1，容量為 ∞ 的邊

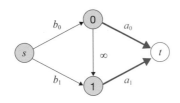

按下按鈕 $\{0, 1\}$：$a_0 + a_1$

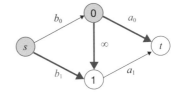

按下按鈕 $\{0\}$：∞

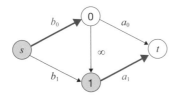

按下按鈕 $\{1\}$：$b_0 + a_1$

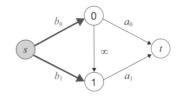

沒按任一個按鈕：$b_0 + b_1$

圖 16.19 將項目選擇以切割來表示的圖

容量∞的邊 (0,1) 很精準地表現了「禁止雖然按了按鈕 0 但不按按鈕 1 的情況」這樣的限制。透過解決這個圖上的最小切割問題，可以求出按鈕按法的最佳解。

以上的考察，對於 N 個按鈕和 M 個限制條件也可以自然地擴充。首先，準備 $N + 2$ 個頂點 $0, 1, \cdots, N-1, s, t$。然後，與第 i（$= 0, 1, \cdots, N-1$）個按鈕對應，拉出具有適當容量的邊 (s,i)、(i,t)。並且，與第 j（$= 0, 1, \cdots, M-1$）個限制條件對應，為了表示「如果按下按鈕 u_j，也必須按下按鈕 v_j」這樣的限制，拉出容量∞的邊 (u_j,v_j)。求出這樣做所得到的圖的最小切割。

16.8 ● 總結

網路流理論是一個非常優美的理論體系。尤其是自從福特·富爾克森在 1956 年提出在第 16.3 節登場的最大流最小切割定理以來，這項研究有爆發性的進展。為了顯示對某個問題而設計的演算法所得到的解的最佳性，一種推論方法是構成對偶問題的可執行解，並以此作為「最佳性的證據」，這種方法是被定論作為在組合最佳化問題中的典型方法。藉此，使得豐富的組合結構逐漸清晰起來。在進行這種理論研究的同時，也在各種領域廣泛應用，網路流理論清楚地解決了各種的問題。

一方面，能夠以多項式時間高效解答的問題不斷被解決，相反地，漢米頓路徑問題和最小點覆蓋問題等，無法以多項式時間解決的問題就會凸顯出來。然後，到了 1970 年代，困難的問題大多屬於稱為「NP 完全」或者「NP 困難」的難度等級的問題。直到現在，還是普遍相信這些難題可能無法在多項式時間內來解決。這些背景將在第 17 章中進行說明。綜合以上背景，有關網路流的一系列問題成為了象徵「能以多項式時間高效解答的問題」的存在。

16.1 給予無向圖 $G = (V, E)$ 和頂點 s。在此，給予 s 以外的 M 頂點，希望使所有頂點都無法從頂點 s 到達。具體而言，透過刪除圖的邊和 M 個頂點之中的幾個頂點，形成無法從 s 到達的狀況。為此，請設計一種演算法，以求出應該去除的邊和頂點個數的最小值。（出處：AtCoder Beginner Contest 010 D – 預防外遇，難易度★★★☆☆）

16.2 給予加權有向圖 $G = (V, E)$ 和兩頂點 s、$t \in V$。希望透過適當地增加圖各邊的權重，來增加 s-t 間的最短路線長度。在各邊 e 的權重每增加 1 時，所需的成本以 Ce 給予。請設計一種演算法，來求出 s-t 間最短路線長度增加 1 以上所需的最小成本。（出處：立命館大學程式設計比賽 2018 day3 F – 延伸最短距離的小蝦，難易度★★★☆☆）

16.3 給予有向圖 $G = (V, E)$ 和兩頂點 s、$t \in V$。現在，可以選擇圖的 1 條邊來反轉方向。請設計一種演算法，求出 s-t 間藉此增加最大流量的邊有多少條。（出處：JAG Practice Contest for ACM - ICPC Asia Regional 2014 F - Reverse a Road II，難易度★★★★☆）

16.4 設有 N 張寫著正整數 a_0, a_1, $\cdots$, a_{N-1} 的紅牌，和 M 張寫著正整數 b_0, b_1, $\cdots$, b_{M-1} 的藍牌。只有當紅牌和藍牌不互質時，才能配對。請設計一種演算法，求出最多可以組成多少對。（出處：ICPC 國內預選 2009 E- 卡片遊戲，難易度★★★☆☆）

16.5 給予 $H \times W$ 的二維板。各區塊都寫有「.」或「＊」。用「#」替換「.」的區塊。但是上下左右相鄰的區塊不能是「#」。請設計一種演算法，求出最多能用「#」替換多少個區塊。（出處：AtCoder SoundHound Inc. Programming Contest 2018（春）C – 廣告，難易度★★★★☆）

16.6 有 N 顆寶石，分別寫著 1, 2, $\cdots$, N，且分別具有 a_1, a_2, $\cdots$, a_N 的價值（也有 $a_i < 0$ 的情況）。對此，可以依喜好的次數進行「選擇正整數 x，把寫有 x 的倍數的寶石全部敲碎」的操作。最終分

數是剩下未敲碎寶石價值的總和。請設計一種演算法來求出分數的最大值。（出處：AtCoder Regular Contest 085 E - MUL，難易度★★★★☆）

16.7 給予 $H \times W$ 的二維板。思考將「#」的區塊部分，使用其中一邊的長度為 1 的細長長方形來蓋住（下例是最少兩個）。請設計一種演算法，求出可實現此目標的最小個數。（出處：會津大學程式設計比賽 2018 day1 H-Board，難易度★★★★★）

```
1 | 4 10
2 | ##########
3 | ....#.....
4 | ....#.....
5 | ..........
```

第 17 章

P 與 NP

　　目前為止雖然思考了解決各種問題的演算法，但是也存在很多被廣泛相信為「應該不可能找到有效率的演算法」的問題。不如說，現實世界中的大多數問題都屬於這樣的類別。在本章中，對帶有這種問題特徵，被稱為「NP 完全」、「NP 困難」的難題類別進行解説。

17.1 ● 衡量問題難度的方法

　　到目前為止，對各種問題設計了演算法。特別是動態規畫法（第 5 章）、二元搜尋法（第 6 章）、貪婪法（第 7 章）、圖搜尋（第 13 章）這樣的設計方法，對於跨領域而範圍廣泛的問題也可以適用。

　　但事實上，世界上還有很多的難題，無論怎樣運用這些方法，都無法設計出能有效率地求解的演算法。那麼，問題能有效率地解決，或者是無法解決的分界線定在哪裡比較適合呢？一般來說，有效率的演算法表示在多項式時間內可以求解。慣例上是認為透過多項式時間演算法可以解決的問題是「可負荷（tractable）」的，透過多項式時間不能解決的問題是「不能負荷（intractable）」的。確實，$O(N^{100})$ 的演算法，實際上是比 $O(2^N)$ 這樣的指數時間演算法更不現實吧。但是，很多用多項式時間能解答的問題，大部分狀況下，最差也能以 $O(N^3)$ 左右的計算複雜度來解答[註1]。因此，在處理問題時，以達成以下任一項為目標。

註 1　當然也有目前所知的最佳計算複雜度為 5 次方以上的問題。

- 給予多項式時間演算法（若能做到，接下來就盡量改善計算複雜度）
- 證明用多項式時間演算法無法解決

但是，究竟能不能做到用數學來表示對於某個問題，不存在以多項式時間求解的演算法呢？這讓人覺得毫無頭緒。難道真的沒有具說服力地評估問題本身難度的方法嗎？本章所說明的 NP 完全、NP 困難的概念，就是從這樣的不斷試驗所產生的。令人驚訝的是，各種領域所知的無法在多項式時間內解決的難題，大多都同等困難。首先，讓我們思考問題之間難度的比較，如下述。

多項式時間歸約

　　問題 X 對問題 Y 為同等以上的困難是指，如果導出解問題 X 的多項式時間演算法的話，用它也可以導出解問題 Y 的多項式時間演算法[註a]。

> 註a　更正確地說，當存在解 X 的多項式時間演算法 $P(X)$ 時，對於問題 Y，可以透過呼叫多項式次的 $P(X)$ 和其他多項式次的計算步驟來解答。

此推論方法可以將想要解答的問題歸約到可解答的問題並進行解答，相反地，也可以使用如下的方法。對於感覺無法解答的問題 X，拿知道難度的問題 Y，將 Y 歸約到 X，證明「假設 X 可以用多項式時間求解，則 Y 也可以用多項式時間求解」，藉此證明在難度上 X 與 Y 為同等以上（**圖 17.1**）。當 Y 是普遍相信用多項式時間無法解決的問題（NP 完全問題或 NP 困難問題）時，足以作為證據來放棄對 X 的多項式時間演算法的設計。像這樣，將 Y 歸約為 X 稱為**多項式時間歸約**（polynomial-time reduction）[註2]，另外將 Y 有可能歸約為 X 的狀況稱為**可多項式時間歸約**（polynomial-time reducible）。

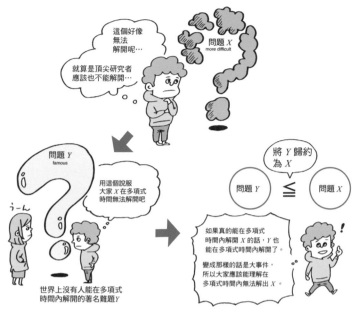

圖 17.1　多項式歸約的思考方式

17.2 • P 與 NP

在上一節中，提示過有一種問題，是普遍相信不存在有演算法能在多項式時間內求解的。本節將對 P 和 NP 這類問題的類別進行整理，藉此可以討論問題的難度。但是，P 和 NP 這樣的類別，只把可以用「是」或「否」回答的問題當成考察對象，這種問題叫做**決策問題**。例如，詢問「能否從 N 個整數中選擇幾個整數，使總和為特定的值」的子集合加總問題（參照第 3.5 節）是決策問題，但求「從 N 個物品中選擇幾個總重量不超過 W 時，總價值的最大值」的背包問題（參照第 5.4 節）不是決策問題，而是最佳化問題。P 和 NP 都是表示決策問題的集合。

但是，正如在第 6 章的二元搜尋法的應用例中所見，即使是最佳化問題，也時常作為決策問題來處理。例如，對於背包問題，可以考慮以下問題來作為對應的決策問題。如果這個決策問題可以用多項式時間求解的話，透過使用二元搜尋法，原始背包問題也可以用多項式

時間求解。不過，實際上，這個「將背包問題作為決策問題的問題」是屬於後面將要敘述的被稱為 NP 完全類別的問題，普遍相信不能用多項式時間來解答。

將背包問題作為決策問題的問題

有 N 個物品，第 i（$=0, 1, \cdots, N-1$）個物品的重量為 weight$_i$，價值為 value$_i$。

從這 N 個東西中，選幾個且使總重量不超過 W。請判斷所選物品的總價值能否大於 x。（其中，設 W、x 和 weight$_i$ 為 0 以上的整數）。

回到 P 和 NP 的定義吧。首先，將存在多項式時間演算法的決策問題全體稱為**類別 P**（class P）。例如，在第 13.8 節中看到的「判斷給予的無向圖是否為二部圖」問題等，由於可以用多項式時間求解，所以屬於類別 P。另一方面，以下所示的**穩定集合問題**和**漢米頓循環問題**，目前還沒有發現多項式時間演算法，也沒有證明多項式時間演算法不存在，尚未確定是否屬於類別 P。

穩定集合問題

在無向圖 $G = (V, E)$ 中，頂點集合的子集合 $S \subset V$ 為**穩定集合**（stable set），指的是 S 的任兩個頂點都沒有以邊連接（**圖 17.2** 左）。請判斷當給予正整數 k 時，是否存在大小為 k 以上的穩定集合。

漢米頓迴圈問題

在有向圖 $G = (V, E)$ 中，將正好將各頂點包含一次的迴圈稱為**漢米頓迴圈**（Hamilton cycle）（**圖 17.2** 右）。請判斷圖 G 是否具有漢米頓迴圈。

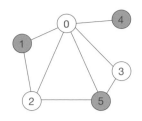 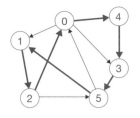

穩定集合　　　　　　　　　　　漢米頓迴圈

圖中紅色頂點所示的集合 {1, 4, 5}　　0 -> 4 -> 3 -> 5 -> 1 -> 2 -> 0
是在任 2 個頂點之間都沒有邊　　　　是將各頂點通過一次

圖 17.2　穩定集合和漢米頓迴圈

　　另一方面，屬於**類別 NP**（class NP）的問題是指，決策問題的答案為「是」時，存在它為「是」的證據，且這個證據可以用多項式時間來驗證答案為「是」[註3]。根據 NP 的定義，屬於 P 的問題也屬於NP。例如，穩定集合問題，如果答案為「是」，就可以把具體的穩定集合 S（大小為 k 以上）作為證據。對這個證據，可以如下述用多項式時間來驗證實際為「是」。因此屬於類別 NP。

- S 的任意 2 個頂點沒有用邊連接這點，可以用 $O(|V|^2)$ 來驗證
- S 的大小為 k 以上這點，也可以簡單地驗證

　　同樣，可以很容易地證明漢米頓迴圈問題也屬於 NP（將作為章末問題 17.1）。

　　接著，常被誤解的有「NP 是指可用指數時間演算法解決的問題的類別」。可用指數時間演算法解決的問題的類別稱為 EXP，是進一步包含 NP 的類別。

　　綜上所述，如下的這種關係成立（**圖 17.3**）。

$$P \subset NP \subset EXP$$

　　可能會覺得 NP 的定義很複雜且不自然，但是使用**圖靈機**來討論的話會加深理解。有興趣的讀者請閱讀參考書目 [15]、[16] 等。

[註3]　雖然時常被誤解，但是 NP 不是 non-polynomial time 的簡稱，而是 non-deterministic polynomial time 的簡稱。

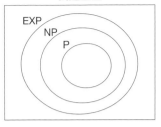

圖 17.3　P 和 NP

17.3 • P ≠ NP 預測

　　上一節敘述了 P ⊂ NP ⊂ EXP 的關係。EXP 作為問題的類別是非常廣的，但是我們知道實際上世界上很多難題都屬於 NP。因此，產生「屬於 NP 的問題是否全部也都屬於 P」的疑問。如果「P＝NP」，現實世界中的各種難題就變成能在多項式時間內解決了。如果變成這樣的話，不僅止於計算機科學的範疇，例如對「以難以解決該問題來作為安全性根據的密碼」的影響等，給整個社會造成的衝擊是無法估量的。但是，實際上，儘管許多研究者進行了多年的努力，但 NP 中仍有許多找不到多項式時間演算法的難題。許多人預期應該是「P ≠ NP」。

　　但是奇怪的是，現在還沒有發現任一個屬於 NP 但不屬於 P 的問題。對於像剛才的穩定集合問題和漢米頓迴圈問題那樣，普遍相信終究無法用多項式時間解答的問題，也尚未證明不存在解開它的多項式時間演算法。一般來說，證明不存在往往伴隨著很大的困難。

　　像這樣，為了想釐清是 P=NP，還是 P ≠ NP，很多研究者進行了反覆努力。這個問題被稱為「P ≠ NP 預測」，是計算機科學中重要的未解決問題。它還被選為美國克雷數學研究所在 2000 年發表的100 萬美元懸賞金的 7 題之一。

　　在下一節中，介紹與此預測相關聯，被稱為「NP 完全」的問題類別。這是屬於 NP 的問題之中最難的問題類別。假設對於屬於 NP 完全這一類別的問題開發了多項式時間演算法，那麼對於所有屬於 NP 的問題，也可以開發多項式時間演算法。

17.4 • NP 完全

對於究竟是否是 P ≠ NP 的問題，在找不到解決線索的狀況下，取而代之想知道「NP 中最難的問題是什麼」是很自然的事情。在此，讓我們回想一下第 17.1 節介紹的「對於難以解決的問題 X，拿相信應該不存在多項式時間演算法的難題 Y，將 Y 歸約為 X」這個多項式時間歸約的技術。有效利用這樣的難題 Y 的，是以下被稱為 **NP 完全**的類別[註4]。NP 完全問題可以說是屬於 NP 的問題之中最難的問題。換言之，在屬於 NP 完全的問題中，無論哪一個問題，只要其中一個能給予多項式時間演算法，就確定 P = NP。

NP 完全

判定問題 X 滿足以下條件時，稱為屬於**類別 NP 完全**（class NP-complete）。

- $X \in$ NP
- 對於屬於 NP 的所有問題 Y，可以將 Y 多項式時間歸約為 X

另外，將屬於 NP 完全的問題稱為 NP 完全問題。

歷史上，關於**可滿足性問題**（satisfiability problem，SAT），最先顯示出有 NP 完全性。也就是說，如果 SAT 可以用多項式時間求解，那麼屬於 NP 的所有問題都可以用多項式時間求解。SAT 是關於邏輯函數的問題。將 $X = \{X_1, X_2, ..., X_N\}$ 作為布林變數（取 true 或 false 值的變數）的集合，詢問是否存在一種對各布林變數 $X_1, X_2, ..., X_N$ 的 true/false 分配方法，使例如下述的邏輯式整體為 true 的問題。

$$(X_1 \vee \neg X_1 \vee \neg X_4) \wedge (\neg X_2 \vee X_3) \wedge (\neg X_1 \vee \neg X_2 \vee X_4)$$

註4　本書使用稱為圖靈歸約的多項式時間歸約的思考方式，來定義 NP 完全。除此之外，作為計算複雜度理論中主流的定義，也有人使用多對一多項式時間歸約來定義。兩者的定義是否等價是尚未解決的問題。有興趣的讀者請閱讀參考書目 [15]、[16]、[20] 等。

由於 SAT 是 NP 完全問題這件事的證明很難，所以本書將省略[註5]。但是，一旦發現 NP 完全問題，可知從該問題被多項式時間歸約的問題也是 NP 完全問題。像這樣一個接一個，到目前為止，很多在各領域所知的有名難題，實際上都已證明是 NP 完全問題。令人驚訝的是，NP 完全問題本應代表著「NP 中最難的問題」，但實際上已經判明許多有名的難題都屬於這個類別。這就表示它們彼此同等困難。第 17.2 節介紹的穩定集合問題和漢米頓迴圈問題也是 NP 完全問題。

在此，我們回顧一下第 17.1 節中最初提示的，有關遇到無法解決的困難問題時的應對方法。在處理無法設計出多項式時間演算法的問題 X 時，懷疑它是 NP 完全的可能性，拿任一個已知的 NP 完全問題 Y，思考 Y 是否能多項式時間歸約成 X。如果成功的話，可以乾脆地放棄對 X 設計多項式時間演算法，就不用付出徒勞的努力。

17.5 ● 多項式時間歸約的範例

在此，對於無法解決的決策問題 X，我們來看幾個從某個 NP 完全問題 Y 進行多項式時間歸約的例子。

17.5.1　點覆蓋問題

已知第 17.2 節所介紹的穩定集合問題是 NP 完全問題，證明以下點覆蓋問題也是 NP 完全問題[註6]。

註 5　請閱讀參考書目 [15] 等。
註 6　反過來說，點覆蓋問題也可以歸約為穩定集合問題。

在無向圖 $G = (V, E)$ 中，頂點集合的子集合 $S \subset V$ 為**點覆蓋**（vertex cover）是指，相對於 G 的任意邊 $e = (u,v)$，u、v 中的至少一方屬於 S（**圖 17.4**）。請判斷當給予正整數 k 時，是否存在大小為 k 以下的點覆蓋。

穩定集合

圖中紅色頂點所示的集合 {1, 4, 5}
在任兩個頂點之間都沒有邊

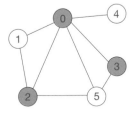
點覆蓋

每一條邊兩端的任一端是被包含
在圖中紫色頂點所示的集合 {0, 2, 3}

圖 17.4　穩定集合和點覆蓋

很明顯點覆蓋問題屬於 NP。證明點覆蓋問題能用多項式時間求解的話，穩定集合問題也能用多項式時間求解。首先，證明 S 為穩定集合，以及 $V - S$ 為點覆蓋是等價的。如果 S 是穩定集合的話，對於任意的邊 $e = (u,v)$，u、v 不會同時屬於 S。因此，u、v 中至少一方屬於 $V - S$。故 $V - S$ 成為點覆蓋。反過來說，如果 $V - S$ 是點覆蓋的話，對於任意的邊 $e = (u,v)$，u、v 中至少一方屬於 $V - S$，所以 u、v 不會同時屬於 S。這代表 S 是穩定集合。

由以上可知，如果存在大小為 $|V| - k$ 以下的點覆蓋，則存在大小為 k 以上的穩定集合。相反地，如果不存在大小為 $|V| - k$ 以下的點覆蓋，則亦可知道不存在大小為 k 以上的穩定集合。因此，證明了如果點覆蓋問題可以用多項式時間求解的話，穩定集合問題也可以用多項式時間求解。

17.5.2　子集合加總問題（ * ）

作為另一個例子，使用點覆蓋問題為 NP 完全這一點，來試著證明子集合加總問題也是 NP 完全。子集合加總問題在第 3.5 節、第 4.5 節等反覆探討過。在第 5.4 節中，探討了根本上包含子集合加總問題的背包問題。

如第 4.5.3、第 5.4 節所述，根據動態規畫法可以以 $O(NW)$ 的計算複雜度來求解。

這乍看之下也可以看作是多項式時間，但是透過仔細思考輸入大小，可以知道是指數時間演算法。N 表示「個數」，相對地 W 表示「數值」。例如 $W = 2^{10000}$ 時，可知將 W 作為輸入而接收的必須是二進制 10001 位數的記憶體。這代表用於接收 W 這一數值的輸入大小 M 實際上為 $M = O(\log W)$。因此，由於 $NW = N2^{\log W}$，所以具有 $O(NW)$ 的計算複雜度的演算法為指數時間。像這樣，雖然實際上是指數時間，但是對於輸入的數值大小，可以用多項式時間執行的演算法稱為**偽多項式時間演算法**（pseudo-polynomial algorithm）。

子集合加總問題

　　給予 N 個正整數 $a_0, a_1, \cdots, a_{N-1}$ 和正整數 W。請從 $a_0, a_1, \cdots, a_{N-1}$ 中選擇幾個整數，判斷總和是否可以為 W。

首先，很明顯地子集合加總問題是屬於 NP。 實際上，只要確認作為證據提示的 $a_0, a_1, \cdots, a_{N-1}$ 的子集合的總和與 W 一致即可，這可以用多項式時間執行。

接下來，如果子集合加總問題可以用多項式時間求解，那麼點覆蓋問題也可以用多項式時間求解。也就是說，給予具體的無向圖 $G = (V, E)$ 和正整數 k 時，與此相應地構成整數列 $a = \{a_0, a_1, \cdots, a_N\}$ 以及正整數 W，證明只有在 G 具有大小為 k 的點覆蓋時，才存在總和為 W 的 a 的子集合。具體而言，是如下來確定整數列 a 和 W（**圖 17.5**）。連接頂點 v 的邊的邊號碼的集合用 $I(v)$ 表示。

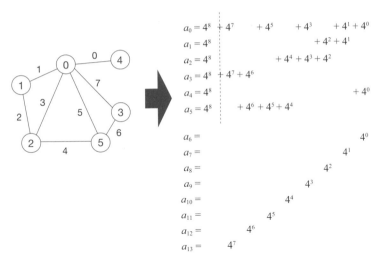

$$a_0 = 4^8 \;+\; 4^7 \qquad\; + 4^5 \qquad + 4^3 \qquad\; + 4^1 + 4^0$$
$$a_1 = 4^8 \qquad\qquad\qquad\qquad\qquad\quad + 4^2 + 4^1$$
$$a_2 = 4^8 \qquad\qquad\qquad + 4^4 + 4^3 + 4^2$$
$$a_3 = 4^8 \;+\; 4^7 + 4^6$$
$$a_4 = 4^8 \qquad\qquad\qquad\qquad\qquad\qquad\qquad\quad + 4^0$$
$$a_5 = 4^8 \qquad\quad + 4^6 + 4^5 + 4^4$$

$$a_6 = \qquad\qquad\qquad\qquad\qquad\qquad\qquad\qquad 4^0$$
$$a_7 = \qquad\qquad\qquad\qquad\qquad\qquad\qquad 4^1$$
$$a_8 = \qquad\qquad\qquad\qquad\qquad\qquad 4^2$$
$$a_9 = \qquad\qquad\qquad\qquad\qquad 4^3$$
$$a_{10} = \qquad\qquad\qquad\qquad 4^4$$
$$a_{11} = \qquad\qquad\qquad 4^5$$
$$a_{12} = \qquad\qquad 4^6$$
$$a_{13} = \qquad 4^7$$

$$W = k4^8 + 2\,(4^7 + 4^6 + 4^5 + 4^4 + 4^3 + 4^2 + 4^1 + 4^0)$$

圖 **17.5**　將點覆蓋問題歸約為子集合加總問題

- 對於頂點編號為 i 的各頂點 v，設 $a_i = 4^{|E|} + \sum_{t \in I(v)} 4^i$
- 對於邊編號為 j 的各邊 e，設 $a_{j+|V|} = 4^j$
- 設 $W = k4^{|E|} + 2\sum_{i=0}^{|E|-1} 4^i$

在此，如圖 17.5 所示，注意對於各 $i = 0,1,...,|E|-1$，a 之中具有 4^i 為項目的正好是 3 個，所以無論怎麼從 a 中選擇子集合並取總和，也不會產生「進位」（只有 $i = |E|$ 例外）。

圖 $G = (V, E)$ 具體有大小為 k 的點覆蓋 S，將它與數列 a 的子集合，即總和為 W 的子集合相對應。首先，對於屬於點覆蓋 S 的頂點 i，選擇 a_i（**圖 17.6**）。此時，所選的 a 之中包含的 $4^{|E|}$ 個數正好是 k 個。另一方面，對於各 $i = 0,1,...,|E|-1$，所選的 a 包含的 4^i 的個數為 1 或 2 個（請注意，由於 S 是點覆蓋，所以不會是 0 個）。因此，對於所選的 a 中包含的 4^i 個數為 1 個的 i，如果追加選擇 $a_i + |V|$，則無論對於哪個 i，4^i 都正好各 2 個（圖 17.6）。此時，所選的 a 的總和與 W 一致。

反過來看，同樣地，證明如果存在數列 a 的子集合且總和與 W 一致的話，可以構成大小為 k 的 G 的點覆蓋。

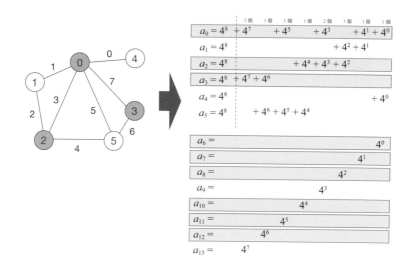

$$W = k4^8 + 2(4^7 + 4^6 + 4^5 + 4^4 + 4^3 + 4^2 + 4^1 + 4^0)$$

圖 17.6　點覆蓋與部分和的對應

從以上內容可以看出，如果可以用多項式時間求解子集合加總問題，點覆蓋問題也可以用多項式時間求解。所以子集合加總問題是 NP 完全問題。

17.6 ● NP 困難

迄今為止看到的 P、NP、NP 完全，都是決策問題的類別。但是，也希望能夠討論對於最佳化問題和列舉問題等，不限於決策問題的一般問題的難度。因此，將 **NP 困難** 定義如下。

NP 困難

　對於問題 X，存在某個 NP 完全問題 Y，如果 X 可以用多項式時間演算法求解，則 Y 也可以用多項式時間演算法求解時，X 稱為 **NP 困難問題**。

也就是說，NP 困難問題不限於決策問題，且是與 NP 完全問題同

等或更難的問題。很多 NP 困難問題自然而然地包含了對應的 NP 完全問題。例如，以下的**最大穩定集合問題**將穩定集合問題（決策問題）作為部分問題包含在內。如果可以解決最大穩定集合問題，則穩定集合問題（決策問題）也立即解決，所以最大穩定集合問題是 NP 困難問題。同樣地，以下的**最小點覆蓋問題**也是將點覆蓋問題（決策問題）作為部分問題包含在內的 NP 困難問題。

最大穩定集合問題

　　請求出無向圖 $G = (V, E)$ 中，穩定集合大小的最大值。

最小點覆蓋問題

　　請求出無向圖 $G = (V, E)$ 中，點覆蓋大小的最小值。

　　另外，以下有名的**旅行推銷員問題**（traveling salesman problem，TSP），由於包含了漢米頓迴圈問題，因此也是 NP 困難問題。解決旅行推銷員問題，代表從圖 G 的漢米頓迴圈中選出最佳的。因此，當知道這個最佳值時，就同時知道 G 是否具有漢米頓迴圈。

旅行推銷員問題（TSP）

　　給予加權有向圖 $G = (V, E)$，設各邊的權重是非負的整數值。

　　請求出正好能造訪每個頂點一次的迴圈的長度最小值。

17.7 ● 停機問題

　　迄今為止，舉了自然包含有 NP 完全問題的最佳化問題作為 NP 困難問題的例子。這些問題不是決策問題，所以不屬於 NP 完全。另

一方面，決策問題中也有根本不屬於 NP 的問題。以下的**停機問題**（halting problem）就是這樣的例子。停機問題不屬於 NP，但卻成為 NP 困難問題。

停機問題

給予電腦程式 P 和對該程式的輸入 I。請判斷將 I 作為輸入而執行 P 時，P 是否在有限時間內停止。

停機問題屬於 NP 困難是可以容易地證明的。以下來證明如果解決停機問題的多項式時間演算法 H 存在，則可滿足性問題（SAT）可以用多項式時間解。思考「接收邏輯式作為輸入，如果存在滿足邏輯式的真值分配，就將其輸出，不存在的話就陷入無限迴圈的程式」。把這個程式和邏輯式輸入到 H，就可以用多項式時間判斷它是否在有限時間內停止。這代表，可以用多項式時間來判斷是否存在滿足給定的邏輯式的真值分配。從以上結果，證明停機問題屬於 NP 困難。

另一方面，已知停機問題實際上本來就是「無法解決的問題」，不屬於 NP。具體而言，假設存在可以解決停機問題的程式，則可推導出矛盾。有興趣的讀者，請閱讀參考書目 [3] 中的「無法解答的問題」一節。

17.8 ● 總結

歷史上，很多沒有發現多項式時間演算法的知名難題，已經被證明是普遍相信「恐怕不存在多項式時間演算法」的 NP 困難問題。

在實踐中，遇到現實中可能無法解決的難題 X 時，拿任一個已知的 NP 困難問題 Y，思考能否將 Y 歸約為 X 是有效的。如果 X 也證明為 NP 困難的話，則可以放棄對設計多項式時間演算法的留戀，向更具建設性的方向前進。例如，X 是最佳化問題的話，思考求盡可能接近的近似解的方向，而不是確實求得最佳解。第 18 章中，關於面對 NP 困難問題的方式，將介紹幾種方法論。

17.1 證明漢米頓迴圈問題屬於 NP。（難易度★☆☆☆☆）

17.2 給予有向圖 $G = (V, E)$ 和正整數 k 時，判斷 G 是否包含大小為 k 以上的完全圖作為子圖的問題，稱為**團問題**。請證明團問題屬於 NP。（難易度★☆☆☆☆）

17.3 利用穩定集合問題是 NP 完全這點，請證明團問題也是 NP 完全。（難易度★★★☆☆）

第 **18** 章

難題對策

在第 17 章中，解說了有關據信應該無法有效解決的 NP 困難問題，同時也看到了現實世界的很多問題都屬於 NP 困難。這對有志於透過演算法解決問題的人來說，是個令人震驚的事實。但是，這個事實在解決現實世界的問題上並沒有那麼可怕，為了讓大家知道這點，本章將探討針對這些問題的對策。

18.1 • 與 NP 困難問題的對峙

在第 17 章中，看到很多問題屬於 NP 困難問題。可以說我們在現實生活中面臨的問題也很有可能屬於 NP 困難。在這種狀況下，我們是不是只能放棄解決問題呢？

的確，對於 NP 困難問題，想設計一種演算法，可以用多項式時間解決所有可想到的輸入案例是沒有希望的。但是，這只不過是在要涵蓋最差性質的糟糕案例的狀況下。對於個別的輸入案例，還是有可能在現實的時間導出解。另外，所研究的 NP 困難問題是最佳化問題時，即使無法求得真正的最佳解，如果能夠得到接近它的近似解，也有可能足夠實用。本章就將介紹幾種處理 NP 困難問題的方法論。

18.2 • 以特殊案例解決的情況

首先，介紹即使是 NP 困難的問題，對於特定的輸入情況，也可以有效解答的情況。例如，在第 7.3 節中看到的區間排程問題，可以看作是針對特殊圖的最大穩定集合問題（17.6 節）。具體而言，可以認

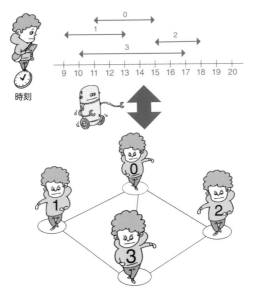

圖 18.1　區間排程問題與最大穩定集合問題的對應

為是由下述作法構成的圖上的最大穩定集合問題（**圖 18.1**）。

- 以各區間為頂點
- 在有交會的兩個區間之間設邊

　　這表明了本應為 NP 困難的最大穩定集合問題，對於表示區間交會關係的圖是可以用多項式時間求解的。像這樣，即使知道正在處理的難題是 NP 困難，通過仔細斟酌實際給予的輸入案例的性質，有時也能有效地解決。

　　另外，作為可以用多項式時間求解最大穩定集合問題的圖類別，以下兩種具有代表性[註1]。

- 二部圖
- 樹

　　其中，關於二部圖，雖然省略詳細內容，但已知歸約成二部圖上

註 1　可以用多項式時間求解最大穩定集合問題的圖，被統稱為**完美圖**（perfect graph）。

的最大匹配問題（第 16.5 節）可以用多項式時間求解[註2]。至於樹，因為樹也是二部圖，很明顯可以用多項式時間求解，但是也可以活用樹獨有的構造用貪婪法（第 7 章）求解（章末問題 18.1）。並且，考慮到各頂點有權重的情況，以下的加權最大穩定集合問題也可以用動態規畫法（第 5 章）來解決。在此，針對加權最大穩定集合問題，說明基於動態規畫法的解法。

加權最大穩定集合問題

　　給予各頂點 $v \in V$ 有權重 $w(v)$ 的樹 $G = (V, E)$（特別是未指定根的樹）。請求出在考慮各種樹 G 的穩定集合時，穩定集合所包含的頂點權重總和的最大值。

在此，讓我們回想一下第 13.10 節中的解說。當時有敘述過，有很多問題即使是無根樹，為了方便起見，適當地決定一個根以做成有根樹，藉此變得清楚。加權穩定集合問題正是那樣的問題，能夠藉由決定 1 個根做成有根樹，並根據樹上的動態規畫法求最佳解（**圖 18.2**）。在加權最大穩定集合問題中，將部分問題定義如下。

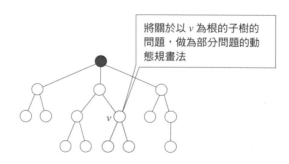

將關於以 v 為根的子樹的問題，做為部分問題的動態規畫法

圖 18.2　樹上的動態規畫法的思考方式

註2　請閱讀例如參考書目 [5] 中的「網路流」一章。

針對加權最大穩定集合問題的樹上的動態規畫法

dp1[v] ←在以頂點 v 為根的子樹內的穩定集合的權重最大值（不選擇頂點 v 的情況下）

dp2[v] ←在以頂點 v 為根的子樹內的穩定集合的權重最大值（選擇頂點 v 的情況下）

然後，針對各頂點 v，整合以子頂點 c 為根的子樹的相關資訊。

關於 dp1

針對以 v 的各子頂點 c 為根的各子樹，求出最大權重總和即可，因此如下所示。

$$dp1[v] = \sum_{c:v \text{ 的子頂點}} \max(dp1[c], dp2[c])$$

關於 dp2

針對以 v 的各子頂點 c 為根的各子樹，在不選擇 c 的範圍內，求出以 c 為根的各子樹的最大權重總和即可，因此如下所示。

$$dp2[v] = w(v) + \sum_{c:v \text{ 的子頂點}} dp1[c]$$

綜上所述，可以如程式碼 18.1 所示來實現。計算複雜度為 $O(|V|)$。

程式碼 18.1　解決加權最大穩定集合問題的樹上的動態規畫法

```
1   #include <iostream>
2   #include <vector>
3   #include <cmath>
4   using namespace std;
5   using Graph = vector<vector<int>>;
6
7   // 輸入
8   int N; // 頂點數
9   vector<long long> w; // 各頂點的權重
10  Graph G; //  圖
```

```
11
12      // 樹上的動態規畫法表格
13      vector<int> dp1, dp2;
14
15      void dfs(int v, int p = -1) {
16          // 首先搜尋各子頂點
17          for (auto ch : G[v]) {
18              if (ch == p) continue;
19              dfs(ch, v);
20          }
21
22          // 返回時進行動態規畫法
23          dp1[v] = 0, dp2[v] = w[v]; // 初始條件
24          for (auto ch : G[v]) {
25              if (ch == p) continue;
26              dp1[v] += max(dp1[ch], dp2[ch]);
27              dp2[v] += dp1[ch];
28          }
29      }
30
31      int main() {
32          // 頂點數 (因為是樹所以邊數確定為 N - 1)
33          cin >> N;
34
35          // 接收權重和圖的輸入
36          w.resize(N);
37          for (int i = 0; i < N;  ++i) cin >> w[i];
38          G.clear(); G.resize(N);
39          for (int i = 0; i < N - 1;  ++i) {
40              int a, b;
41              cin >> a >> b;
42              G[a].push_back(b);
43              G[b].push_back(a);
44          }
45
46          // 搜尋
47          int root = 0; // 假設以頂點 0 為根
48          dp1.assign(N, 0), dp2.assign(N, 0);
49          dfs(root);
50
51          // 結果
52          cout << max(dp1[root], dp2[root]) << endl;
53      }
```

　　話說回來，這個利用動態規畫法的解法很重要，因為它將應用範圍從樹更進一步拓廣，並自然地連結到對「具有強烈的樹的性質的圖」的解法上。有興趣的讀者請調查有關樹寬（tree-width），即表示

圖與樹有多接近的尺度。對於樹寬在一定值以下的圖，可以設計有效的演算法。現實世界裡產生的圖網路中，樹寬小的情況很多，實際應用可能性也很高，形成很有吸引力的話題。

18.3 ● 貪婪法

如第 7 章中所見，貪婪法不一定總是導出最佳解。倒不如說，能夠藉由貪婪法而導出最佳解的問題，本來就具有良好的性質。不過，現實世界的很多問題中，藉由貪婪法所得到的解，雖然不能說是最佳解，但許多是接近最佳解的解。在此，重新思考一下我們在第 5.4 節討論過的背包問題。

背包問題

　　有 N 個物品，第 i（$= 0, 1, \cdots, N-1$）個物品的重量為 $weight_i$，價值為 $value_i$。

　　從這 N 個東西中，選幾個且使總重量不超過 W。請求出以所選物品的總價值來考慮的最大值。（其中，設 W、x 和 $weight_i$ 為 0 以上的整數）。

第 5.4 節顯示了基於動態規畫法的演算法，在這裡我們來思考一下是否可以用貪婪法來解決。直覺上會想從「每單位重量的價值較高的東西」中優先選擇吧。但是，也有無法用這種貪婪法達到最佳解的輸入案例，如下。

$$N = 2, W = 1000, (weight, value) = \{(1,5), (1000,4000)\}$$

這是一個非常惡意的輸入案例。最佳解很明顯是選擇（重量，價值）為（1000,4000）的 1 個物品的情況，此時的總價值是 4000，但是根據貪婪法的話，總價值會以 5 結束。但事實上，如此糟糕的情況並不多。藉由貪婪法得到的解雖然不能說是最佳解，但往往是接近最佳解的解。

以上敘述了兩個關於對背包問題進行貪婪法的注意要點。第一點，只要稍微改變一下背包問題的設定，就能以貪婪法求得最佳解。讓我們思考一下不同版本的問題，即對於各個物品，並非只能採取「選擇」、「不選擇」這樣 0 或 1 的二選一，而是可選擇例如「只選 $\frac{4}{5}$ 個」這種不完整的份量。各物品可選擇的份量是大於 0 且小於 1 的實數。像這樣，稍微放鬆問題條件，使問題容易處理的方式稱為**鬆弛**（relaxation），變得容易處理的問題稱為**鬆弛問題**（relaxed problem）。特別是，對於只能取整數值的變數，變成也可以取連續值的鬆弛，稱為**連續鬆弛**（continuous relaxation）。將背包問題進行連續鬆弛的問題中，貪婪法會導出最佳解。通常在背包問題中，會發生「殘留了不完整的空餘容量，本來想放的物品放不進去」的情況，但是在連續鬆弛過的背包問題中，可以一直填滿到最後。另外，在第 18.5 節思考針對背包問題的分支定界法時，將有效利用此連續鬆弛。

另一個注意點是，考察對貪婪法有惡意的輸入案例，在改良演算法上也是有效的。例如，對於背包問題的貪婪法，透過採取以下對策來提高性能。

對背包問題的貪婪法的改進

把 N 個物品按照 value/weight 值從大到小的順序裝填。設在某個階段，（價值，容量）為 (v_p, w_p) 的物品 p 沒有進入空餘容量。但是 $w_p \leq W$。此時，如果把已經裝在背包裡的物品總價值設為 v_{greedy}，且 $v_p > v_{greedy}$ 的話，就把裝在背包裡的物品全部丟棄，換成物品 p。

根據這個對策，對於前面敘述的輸入案例，也就是如下的輸入案例，就可以順利地達到最佳解 (1000,4000)。

$$N = 2, W = 1000, (\text{weight,value}) = \{(1,5),(1000,4000)\}$$

並且，這個改良事實上也從根本上改善了近似演算法的性能。近似演算法將在第 18.7 節中顯示。

18.4 • 局部搜尋和退火法

接下來，介紹可應用範圍很廣的**局部搜尋**（local search）這一思考方式，來作為面對用多項式時間無法解開的最佳化問題的方法。局部搜尋是非常通用的技術，在實用上也被廣泛使用。

局部搜尋是指，在想要使對於變數 x 的函數 $f(x)$ 最小化的問題中，從適當的初始值 $x = x_0$ 出發，向 $f(x)$ 減少的方向一點一點變更 x 的方法。此時，對於 x，將「只增加了一點點變更」的候補稱為**鄰域**（neighborhood）。例如，如第 15.4.2 節中所見，「對生成樹 T 取其中不包含的邊 e，選擇有關 T、e 的基本循環中的邊 f，在 T 中將 e、f 交換後的結果」，正可認為是對生成樹 T 的鄰域（**圖 18.3**）。局部搜尋法最後是在鄰域集合中，已經沒有可使 $f(x)$ 減少的鄰域時結束（實際上，設定限制步驟次數或限制時間，在中途中斷的方法是有效的）。此時可以說 x 達到了局部最佳解。

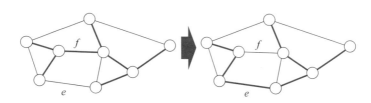

圖 18.3　生成樹的鄰域

局部搜尋是非常容易的方法，但也有著很大的缺點。如**圖 18.4** 所示，即使透過局部搜尋求出了局部最佳解，也不一定是整體的最佳解。在求最小生成樹的問題時，雖然可以保證局部最佳解也是整體的最佳解，但這是極特殊的例子。

因此，為了即使陷入局部搜尋解中，也能從那裡擺脫出來，並且更容易走向盡可能更好的局部搜尋解，眾人考慮了很多辦法。例如被稱為**退火法**（simulated annealing）的方法，在實施局部搜尋時，也可以機率性地允許轉移至函數 $f(x)$ 的值沒有改善的鄰域。如果這個機率一直很高的話，就和單純的隨機更新解沒什麼不同，所以透過被稱為溫度的參數來控制這個機率。因應與搜尋步驟一起減少的溫度，使這個機率也跟著減低。因為這個過程與稱為退火的將金屬逐漸冷卻

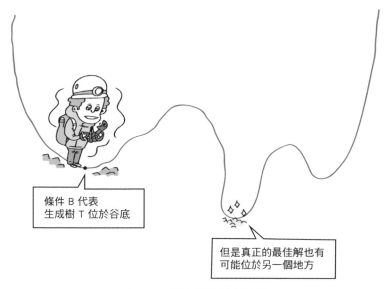

條件 B 代表
生成樹 T 位於谷底

但是真正的最佳解也有
可能位於另一個地方

圖 18.4　局部最佳解的樣子

的操作相似,所以叫做退火法。感興趣的讀者,請閱讀參考書目 [10] 中的「局部搜尋」一章。

18.5 ● 分支定界法

分支定界法是針對最佳化問題的演算法設計技法之一。基本上是在全力進行全域搜尋的同時,對於已經判明不可能找到比「目前擁有的最佳解」更好的解的選擇,省略之後的搜尋以縮短計算時間的方法。像這樣將搜尋省略叫做**修剪**(pruning)。最壞的情況也有修剪幾乎沒有作用,陷入現實的計算時間內無法求解的狀態。另一方面,透過巧妙地活用問題的結構和輸入案例的特性,也有很多在實用上能高速求解的情況。在此以第 5.4 節、第 18.3 節中也討論過的背包問題為例,簡單介紹分支定界法的想法。

現在,讓我們來思考將背包問題的解進行全域搜尋。此時,針對各物品依次考慮「選擇」、「不選擇」兩種,則有 2^N 種選擇。將這些全部都進行搜尋的話是無法負荷的。因此,一直保持搜尋過程中暫時得到的最佳解 L,如果判斷出「接下來要搜尋的節點以下不可能導出

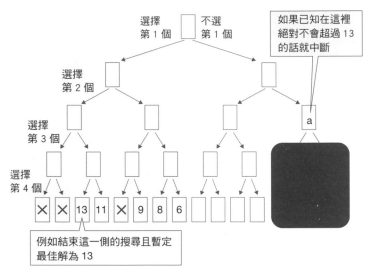

圖 18.5　分支定界法的概念，以紅色×表示的部分代表超過了背包容量。

比 L 更好的解」，就中止該節點以下的搜尋（**圖 18.5**）。這種方法稱為**分支定界法**（branch and bound）。

那麼，在什麼樣的情況下，可以判斷為「即使對接下來要搜尋的節點以後進行搜尋，也不會比暫定最佳解更好」呢？在此，第 18.3 節見過的「背包問題的連續鬆弛」幫了很大的忙。例如，圖 18.5 的節點 a 的階段，是呈現已經決定不選擇物品 1、2，但是還沒有決定如何處理物品 3、4 的狀態。此時，解決將關於物品 3、4 的背包問題進行連續鬆弛後的問題。把這樣做所得到的解 U 和暫定最佳解 L 進行比較。如果 U 小於 L 的話，就無望更新 L 了。這種情況下，可以中斷節點 a 以後的搜尋。

另外，在很多時候，分支定界法並沒有減少理論的計算複雜度。對於非常惡意的輸入案例，將花費大量的計算時間。然而，憑藉施行各種措施，很多時候對於現實世界的問題仍以極高速在運作。

18.6 ● 整數規畫問題的公式化

首先，一般而言，最佳化問題是指當給予集合 S 和函數 $f : S \to R$ 時，「在滿足條件 $x \in S$ 的 x 中，求使 $f(x)$ 最小（最大）的問題」。最

佳化問題是以如下的形式來描述。

$$最小化 \quad f(x)$$
$$條件 \quad x \in S$$

在最佳化問題中，將 f 稱為**目標函數**（objective function），將條件 $x \in S$ 稱為**限制**（constraint），滿足限制的 x 稱為**可行解**（feasible solution）。另外，使 f 最小的 x 稱為**最佳解**（optimal solution），相對於最佳解 x 的 f 值稱為**最佳值**（optimal value）。例如，可以將背包問題寫成如下。

背包問題的公式化
$$最大化 \quad value^T x$$
$$條件 \quad weight^T x \le W$$
$$x_i \in \{0,1\} \quad (i = 0, \cdots, N-1)$$

在此，各變數 x_i 是只能取 0 和 1 這兩個值的整數變數，將選擇第 i 個物品表示為 $x_i = 1$，不選擇表示為 $x_i = 0$。像這樣，使用整數變數，且使目標函數和限制條件都用 1 次式表示的最佳化問題稱為**整數規畫問題**。整數規畫問題包括背包問題，因此是 NP 困難問題。

那麼，把困難的問題公式化成整數規畫問題有很大的好處。自古以來，世界上就有許多高性能的整數規畫解算器被競相開發出來，利用它可以解決很多令人吃驚的大規模問題。許多著名的整數規畫解算器採用了基於第 18.5 節介紹的分支定界法的演算法，為高速化下了很多工夫。在 2020 年的現在，就算是對超過 1000 個整數變數的問題，要求最佳解的情況也不少見。可以說對於認為 NP 困難的問題，思考能否公式化為整數規畫問題，是很有潛力的。

對把各種問題公式化為整數規畫問題的技巧感興趣的讀者，請閱讀參考書目 [22]。

18.7 ● 近似演算法

在面對 NP 困難問題的方法中，第 18.2 節以外的方法有著下述的苦惱。

- 理論上不知道所求得的解與最佳解相比有多好（局部搜尋、元啟發式）。
- 理論上無法保證平均需要多少計算時間才能求得解（分支定界法、使用整數規畫解算器的方法）。

事實上，對這些問題的看法也是理論研究者和實踐者之間立場分歧的部分。

對理論研究者來說，準確地提供理論保證，將極大地提高自己研究成果的價值。這是因為具有理論保證的演算法被數學上的根據支持，更容易明確地評估好壞。如果這個方法的發想具有創新性，且有發展空間，即使對於其他問題也能應用想法來做出具有卓越理論保證的演算法的話，那就更是如此了。

另一方面，對於實踐者來說，雖然不能給所設計的方法提供理論保證，但經驗上如果能夠表現出足夠的性能的話，也大多就能滿意了。使用有理論保證的近似演算法的機會可能不是很多。儘管如此，獲得能證明理論保證的想法仍然很有意義。對於有志於成為研究者的人就不用說了，就算對實踐者而言也很值得學習。

那麼，在最大化問題[註3]中，將求近似解的多項式時間演算法設為 A，對於輸入 I 的解設為 $A(I)$，對於 I 的最佳值為 OPT(I)。對於任何輸入 I，下式成立時，A 稱為 **k-近似演算法**（k-factor approximation algorithm），k 稱為 A 的**近似比**（approximation ratio）。

$$A(I) \geq \frac{1}{k}\text{OPT}(I)$$

此處舉一個例子，說明在第 18.3 節介紹的改良了對背包問題的貪婪法，也就是以下的演算法是 2-近似演算法。

註3　對於最小化問題也可以同樣定義近似比。

對背包問題的貪婪法的改良

　　把 N 個物品按照 value/weight 值從大到小的順序裝填。設在某個階段，（價值，容量）為 (v_p, w_p) 的物品 p 沒有進入空餘容量。但是 $w_p \leq W$。此時，如果把已經裝在背包裡的物品總價值設為 v_{greedy}，且 $v_p > v_{greedy}$ 的話，就把裝在背包裡的物品全部丟棄，換成物品 p。

　　另外，為了簡單起見，使演算法如下進行。

- 按照 value/weight 值從大到小的順序裝填，在第一個未放入背包的階段進行上述措施後，停止處理（即使之後有可收入空餘容量的物品也忽略）。

　　在終止階段，將背包內物品的價值總和設為 v_{greedy}，將未放入背包內物品 p 的價值設為 v_p，將最佳解設為 V_{opt}。在此，將背包的容量 W 稍微增大，使價值 v_p 的物品也「剛好」放入時，設背包的容量為 W'。此時要注意的是，在終止階段將物品 p 加入到放入背包內的物品集合中，會變成對容量 W' 的背包問題的最佳解。這是因為，這個解也是對容量 W' 的背包問題進行連續鬆弛時的最佳解。因此，下式會成立。

$$V_{greedy} + v_p \geq V_{opt}$$

另一方面，設貪婪法（改良版）得到的解為 V。

$$V = max \ (V_{greedy}, v_p) \geq v_{greedy}$$
$$V = max \ (V_{greedy}, v_p) \geq v_p$$

根據以上兩式，下式會成立。

$$V_{opt} \leq V_{greedy} + v_p \leq 2V$$

這示明了貪婪法（改良版）是對背包問題的 2- 近似演算法。

18.8 ● 總結

　　最後，對本書進行總結。本書整體以「磨練實用的演算法設計技能」為目標。這不僅僅是為了易懂地解釋現有演算法的成立過程，還希望讓各位磨練演算法設計技能，以對解決問題產生幫助。為了將演算法作為自己的工具，重要的是因應想要解決的問題，靈活地改變前人們的演算法，以及自由運用演算法設計技法。

　　而且世界上確實存在許多難以有效解決的難題。對演算法設計者來說，了解這些無法解決的問題也是很重要的技能。如果知道了正在處理的問題是無法解決的問題的話，就可以朝向有建設性的方向發展，例如以現實的計算時間求近似解等。另外，雖然是在解決這種難題的狀況下，但也常常可以活用圖搜尋、動態規畫法、貪婪法等演算法設計方法，來解決局部產生的小問題。

● ● ● ● ● ● ● ● 　章末問題　 ● ● ● ● ● ● ● ●

18.1　給予 N 個頂點的樹 $G = (V, E)$。請設計一個貪婪演算法，求樹 G 穩定集合大小的最大值。（著名問題，難易度★★★☆☆）

18.2　給予 N 個頂點的樹 $G = (V, E)$。請設計一個演算法，求樹 G 有多少可能的穩定集合（答案可能非常大，所以進行求出除以某個質數 P 的餘數等措施）。（出處：AtCoder Educational DP Contest P - Independent Set，難易度★★★★☆）

18.3　請將針對無向圖 $G = (V, E)$ 的最大穩定集合問題，公式化為整數規畫問題。（難易度★★★☆☆）

18.4　有 N 個物品，各物品的大小為 $a_0, a_1,..., a_{N-1}$，且滿足 $0 < a_i < 1$。思考把這些物品裝進容量為 1 的箱子裡。想求為了將所有物品裝滿所需的箱子最小數量。對這個問題，請證明「針對各物品 i，依序調查箱子，在能夠裝入該物品 i 的第一個箱子中，把 i 裝入」這個貪婪演算法是 2- 近似演算法。（針對**裝箱問題**的 First Fit（最先配適）法，難易度★★★☆☆）

● 參考書目

本書介紹了各種各樣的演算法。這裡，將介紹可供進一步學習的參考書籍。

【整體】

首先，介紹與整體演算法相關的書籍中，頁數相對較少的書籍。

[1] 杉原厚吉：データ構造とアルゴリズム，共立出版（2001）。

[2] 渋谷哲朗：アルゴリズム（東京大学工学教程　情報工学），丸善出版（2016）。

[3] 藤原暁宏：アルゴリズムとデータ構造（第2版）（情報工学レクチャーシリーズ），森北出版（2016）。

[4] 浅野孝夫：情報の構造（上）、（下）（情報数学セミナー），日本評論社（1993）。

[5] 秋葉拓哉、岩田陽一、北川宜稔：プログラミングコンテストチャレンジブック（第2版），マイナビ出版（2012）。（中譯本《培養與鍛鍊程式設計的邏輯腦：世界級程式設計大賽的知識、心得與解題分享[第二版]》，博碩出版）

[6] 渡部有隆：プログラミングコンテスト攻略のためのアルゴリズムとデータ構造，マイナビ出版（2015）。

[7] 村晴彦：C言語による最新アルゴリズム事典（改訂新版），技術評論社（2018）。

[8] 茨木俊秀：Cによるアルゴリズムとデータ構造（改訂2版），オーム社（2019）。

[1]、[2]、[3] 是非常易讀的演算法教科書。以清晰簡潔的敘述來說明各種演算法的精華。[4] 進行了更深入的討論。雖然 [5]、[6] 是作為程式競賽的攻略本而撰寫的，但除此之外，也能當成學習實用的演算法設計技能的書籍。十分推薦作為在本書後下一步閱讀的書。[7]、

[8] 也能學習到包含 C 語言實現的演算法。

【整體（正式的專業書）】

接下來將介紹能全面深入學習演算法的書之中，正規且頁數多的書。

[9] T. H. Cormen, C. E. Leiserson, R. L. Rivest, C. Stein: Introduction to Algorithm (3rd Edition), MIT Press (2009). （浅野哲夫、岩野和生、梅尾博司、山下雅史、和田幸一（譯）：アルゴリズムイントロダクション　第3版，近代科学社（2013）。）

[10] J. Kleinberg, È. Tardos: Algorithm Design, Pearson/Addison-Wesley (2006). （浅野孝夫、浅野泰仁、小野孝男、平田富夫（譯）：アルゴリズムデザイン，共立出版（2008）。）

[11] R. Sedgewick: Algorithms in C: Fundamentals, Data Structures, Sorting, Searching, and Graph Algorithms (3rd Edition), Pearson/Addison-Wesley (2001).（野下浩平、星守、佐藤創、田口東（譯）：アルゴリズム C・新版，近代科学社（2004）。）

[12] D. Knuth: The Art of Computer Programming, Vol. 1: Fundamental Algorithms (3rd Edition), Addison-Wesley (1997). （有澤誠、和田英一（監譯）：The Art of Computer Programming Volume 1 Fundamental Algorithms Third Edition　日文版，KADOKAWA（2015）。）

[13] D. Knuth: The Art of Computer Programming, Vol. 2: Seminumerical Algorithms (3rd Edition), Addison-Wesley (1998). （有澤誠、和田英一（監譯）：The Art of Computer Programming Volume 2 Seminumerical algorithms Third Edition　日文版，KADOKAWA（2015）。）

[14] D. Knuth: The Art of Computer Programming, Vol. 3: Sorting and Searching (2rd Edition), Addison-Wesley (1998). （有澤誠、和田英一（監譯）：The Art of Computer Programming Volume 3 Sorting and Searching Second Edition 日文版，KADOKAWA（2015）。）

這些都是演算法的世界級教科書。[9] 聚焦在演算法的原理上，正規地討論了各種演算法的正確性。在自行開發對未知問題的演算法上，確實地學習這些原理是很重要的。[10] 是聚焦在實用的演算法設計技能的書，研究了豐富的例題。在本書的撰寫中也有作為參考。[11] 是以能在具體實現中學習演算法的書籍，在世界上被廣為傳閱。[12]、[13]、[14] 是就包含了數值計算等話題的演算法進行全面解說的書，是傳說中的經典。

【計算複雜度、P 和 NP】

可以深入學習有關計算複雜度理論的書籍。

[15] M. R. Garey, D. S. Johnson: Computers and Intractability: A Guide to the Theory of NP-Completeness, W. H. Freeman and Company (1979).
[16] 萩原光德：複雑さの階層（アルゴリズム・サイエンスシリーズ），共立出版（2006）。

[15] 是有關 P 和 NP 的經典名著。書的最後刊載了大量的 NP 完整、NP 困難問題。[16] 是能用日語學習有關計算複雜度理論的好書。

【圖演算法、組合最佳化】

可以學習有關圖演算法和組合最佳化的書籍。

[17] 久保幹雄，松井知己：組合せ最適化「短編集」（シリーズ「現代人の数理」），朝倉書店（1999）。
[18] 室田一雄、塩浦昭義：離散凸解析と最適化アルゴリズム（数理工学ライブラリー），朝倉書店（2013）。
[19] 繁野麻衣子：ネットワーク最適化とアルゴリズム（応用最適化シリーズ4），朝倉書店（2010）。
[20] B. Korte, J. Vygen: Combinatorial Optimization: Theory and Algorithms (6th Edition), Springer (2018).（浅野孝夫、浅野泰仁、小野孝男、平田富夫（譯）：組合せ最適化　第2版，丸善出版（2012）。）

[21] R. K. Ahuja, T. L. Magnanti, J. B. Orlin: Network Flows: Theory, Algorithms, and Applications, Prentice Hall (1993).

[17] 可以對有關組合最佳化的廣泛問題，概述成簡單的內容。[18] 是從離散凸性的觀點，重新整理以圖相關問題為中心的「可解決」的問題，例如有關於最小生成樹問題和最大流問題等的書籍。[19] 把關於網路流的主題整理得詳細易懂。[20] 是適合有志於組合最佳化這一研究領域的人概觀該領域整體的書籍。[21] 是有關網路流理論的大作。

【難題對策】

對一些在第 18 章介紹過的實際上的困難問題，介紹深入研究針對這些問題的對策方法的書籍等。

[22] 藤澤克樹、梅谷俊治：応用に役立つ 50 の最適化問題（応用最適化シリーズ３），朝倉書店（2009）。

[23] 柳浦睦憲、茨木俊秀：組合せ最適化　メタ戦略を中心として（経営科学のニューフロンティア）。朝倉書店（2001）。

[24] 浅野孝夫：近似アルゴリズム（アルゴリズム・サイエンスシリーズ），共立出版（2019）。

【其他領域】

介紹深入研究關於本書未能解說的領域（字串、計算幾何學等），以及未詳細處理的領域（隨機演算法等）的書籍。

[25] 岡野原大輔：高速文字列解析の世界（確率と情報の科学），岩波書店（2012）。

[26] 定兼邦彦：簡潔データ構造（アルゴリズム・サイエンスシリーズ），共立出版（2018）。

[27] D. Gusfield: Algorithms on Strings, Trees, and Sequences: Computer Science and Computational Biology, Cambridge University Press (1997).

[28] M. de. Berg, M. van Kreverld, M. Overmars, O. Schwarzkopf: Computational Geometry: Algorithms and Applications (3rd Edition), Springer (2010).（浅野哲夫（譯）：コンピュータ・ジオメトリ

第 3 版，近代科学社（2010）。）

[29] 玉木久夫：乱択アルゴリズム（アルゴリズム・サイエンスシリーズ），共立出版（2008）。

[30] R. Motwani, P. Raghavan: Randomized Algorithms, Cambridge University Press (1995).

● 後記

　　歷經全 18 章的漫長旅程到此告一段落。雖然也有困難的部分，但很高興您能閱讀到這裡。在撰寫本書時有著一個信念。那就是「演算法必須活用於實際問題的解決」。所以採取了不僅是簡單易懂的說明快速排序等既有的演算法，也確實地解釋這些數學理論，詳細解說動態規畫法和貪婪法等演算法設計方法的方針。雖然為此而增加了頁數，但若能對更多的人有所助益的話就好了。

　　本書的發行承蒙多方關照。講談社科學的橫山真吾先生在讀了筆者的 Qiita 文章後提出了邀約。沒有此事的話本書就不會誕生，非常感謝。負責插圖的八木航先生，將筆者複雜而奇特的圖完美地完成了。還有，監修的秋葉拓哉先生提供了很多有益的評論。對於在撰寫學術論文上經驗不足的筆者來說，衷心感謝秋葉先生能指出稿子的粗疏之處。另外，河原林健一先生，也附上了對本書的推薦語。十分感激，也受到很大的鼓勵。

　　從一起享受程式比賽的嘉戶裕希、木村悠紀、所澤萬里子、竹川洋都，和一起在同個工作場所負責使用演算法解決問題的田邊隆人、豐岡祥、岸本祥吾、清水翔司、折田大祐、守屋尚美、田中大毅、伊藤元治、原田耕平、五十嵐健太，在稿件階段獲得了很多意見。多虧如此，本書變得更容易理解了。

　　此外，雖然是私事，但是想補充在撰寫本書上，觀看武田綾乃原作，京都動畫股份有限公司製作的作品《吹響吧！上低音號》成為了很大的動力。該公司在細節處追求高品質的風格對筆者的寫作產生重大影響。最後，對持續給予鼓勵的家人致上謝意。

　　二〇二〇年七月

大槻兼資

科普漫遊 FQ1083

鍛鍊問題解決力！演算法與資料結構應用全圖解
問題解決力を鍛える! アルゴリズムとデータ構造

作　　　者　大槻兼資
日文版監修　秋葉拓哉
譯　　　者　陳韋利、馬毓晴
審　　　訂　莊永裕
責 任 編 輯　謝至平
行 銷 業 務　陳彩玉、林詩玟、李振東、林佩瑜
內 頁 排 版　薛美惠
封 面 設 計　陳文德
插 圖 繪 製　Wataru Yagi

總 編 輯　謝至平
編 輯 總 監　劉麗真
發 行 人　凃玉雲
出　　　版　臉譜出版
　　　　　　城邦文化事業股份有限公司
　　　　　　台北市中山區民生東路二段141號5樓
　　　　　　電話：886-2-25007696　傳真：886-2-25001952
發　　　行　英屬蓋曼群島商家庭傳媒股份有限公司城邦分公司
　　　　　　台北市中山區民生東路二段141號11樓
　　　　　　客服服務專線：886-2-25007718；25007719
　　　　　　24小時傳真專線：886-2-25001990；25001991
　　　　　　服務時間：週一至週五上午09:30-12:00；下午13:30-17:00
　　　　　　劃撥帳號：19863813　戶名：書虫股份有限公司
　　　　　　讀者服務信箱：service@readingclub.com.tw

香港發行所　城邦（香港）出版集團有限公司
　　　　　　香港九龍九龍城土瓜灣道86號順聯工業大廈6樓A室
　　　　　　電話：852-25086231　傳真：852-25789337
　　　　　　電子信箱：hkcite@biznetvigator.com
新馬發行所　城邦（新、馬）出版集團
　　　　　　Cite（M）Sdn. Bhd.（458372U）
　　　　　　41-3, Jalan Radin Anum, Bandar Baru Sri Petaling, 57000 Kuala Lumpur, Malaysia
　　　　　　電話：603-90563833　傳真：603-90576622
　　　　　　E-mail: services@cite.my

初 版 一 刷　2024年1月
ISBN 978-626-315-268-7（紙本書）
EISBN 978-626-315-272-4（EPUB）

城邦讀書花園
www.cite.com.tw

版權所有・翻印必究（Printed in Taiwan）

售價：650元

（本書如有缺頁、破損、倒裝，請寄回更換）

國家圖書館出版品預行編目資料

鍛鍊問題解決力!演算法與資料結構應用全圖解/大槻兼資
 著;秋葉拓哉監修;陳韋利, 馬毓晴譯. -- 一版. -- 臺北市:
 臉譜出版, 城邦文化事業股份有限公司出版:英屬蓋曼群
 島商家庭傳媒股份有限公司城邦分公司發行, 2024.01
 面;   公分. -- (科普漫遊;FQ1083)

譯自:問題解決力を鍛える!アルゴリズムとデータ構造

ISBN 978-626-315-268-7(平裝)

1.CST: 演算法 2.CST: 資料結構

318.1   112001793